教育部高等学校电子信息类专业教学指导委员会规划教材
高等学校电子信息类专业系列教材

电磁兼容与PCB设计

第2版 · 新形态版

邵小桃 编著

清華大學出版社
北京

内容简介

本书从电磁兼容的基本原理出发，结合 PCB 设计中经常出现的各类问题，全面系统地阐述了电磁兼容理论与 PCB 设计。全书共分为 9 章，分别介绍了电磁兼容概论、PCB 中的电磁兼容、元件与电磁兼容、信号完整性分析、电磁兼容抑制的基本概念、旁路和去耦、阻抗控制和布线、静电放电抑制的基本概念、电磁兼容标准与测试。同时，本书精心挑选了 13 个电子资源，拓展、深化课程内容，并设置了 9 个科技简介，内容通俗易懂，涉及相关的前沿科技。

本书内容简洁，概念清楚，深入浅出，可作为高等院校电子、电气、通信和相关专业本科生的教材，是大学高年级本科生难得的专业技术基础教材之一，也可作为相关学科教师、科研人员及工程技术人员进行电磁兼容分析和 PCB 设计的重要参考书。

图书在版编目（CIP）数据

电磁兼容与 PCB 设计 ：新形态版 / 邵小桃编著.
2 版. -- 北京 ：清华大学出版社，2024. 9. --（高等学校电子信息类专业系列教材）. -- ISBN 978-7-302-67313-2

Ⅰ. TN410.2

中国国家版本馆 CIP 数据核字第 20242Q3J89 号

责任编辑：曾　珊
封面设计：李召霞
责任校对：王勤勤
责任印制：沈　露

出版发行：清华大学出版社
网　　址：https://www.tup.com.cn，https://www.wqxuetang.com
地　　址：北京清华大学学研大厦 A 座　　**邮　　编：**100084
社 总 机：010-83470000　　**邮　　购：**010-62786544
投稿与读者服务：010-62776969，c-service@tup.tsinghua.edu.cn
质量反馈：010-62772015，zhiliang@tup.tsinghua.edu.cn
课件下载：https://www.tup.com.cn，010-83470236
印 装 者：三河市龙大印装有限公司
经　　销：全国新华书店
开　　本：185mm×260mm　　**印　张：**15　　**字　　数：**364 千字
版　　次：2017 年 1 月第 1 版　2024 年 9 月第 2 版　　**印　　次：**2024 年 9 月第1 次印刷
印　　数：1～1500
定　　价：59.00 元

产品编号：106271-01

前言

电磁兼容(Electromagnetic Compatibility,EMC)是一门迅速发展的综合性交叉学科,主要研究如何使在同一电磁环境下工作的各种电子器件、电路或系统,都能正常工作,达到兼容状态。电磁兼容以电磁场和无线电技术理论为基础,涉及微波技术、微电子技术、计算机技术、通信技术、网络技术,以及新材料等多个技术领域。在电力、通信、交通、航天、军工、计算机、医疗等各个行业都有着广泛的应用。随着电磁环境的不断恶化,电磁干扰已经成为电子、通信设备中必须面对的关键问题,电磁兼容越来越受到人们的重视。

随着高频、高速数字通信的不断发展和高速大规模电子系统的广泛应用,电路设计越来越复杂,PCB 集成度也越来越高,这就对从事电子或通信领域的专业技术人员提出了更高的要求。PCB 设计又直接影响到电子、通信设备的性能。当系统时钟达到 120 MHz 时,基于传统方法设计的 PCB 将无法工作。因此,在 PCB 设计中必须考虑电磁兼容性。

本书从电磁兼容的基本原理出发,结合 PCB 设计中遇到的各种问题,分 9 章全面系统地阐述了电磁兼容理论与 PCB 设计方法。第 1 章电磁兼容概论,阐述了电磁兼容的基本概念,电磁干扰的三要素以及减小干扰的方法;第 2 章 PCB 中的电磁兼容,阐述了 PCB 设计的构成, PCB 中产生电磁干扰的原因,并对共模辐射和差模辐射进行了分析比较;第 3 章元件与电磁兼容,介绍了元器件的种类和封装,分析了无源元件的频率响应以及有源器件的电磁兼容特性;第 4 章信号完整性分析,阐述了信号完整性问题, PCB 终端匹配的几种方法;第 5 章电磁兼容抑制的基本概念,论述了镜像面的工作原理以及对电磁兼容的抑制作用,阐述了三种常用接地方法的特点和用途;第 6 章旁路和去耦,阐述了电容器的主要用途,介绍了电容的物理特性、谐振特性、三端电容与穿心电容、电源层和接地层电容以及电容的选择和放置;第 7 章阻抗控制和布线,阐述了元件的布局、阻抗控制的基本原理,分析和讨论了 PCB 布线中常用的四种基本结构的特点,介绍了 PCB 的布线要求以及多层板的叠层设计;第 8 章静电放电抑制的基本概念,分析了静电放电产生的原因、特点和危害,阐述了静电放电的常用保护技术以及 PCB 中静电放电的保护方法;第 9 章电磁兼容标准与测试,简要介绍了电磁兼容标准的内容,阐述了典型的电磁兼容测试项目,及测试中常见的试验场地以及试验设备,最后对静电放电测试、浪涌抗扰度试验、谐波电流检测以及雷电及防护进行了简要说明。

本书还精心挑选了 9 个科技简介,在每章最后做了简要介绍。其中包括电磁场对健康的影响、电磁感应、超导技术、高功率微波、地线与接地电阻、吸波、透波及缩波效应、电磁波的极化和反射,静电力以及闪电。内容通俗易懂,涉及相关的前沿科技。

本书第 2 版与时俱进,在更新和增加部分图书内容的基础上,增加了 13 个电子资源,与书中 11 个二维码对应,包括“知识点图谱”“麦克斯韦方程”“电磁波的极化”等 6 个授课视频,以及“Altium Designer 基本操作过程”“思政案例”“电容的主要应用、电路符号、磁性材料研究”“常见电磁仿真软件”和天才科学家“尼古拉 · 特斯拉”的简介,进一步拓展和深化课程内容。

本书的编写思路来源于聆听 Mark I. Montrose 主讲的"Printed Circuit Board Design Techniques for Signal Integrity and EMC Compliance"课程,也包含作者在多年教学和电路设计、PCB 设计中的经验总结。本书的编写目标是要适应知识更新和课程体系改革的需要,为本科通信工程、电子科学与技术信息工程等专业课程的实际需求提供专业技术基础教材,解决电磁兼容与 PCB 设计中的相关问题,设计出符合电磁兼容规范的高性能 PCB。

知识图谱

本书内容编排简洁清晰,概念原理论述清楚,分析深入浅出,图文并茂,概括和总结了电磁兼容与 PCB 设计中的理论和设计原则。适用范围广,可作为高等院校电子工程、电气工程、通信和计算机等相关专业本科生的教材,是大学高年级本科生难得的专业技术基础教材之一;本书可供有关学科教师参考,也可作为从事科研和工程项目的工程技术人员、硬件设计工程师、测试工程师进行电磁兼容分析和 PCB 设计的重要参考书。

作者在编写过程中,参考和阅读了许多专家和学者的著作和学术论文,以及相关专家的学术讲座等,在此一并对他们表示衷心的感谢!在此还要特别感谢清华大学出版社对本书进行编辑、校对以及排版的人员,本书能够顺利出版,离不开各位的辛勤工作和大力支持。

由于作者水平有限,时间较紧,内容涉及领域广泛,相关技术发展迅速,虽然付出了最大的努力,本书内容仍然不可避免地会出现不当和疏漏之处,敬请各位读者和专家指正。

作　者

2024 年 3 月

学习建议

本课程的授课对象为电气电子、信息、通信工程类专业的本科生，课程类别属于电气通信类。参考学时为32学时，包括课程理论教学环节和实验教学环节。

课程理论教学环节主要包括课堂讲授、研究性教学、作业和答疑。课程以课堂教学为主，部分内容可以通过学生自学加以理解和掌握。研究性教学针对课程内容进行扩展和探讨，要求学生根据教师布置的题目撰写论文提交报告，课内讨论讲评。

实验教学环节包括常用的PCB设计软件工具、信号完整性设计工具的应用，参观电磁兼容实验室等，可根据学时灵活安排，主要由学生课后自学完成。

本课程的主要知识点、重点、难点及课时分配见下表。

序号	知识单元(章节)	知识点	要求	推荐学时
1	电磁兼容概论	电磁兼容、电磁干扰基本概念	掌握	4
		分析电磁兼容问题的五方面	理解	
		电磁干扰的三要素、噪声耦合的途径	掌握	
		系统级电磁干扰产生的原因	理解	
		分贝的工程定义及换算关系	掌握	
2	PCB中的电磁兼容	PCB高速PCB设计中的问题	了解	3
		电流元与磁流元的关系	理解	
		PCB产生电磁干扰的原因	掌握	
		趋肤效应和引线电感的概念和计算	理解	
		共模和差模电流的基本概念	掌握	
		通量消除的主要方法	了解	
3	元件与电磁兼容	元器件的种类及组装，SMT技术特点	了解	2
		无源元件在高、低频时频率响应	掌握	
		有源器件与电磁兼容的关系	了解	
		元器件的选择	掌握	
4	信号完整性分析	信号完整性概念	掌握	4
		传播速度与相对介电常数的关系	了解	
		衰减振荡、传输线的最小反射条件	掌握	
		串扰消除和减小的方法	掌握	
		PCB终端匹配的基本方法	掌握	
		电源完整性分析	掌握	
		信号完整性常用设计工具	了解	
5	电磁兼容抑制的基本概念	镜像面概念	理解	4
		元件间环路面积与辐射的关系	掌握	
		三种主要的接地方法	掌握	
		分区法和隔离法	了解	
		元件与电磁兼容的关系	理解	
		元件的正确选择	掌握	

续表

序号	知识单元(章节)	知 识 点	要求	推荐学时
6	旁路和去耦	电容的作用以及谐振特性	掌握	4
		电源层和接地层电容的计算	了解	
		并联电容器的使用	掌握	
		电容的正确放置	掌握	
7	阻抗控制和布线	微带线、带状线线路阻抗、阻抗控制	掌握	4
		PCB 布线要点	掌握	
		掌握多层板的分层结构	掌握	
8	静电放电抑制的基本概念	静电放电概念	了解	2
		静电放电的保护技术及相应措施	掌握	
9	电磁兼容标准与测试	电磁兼容的国际规范与测试标准	掌握	2
		简单的测试环境及测试设备	掌握	
10	研究性教学	课堂讨论点评	理解	3

目　录

第 1 章　电磁兼容概论 …… 1
1.1　电磁兼容与电磁干扰 …… 1
1.1.1　综述 …… 1
1.1.2　电磁干扰与危害 …… 2
1.1.3　电磁兼容技术的发展 …… 4
1.1.4　电磁兼容的国际组织 …… 6
1.1.5　我国电磁兼容技术的发展 …… 7
1.2　电磁兼容基本概念 …… 8
1.2.1　电磁兼容中的常用定义 …… 8
1.2.2　设计中常见的电磁兼容问题 …… 9
1.2.3　电磁兼容设计规则与设计过程 …… 10
1.2.4　潜在的电磁干扰/射频干扰辐射等级 …… 13
1.3　分析电磁兼容问题的五方面 …… 13
1.4　电磁干扰及系统设计方法 …… 14
1.4.1　电磁干扰三要素 …… 14
1.4.2　如何设计出满足电磁兼容性标准的系统 …… 20
1.5　系统级电磁干扰产生的原因 …… 21
1.6　电磁兼容的单位及换算关系 …… 22
1.6.1　功率增益 …… 22
1.6.2　电压增益 …… 22
1.6.3　电流增益 …… 23
1.6.4　电场强度和磁场强度测量的通用单位 …… 24
1.6.5　单位间的互换 …… 24
科技简介 1　电磁场对健康的影响 …… 26
习题 …… 28
第 2 章　PCB 中的电磁兼容 …… 30
2.1　PCB 设计概念 …… 30
2.1.1　概述 …… 30
2.1.2　PCB 基本设计构成 …… 32
2.1.3　高速 PCB 设计中的问题 …… 34
2.1.4　PCB 设计常用软件工具 …… 38
2.2　PCB 产生电磁干扰的原因 …… 40
2.2.1　电磁理论 …… 40

2.2.2 磁流元与电流元的天线辐射特性 …… 42
2.2.3 PCB中产生电磁干扰的进一步说明 …… 45
2.3 差模电流和共模电流 …… 46
2.3.1 差模模式 …… 47
2.3.2 共模模式 …… 49
2.3.3 共模电流与差模电流的比较 …… 51
2.4 通量消除的概念与方法 …… 52
2.4.1 通量消除的概念 …… 52
2.4.2 通量消除的基本方法 …… 53
科技简介2 电磁感应 …… 53
习题 …… 55
第3章 元件与电磁兼容 …… 56
3.1 元器件概述 …… 56
3.1.1 元器件的种类 …… 56
3.1.2 元器件的组装技术 …… 56
3.1.3 表面安装技术的特点 …… 57
3.2 无源元件的频率响应 …… 57
3.2.1 导线的频率响应 …… 57
3.2.2 电阻的频率响应 …… 60
3.2.3 电容的频率响应 …… 61
3.2.4 电感的频率响应 …… 66
3.2.5 变压器的频率响应 …… 69
3.2.6 开关电源的电磁兼容分析 …… 70
3.3 有源器件与电磁兼容 …… 71
3.3.1 边沿速率 …… 71
3.3.2 元件封装 …… 75
3.3.3 接地散热器 …… 78
3.3.4 时钟源的电源滤波 …… 80
3.3.5 集成电路中的辐射 …… 80
3.4 元器件的选择 …… 81
科技简介3 超导技术 …… 83
习题 …… 85
第4章 信号完整性分析 …… 87
4.1 信号完整性概述 …… 87
4.2 传输线 …… 88
4.2.1 传输线概述 …… 88
4.2.2 PCB内传输线的等效电路 …… 88
4.2.3 传输线效应 …… 89

4.3　相对介电常数与传播速度 …… 90
4.4　反射和衰减振荡 …… 91
4.4.1　反射 …… 91
4.4.2　衰减振荡 …… 95
4.5　地弹 …… 95
4.6　串扰 …… 96
4.6.1　串扰及消除 …… 96
4.6.2　3-W 原则 …… 100
4.7　PCB 终端匹配的方法 …… 101
4.7.1　串联终端 …… 101
4.7.2　并联终端 …… 102
4.7.3　戴维南网络终端 …… 102
4.7.4　*RC* 网络终端 …… 103
4.7.5　二极管网络终端 …… 103
4.7.6　时钟走线的终端 …… 104
4.7.7　分叉线路走线的终端 …… 104
4.8　电源完整性分析 …… 105
4.8.1　电源完整性分析概述 …… 105
4.8.2　同步开关噪声 …… 106
4.8.3　电源分配设计 …… 107
4.9　信号完整性常用设计工具介绍 …… 107
4.9.1　APSIM 软件介绍 …… 107
4.9.2　SPECCTRAQuest …… 109
4.9.3　ICX …… 109
4.9.4　SIwave …… 110
4.9.5　Hot-Stage 4 …… 110
4.9.6　SIA3000 信号完整性测试仪 …… 110
科技简介 4　高功率微波 …… 111
习题 …… 112
第 5 章　电磁兼容抑制的基本概念 …… 113
5.1　镜像面 …… 113
5.1.1　概述 …… 113
5.1.2　镜像面的工作原理 …… 114
5.2　元件间环路面积的控制 …… 116
5.3　三种主要的接地方法 …… 119
5.3.1　接地基本概念 …… 119
5.3.2　接地方法 …… 121
5.4　分区法和隔离法 …… 126

5.4.1 分区法 …… 126
5.4.2 隔离法 …… 129
科技简介5 地线与接地电阻 …… 129
习题 …… 130
第6章 旁路和去耦 …… 131
6.1 电容的3个用途 …… 131
6.1.1 去耦电容 …… 131
6.1.2 旁路电容 …… 132
6.1.3 体电容 …… 132
6.2 电容与谐振 …… 132
6.2.1 谐振电路 …… 132
6.2.2 电容的物理特性 …… 132
6.2.3 电容的谐振特性 …… 134
6.3 并联电容器 …… 135
6.3.1 并联电容器的工作特性 …… 135
6.3.2 并联电容器的计算 …… 137
6.4 三端电容与穿心电容 …… 137
6.4.1 三端电容的工作特性 …… 137
6.4.2 穿心电容的工作特性 …… 138
6.5 电源层和接地层电容 …… 139
6.5.1 电源层和接地层的电容 …… 139
6.5.2 20-H原则 …… 140
6.6 电容的选择与放置 …… 141
6.6.1 电容选择 …… 141
6.6.2 去耦电容的选择 …… 142
6.6.3 大电容的选择 …… 144
6.6.4 电容的放置 …… 146
科技简介6 吸波、透波及缩波效应 …… 147
习题 …… 148
第7章 阻抗控制和布线 …… 149
7.1 元件的布局 …… 149
7.1.1 PCB布局 …… 149
7.1.2 PCB分层 …… 151
7.2 阻抗控制 …… 151
7.2.1 微带线结构 …… 152
7.2.2 嵌入式微带线 …… 153
7.2.3 单带状线结构 …… 154
7.2.4 双带状线结构 …… 154

7.2.5　差分微带线和带状线结构 …… 155
7.2.6　布线考虑 …… 156
7.2.7　容性负载 …… 156
7.3　走线长的计算 …… 159
7.4　PCB 的布线要点 …… 160
7.4.1　布线基本要求 …… 161
7.4.2　单端布线 …… 167
7.5　多层板的叠层设计 …… 169
7.5.1　四层板 …… 170
7.5.2　六层板 …… 171
7.5.3　八层板 …… 171
7.5.4　十层板 …… 172
科技简介 7　电磁波的极化和反射 …… 173
习题 …… 173
第 8 章　静电放电抑制的基本概念 …… 175
8.1　静电放电现象 …… 175
8.1.1　静电放电 …… 175
8.1.2　静电放电的危害 …… 177
8.2　静电放电保护技术 …… 179
8.2.1　器件的防护 …… 179
8.2.2　整机产品防护 …… 179
8.2.3　PCB 静电放电保护 …… 180
8.2.4　环路面积的控制 …… 180
8.2.5　静电放电中的保护镶边 …… 181
8.3　ESD 常见问题与改进 …… 182
科技简介 8　静电力 …… 183
习题 …… 184
第 9 章　电磁兼容标准与测试 …… 185
9.1　电磁兼容标准 …… 185
9.2　电磁兼容测试 …… 188
9.2.1　试验场地 …… 189
9.2.2　试验设备 …… 191
9.2.3　静电放电测试 …… 195
9.2.4　浪涌抗扰度试验 …… 196
9.2.5　谐波电流检测 …… 197
9.2.6　LED 照明产品电磁兼容测试项目 …… 199
9.3　雷电及防护 …… 200
9.3.1　雷电的形成 …… 201

9.3.2 雷电中的电磁现象 …… 201
9.3.3 雷击的形成 …… 201
9.3.4 雷电对人身的危害 …… 202
9.3.5 雷电的防护 …… 203
科技简介9 闪电 …… 204
习题 …… 205
附录A 电磁兼容国家标准 …… 207
附录B 部分电磁兼容国际标准 …… 216
附录C 部分常用元件的封装 …… 221
参考文献 …… 224

第1章　电磁兼容概论

本章主要阐述了电磁兼容的基本概念、电磁兼容性标准、电磁兼容设计规则、设计过程以及分析电磁兼容的五方面；同时也介绍了电磁干扰的危害以及电磁干扰的三要素，并详细分析了传导耦合、电场耦合、磁场耦合、共阻抗耦合和电磁场耦合五个噪声耦合的主要传播途径，以及减小电磁干扰的方法。最后对电磁兼容常用的单位给出了公式、定义以及它们之间的换算关系。

1.1　电磁兼容与电磁干扰

1.1.1　综述

电磁兼容(Electromagnetic Compatibility，EMC)是一门迅速发展的综合性交叉学科，主要研究电磁干扰(Electromagnetic Interference，EMI)和电磁敏感度(Electromagnetic Susceptibility，EMS)的问题，即怎样使在同一电磁环境下工作的各种电子电气器件、电路、设备或系统，都能正常工作，互不干扰，达到兼容状态，即设备在共同的电磁环境中能一起执行各自功能的共存状态。电磁兼容以电磁场和无线电技术的基本理论为基础，并涉及微波技术、微电子技术、计算机技术、通信技术、网络技术以及新材料等许多技术领域。它的研究领域也非常广泛，包括电力、通信、交通、航天、军工、计算机、医疗等各个行业。

自发现电磁波百余年来，电磁能得到了充分的利用。尤其在科学发达的今天，广播、电视、通信、导航、雷达、遥测遥控以及计算机等领域得到了迅速的发展，特别是信息、网络技术的快速发展，使世界对话的距离和时间骤然缩短，世界变得越来越小。然而，伴随电磁能的利用，也带来和产生了各种电磁干扰问题。各个频段的电磁场以及电磁能量，通过辐射和传导的途径，以场和电流(电压)的形式，影响工作着的敏感电子设备，使其无法正常工作。而且，如同生态环境的污染一样，随着科学技术的发展，电磁环境的污染也越来越严重。它不仅对电子产品的安全与可靠性产生危害，还会对人类及生态环境产生不良的影响。但是这种污染不会滞留和积累电磁能量，一旦电磁骚扰源停止工作，电磁干扰也就随即消失。

电磁环境的不断恶化，引起了世界各发达国家的重视，特别是20世纪70年代以来，许多发达国家进行了大量的理论研究及实验工作，进而提出了如何使电子设备或系统在其所处的电磁环境中，能够正常地运行，同时也对在该环境中工作的其他设备或系统不引入不能承受的电磁干扰的新课题。电磁兼容研究的热点问题包括电磁频谱的利用和管理；电磁兼容性标准与规范；电磁兼容性的测量与试验技术。

电磁兼容学是技术与管理并重的实用工程学，它涉及范围较广，包括自然界中的各种电磁干扰，以及各种电器、电子设备的设计、安装和各系统之间的电磁干扰等，涉及的频率范围可达0～400GHz；而且它的技术难度也较大，因为干扰源日益增多，传播的途径也是多种多样的，在军工、电力、通信、交通和工矿企业普遍存在电磁干扰问题。因此，需要投入大量的人力和财力。国际标准化组织已经和正在制定电磁兼容的有关标准和规范，并强制实施。我国要参与世界技术市场的竞争，进出口的电子产品也都必须通过电磁兼容测试。

1.1.2 电磁干扰与危害

一切电子设备、电器在工作时,都会辐射出不同频率的干扰波。如电视发射台、广播电台;计算机及外部设备;通信设备,如手机和发射基站;工业、医疗用的电磁加热设备;家用电器,如彩电、微波炉等。所有这些不同频率的、不同用途的电磁波能量合在一起称"电波色拉",而且它们互相干扰。这些电磁能量也会影响其他设备或系统的正常运行,这就是电磁干扰(EMI)。电磁干扰也就是指电磁骚扰(Electromagnetic Disturbance)引起的设备、传输通道或系统性能的下降。这里的电磁骚扰是指"任何可能引起装置、设备或系统性能降低,或者对有生命或无生命物质产生损害作用的电磁现象"。电磁骚扰仅仅是客观存在的一种物理现象,它可能是电磁噪声、无用信号或传播媒介自身的变化。电磁骚扰只有在影响敏感设备正常工作时才构成电磁干扰,即电磁干扰是由电磁骚扰引起的后果。电磁干扰依危害程度可分为灾难性的、非常危险的、中等危险的、严重的和使人烦恼的五个等级。

1. 常见领域的电磁干扰现象

下面就几个常见领域的电磁干扰现象作简要介绍。

1) 信息技术设备

信息技术设备指用于以下目的的设备:

(1) 接收来自外部源的数据(如通过键盘、数据线输入);

(2) 对接收到的数据进行某些处理;

(3) 提供数据输出。

在过去,人们往往认为计算机是以逻辑为特征的数字系统,受自身和外来电磁干扰的影响不会很大。随着微电子技术的发展,计算机已朝着高速度、高灵敏度、高集成和多功能方向发展,电磁环境的干扰和系统内部的相互串扰,严重地威胁着计算机和数字系统工作的稳定性、可靠性和安全性。

2) 信息技术设备的电磁泄漏威胁着信息安全

在通信领域的信号传播主要依靠电缆、光缆和无线电波,所以网络时代传导形式的泄密更加严重。当然,辐射造成的泄密也是不可忽视的。目前的截获技术已经相当先进,可在1千米之内获取清晰的屏幕图像。曾有人做过试验,将辐射信号截获设备"数据扫描器"装在汽车上,对沿途正在工作的计算机进行辐射信号监测,他们惊奇地发现可以得到许多信息。如果截获者对其有兴趣,便可通过放大、特征提取、解密、解码等技术或信息处理等,获得有用的情报。在网络时代,信息泄露被认为是网络安全的最大威胁。所以,防止信息泄露已不再只是对军事领域才有意义,而且在经济领域及各行各业都应引起足够的重视。

3) 机载系统的电磁干扰现象

现代交通工具越来越多地依赖于电子系统。对车载接收、监控和定位等电子控制系统来说,如果电磁抗扰度不够,它们就很容易受空间电磁环境干扰而不能正常工作,甚至失控造成事故。大家都知道,在飞机上不允许使用手机和调频收音机等,特别是在飞机起飞和降落期间,其原因就在于避免这些设备对飞机导航系统产生电磁骚扰。一旦电磁骚扰通过飞机上的电缆线耦合到机上的敏感设备,就可能形成干扰,有可能造成飞机的电子控制系统失灵,使设备工作不稳,甚至失控。铁路道岔的信号自动控制,如果因电磁干扰造成误控,也将会给列车的行驶带来不堪设想的灾难。

4）微波领域的电磁干扰

卫星地面站和雷达装置都会受到如特高频波段的电视信号、核电信号等干扰。正在研制的新一代大功率微波武器，其频率在1～100GHz范围内，它强大的微波辐射将会给电子设备或系统以及生物带来非常严重的破坏和伤害。

5）电磁对医疗卫生设备或系统的危害

许多医疗设备如核磁共振、B超仪、心电图、CT仪等，都采用了先进的电子和信息技术。这些设备的抗扰度直接关系到人们的生命安危。心脏起搏器也会受到来自计算机、手机等的电磁干扰，使其功能发生变化。所以医疗设备的电磁兼容性设计尤为重要，医疗单位的电磁环境关系到病人的生命安危，更值得关注。

6）电磁干扰对人的危害

日益发达的生活条件以及生活环境，给人们的生活带来了巨大的变化和满足，同时，我们也必须看到这种现代化的生活方式给人们带来的不良影响。

手机对人的影响取决于手机的工作频率、发射功率、照射时间等因素。各个手机生产厂家虽然也在控制辐射强度方面做了许多工作，手机在获准进入市场之前必须要通过进网测试与全面型号认证(Full Type Approval，FTA)，但进网测试与FTA测试并非人体安全认证。为了对人体安全进行认证，国际上提出了比吸收率(Specific Absorption Ratio，SAR)——手机人体辐射安全标准认证。SAR测试标准公布了各种型号手机的SAR值，让消费者了解手机是否符合安全标准，但手机在某种程度上仍然对人有影响。据有关部门的初步检测和分析，手机的电磁辐射为点频微波辐波。手机在使用过程中，其电磁辐射以手机与基站取得联系时最大，第一声铃响后，辐射逐渐减小。所以，在手机接通后的最初几秒之内，最好不要马上将手机贴耳接听。因为人的大脑和眼睛对辐射是比较敏感的，以免造成伤害。当然，在通话过程中，声调的高低、声音的大小和快慢也会使辐射有所不同。另外，手机的类型不同，天线的内置或外置，其辐射都会有所不同。另外，在一些特殊场所也要慎用手机，如飞机上、加油站、医院、雷雨天等。在加油站使用手机，加油站的计数器是由电子控制的，如受到手机信号干扰，就可能影响机件的精密性，甚至诱发火灾。在雷雨天，由于雷电的干扰，手机的电波频率跳跃性增强，易诱发雷击、烧机等事故。

另外，几乎所有的家用电器都会或多或少地产生电磁辐射，计算机则是其中之一。计算机等荧光屏可产生相当强的电磁辐射，人们面对屏幕和长时间的操作，会影响身体健康。计算机中的CPU、机箱内的时钟电路，甚至计算机键盘，都会产生对人有危害的射频干扰。还有其他家用电器，如微波炉，它所产生的微波辐射对人体的危害是由热效应产生的。人体吸收RF微波能量，并将它变换成热，在低电平时人没有感觉，但它对脑、眼睛、胃组织的影响最大，过度照射可能引起白内障等生理疾病。所以，家用电器都必须确定一个安全的辐射电平标准，使家电特别是微波设备的用户生活在一个安全的环境下。

利用电磁场对人的影响，一些发达国家产生了新式的微波武器。这些微波能量比大功率雷达用的微波功率还要高几个数量级。美国已研制成功强微波发生器和高增益定向天线，这些产品可以发射高强度的微波射束，它不会损坏设备的躯体，但会严重损害中心枢纽，使它完全瘫痪，不能工作，人如果受到这种波束的辐射，可使人的神经中枢细胞功能紊乱，引起心脏衰竭和呼吸功能停止，造成人员猝死。

2. 电磁干扰频谱

电磁干扰按频谱可划分为以下几方面:

(1) 工频干扰(50Hz):输配电、电力系统,波长为6000km;

(2) 甚低频干扰(30kHz):波长大于10km;

(3) 载频干扰(10~300kHz):高压直流输电谐波干扰、交流输电谐波干扰以及交流电气铁道的谐波干扰等,波长大于1km;

(4) RF、视频(300kHz~300MHz):ISM、输电线电晕放电、高压设备和电力牵引系统的火花放电、电动机、家用电器、照明电器等,波长为1~1000m;

(5) 微波干扰(300MHz~300GHz):特高频、超高频、极高频等干扰,波长为1mm~1m;

(6) 雷电及核电磁脉冲干扰:由吉赫兹到接近直流,范围很宽。

从1906年到现在,电磁频谱带宽变化示意图如图1-1所示。

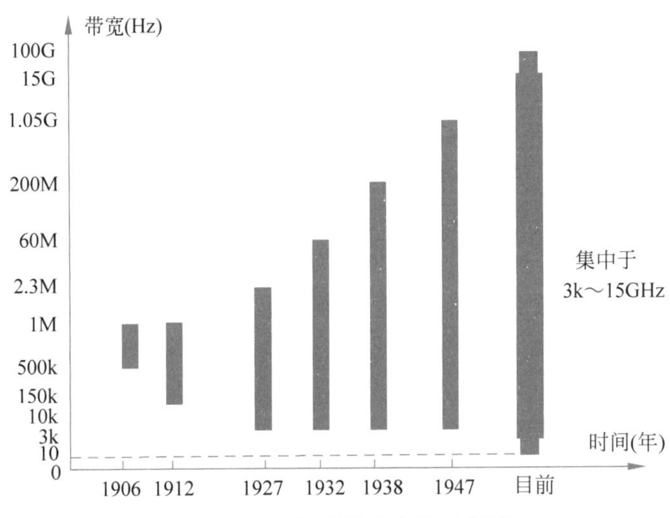

图1-1 电磁频谱带宽变化示意图

3. 电磁干扰研究的热点问题

电磁干扰研究的热点问题主要有:

(1) 电磁干扰源的特性及其传输特性;

(2) 电磁干扰的危害效应;

(3) 电磁干扰的抑制技术;

(4) 电磁泄漏与静电放电等。

1.1.3 电磁兼容技术的发展

电磁辐射和电磁干扰已经成为危害日益严重的电磁兼容问题,电磁兼容学正是人们在不断认识电磁干扰、研究电磁干扰、减小电磁干扰的过程中发展起来的。

电磁干扰是人们最早发现的电磁现象,它几乎跟电磁效应的现象同时被发现。早在19世纪初,随着电磁学的萌芽和发展,安培于1823年提出了电流产生磁力的基本定律;1831年英国科学家法拉第发现了电磁感应现象,创建了电磁感应定理,建立电磁理论基石;1864年,麦克斯韦总结出电磁波经典理论——Maxwell方程组,提出位移电流理论,论述了电与磁的相互作用,预言了电磁波的存在。这种电磁场的相互激发并在空间传播,正是电磁干扰存在的理论基础。麦克斯韦的电磁波经典理论,是电磁理论的里程碑,为后来研究电磁干扰提供了理论依据。

1865年,国际电报联盟成立,现改为"国际电信联盟"(International Telecommunication Union,ITU)。1881年英国科学家希维赛德发表了"论干扰"的文章,标志着研究干扰问题的开端;1887年,第一个研究电磁兼容问题的学会组织是由德国柏林电气协会成立的"干扰问题委员会";德国物理学家赫兹在1888年首创了天线,利用天线进行电磁波的发射和接收,用实验证明了电磁波的存在,对麦克斯韦方程组的正确性提供了理论依据,同时该实验也指出了各种打火系统向空间发射电磁干扰,从此开始了对电磁干扰问题的实验研究;意大利的马可尼和俄国的波波夫在19世纪末先后实现了无线电通信。无线通信快速发展的同时,也使人们的生存环境与电磁环境相互交融,电磁环境的电磁能量密度也越来越高。

美国于1934年成立联邦通信委员会(Federal Communications Commission,FCC),最早主要涉及军用设备的电磁干扰,EMI又称为RFI。1934年在巴黎举行的国际无线电干扰特别委员会第一次正式会议,成为第一次世界性有组织的活动,开始了对电磁干扰及其控制技术有组织的研究。

20世纪40年代,为了解决飞机通信系统受到电磁干扰造成的飞行事故问题,开始系统地进行电磁兼容技术的研究,使电磁干扰从单纯的排除干扰逐渐发展成从理论和技术等全方面控制的系统工程,从产生干扰的原因、干扰的性质、干扰传输及耦合的机理,系统地提出了抑制干扰的技术措施,并制定了电磁兼容的标准和规范。

20世纪60年代,美国国家航空航天管理局(National Aeronautics and Space Administration,NASA)研究基于模拟技术的空间系统工程的电磁干扰,电磁兼容也获得了空前的发展。20世纪70年代,电磁兼容技术逐渐成为非常活跃的技术领域之一。每年召开一次较大规模的国际性电磁兼容会议,许多国家研究基于模拟技术和数字技术的消费电子及家电产品的电磁干扰,美国国防部也相应出版了各种电磁兼容手册,广泛应用于工程设计。

20世纪60年代,美国、德国、日本和法国等经济发达国家在电磁兼容研究和应用方面达到了很高的水平。不但研究和应用电磁兼容的标准和规范,与此同时,也相应地成立了具有对军用和民用产品进行有效的电磁兼容检测和管理的机构,研制出具有高精度的电磁兼容自动测试系统,以及研制出很多关于电磁兼容预测、分析和设计的程序,有的已经商品化。麦道公司于1971年推出的IEMCAP(Intrasystem Electromagnetic Compatibility Analysis Program)就是第一个电磁兼容分析预测软件。同时,用于电磁兼容控制技术的新材料、新工艺、新产品也在不断出现。所有这些体系都保证了产品从设计、制造、进入市场和使用的全过程都能得到充分的控制,最终能实现整体的电磁兼容。

目前,几乎所有国家都将电磁兼容设计作为所有电子产品设计的主要因素,研究热点也涉及许多方面,如计算机安全,电信设备电磁兼容,无线设备、自动化设备、移动通信设备、航空航天飞机、武器系统、测量设备等的电磁兼容,各种电缆的辐射和控制,超高压输电线及交流电气铁道的电磁影响,电磁场生物效应,地震电磁现象,接地系统和屏蔽系统等。

美国、欧盟、日本等在电磁兼容的分析预测、设计、测量及管理等方面均达到了很高的水平,已形成了一整套完整的电磁兼容体系,具有完善的电磁兼容标准和规范。研制出了高精度的EMI(电磁干扰)及电磁敏感度(EMS)自动测量系统,可进行各种系统间的EMC试验,还研制出了用于系统内及系统间的各种EMC分析软件,形成了较完整的EMC设计体系。同时,许多国家还建立了对军用产品和民用产品的EMC检验及管理机构,在产品投放市场之前,必须进行EMC质量认证,目前产品电磁兼容性达标认证已经由一个国家范围发展到一个地区或一个贸易联盟采取的统一行动。

1.1.4 电磁兼容的国际组织

随着电子电气技术的发展和应用,人们逐渐认识到对各种电磁干扰进行控制的必要性,世界上许多国家都将电磁干扰列为必须控制的污染物之一,力求使电磁辐射减少到最低。目前有关电磁兼容的国际组织如下:

- 国际电工技术委员会(IEC);
- 国际无线电干扰特别委员会(CISPR);
- 国际电信联盟电信标准委员会(ITU-T);
- 国际无线电咨询委员会(CCIR);
- 国际无线电科学联盟(URSI);
- 跨国电气电子工程学会电磁兼容专业学会(IEEE EMC-S);
- 国际电线电缆学术讨论会(IWCS)。

国际电工技术委员会(IEC)于1906年在伦敦创建,是研究电工标准化的第一个组织,1947年加入国际标准化组织(ISO)。它是制定电磁兼容标准的重要组织,其电磁兼容标准的制定工作主要由其下属的两个标准化技术委员会来执行,一个是国际无线电干扰特别委员会(CISPR),另一个是电气设备(包括网络)之间的电磁兼容性技术委员会(TC77)。CISPR负责制定频率大于9kHz发射的基础标准和通用标准,下设7个分会,如表1-1所示;TC77负责制定9kHz和开关操作等引起的高频瞬态发射及整个频率范围内的抗扰性基础标准和通用标准,下设3个分会,如表1-2所示。它制定的国际标准是IEC 61000系列。另外,IEC中还有几十个产品委员会关注电磁兼容问题。

表1-1 CISPR的组织机构

CISPR A	无线电干扰测量方法和统计方法
CISPR B	来自工业、科学和医用高频电器的干扰
CISPR C	来自电力线、高压设备和电力牵引系统的干扰
CISPR D	机动车辆和内燃机的无线电干扰
CISPR E	无线电接收和设备干扰特性
CISPR F	家用电器、电动工具、照明设备及类似电器无线电干扰
CISPR G	信息技术设备干扰

表1-2 TC77的组织机构

SC77A	公用低电压供电系统的连接设备
SC77B	工业和其他公用系统及其设备
SC77C	对高空核电磁脉冲的抗干扰

国际电信联盟电信标准委员会(ITU-T)是联合国的专门机构,是最大的国际组织之一,是世界各国政府的电信主管部门之间协调电信事务的一个国际组织,在互相协商的基础上,

在通信领域内制定各种规则和建议。

国际无线电咨询委员会(CCIR)是国际电信联盟的常设机构之一。由国际电信联盟所有会员国的主管部门和被认可的私营机构组成,成立于1927年,总部设在瑞士日内瓦。它的职责是研究无线电技术规范,颁发建议书,为制定和修改无线电规则提供技术依据。它设有13个研究组,分别研究频谱的利用和监测,空间探索和射电天文,30MHz以下的固定业务,卫星固定通信业务,非电离层媒质中的传播,电离层媒质中的传播,标准频率和时间信号,移动业务、无线电定向业务和业余业务,使用无线电中继系统的固定业务,声音广播,电视广播,电视和声音信号的长距离传输,词汇等。它出版了《国际无线电咨询委员会的建议和报告》,每4年修订一次。

国际无线电科学联盟(URSI)成立于1919年,总部设在比利时的布鲁塞尔。目前有A~J 10个委员会及一个"时域波形测试"联合工作组。其中E委员会研究电磁噪声与干扰,涉及EMC的各个领域。

美国无线电工程师学会(IRE)于1957年成立了射频干扰专业学组,1959年召开了学术讨论会。同年射频干扰学组改名为"电磁兼容专业学组",并召开了首届电磁兼容学术讨论会。1963年无线电工程师学会与美国电气工程师学会和美国电子工程师学会(AIEE)合并,成立跨国电气电子工程师学会(IEEE),在全世界发展会员。学术讨论涉及范围较宽,电磁兼容专业委员会创办有电磁兼容学报,涉及电磁兼容标准、测量技术、非需求源、电缆与接地、屏蔽与滤波、设备电磁兼容、系统电磁兼容、天线与传播、频谱利用、电磁脉冲、雷电、辐射危害等相关领域。

国际电线电缆学术讨论会(IWCS)主要在美国进行活动,有20多个国家参加该组织,参与研究线缆构造、材料、规格、试验、施工、维护及制造等有关课题,并对防护各种电磁环境的有害影响所采用的特殊线缆结构进行讨论。

1.1.5　我国电磁兼容技术的发展

由于我国过去电子工业相对比较落后,电磁兼容矛盾不突出,开展对电磁兼容理论和技术的研究起步较晚。我国第一个干扰标准是1966年由第一机械工业部制定的部级标准JB 854—1966《船用电气设备工业无线电干扰端子电压测量方法与允许值》。直到20世纪80年代,我国才有组织、系统地研究并制定国家级和行业级的电磁兼容性标准和规范。1983年,我国发布了第一个国家电磁兼容标准《工业无线电干扰基本测量方法》。

1986年8月10日,对应于IEC下属的CISPR,我国成立了全国无线电干扰标准化技术委员会,设18个部委,由33名委员组成,目的是促进电磁兼容的研究和标准化工作。如今,全国无线电干扰标准化技术委员会下属8个分会,分别负责不同领域的电磁兼容标准化工作,其组织机构如表1-3所示。

表1-3　全国无线电干扰标准化技术委员会的组织机构

A分会	无线电干扰测量方法和统计方法
B分会	工业、科学和医用射频设备的无线电干扰
C分会	电力线、高压设备和电力牵引系统的无线电干扰
D分会	机动车辆和内燃机的无线电干扰
E分会	无线电接收设备干扰特性

续表

F分会	家用电器、电动工具、照明设备及类似电器的无线电干扰
G分会	信息技术设备干扰
S分会	无线电干扰系统与非无线电系统电磁兼容

2001年12月,国家发布《强制性产品认证管理规定》(China Compulsory Certification,CCC),简称3C认证。3C认证对这些产品的安全性能、电磁兼容性、防电磁辐射等方面都作了详细规定。截至2002年年底,我国已经制定了92个电磁兼容标准,这些标准规定了各种类型的电气电子设备在各个频段的电磁骚扰发射限值和抗扰度限值,并规定了相应的试验方法、仪器设备和试验场地制度。建立了强制性产品认证制度,指定了包括CQC、CEMC在内的19家认证机构及68家检测机构。公布了首批进行强制性认证的产品目录,涉及19大类别的132种产品。

目前,由于我国参与国际标准的制定不足,尚未完全达到国际互认,高精度的电磁兼容自动测试系统仍需进口,用于电磁兼容控制技术的新材料、新工艺、新产品开发较少,自己研制的电磁兼容预测、分析和设计软件也比较少,因此我国与国外仍然存在一定的差距。

随着我国对电磁兼容技术的日益重视,也加速了电磁兼容的研究步伐,我国成立了许多电磁兼容的学术组织,并且在电磁兼容领域开展了频繁的学术活动。同时还派出代表参加IEEE、CISPR、ITU、URSI等国际组织的学术会议,增加国际交往。这将有利于我国在电磁兼容技术领域缩短与国际上发达国家之间的差距。特别是加入WTO后,进出口的电子产品都必须通过电磁兼容检验,企业本身应提高电磁兼容的认证意识,从设计到生产过程的每一个环节都加以控制,促进电磁兼容技术更深入的发展。

1.2 电磁兼容基本概念

1.2.1 电磁兼容中的常用定义

1. 电磁兼容

电磁兼容(EMC)是各种包括微波、射频信息系统不容忽视的问题。随着系统复杂性的提高、工作频率的提高、系统集成度的增加,电磁兼容性变得更加重要。电磁兼容性从大到小通常包括三个层次:系统级、印刷电路板(Printed Circuit Board,PCB)级以及芯片级。系统级包括系统的电磁干扰、耦合和敏感性描述,系统的电磁兼容建模,确立参数指标,系统的测量和试验,如通信卫星、飞机、军舰等系统;PCB级包括电子设备之间和电子设备内部的电磁耦合;芯片级包括元件之间的电磁耦合,由元件的分布电气参数决定耦合的强弱,属于近区电磁场的作用,有电容耦合、电感耦合和公共阻抗耦合。

电磁兼容性要求设备或系统在以下3方面的电磁环境中能正常工作,且不对该环境中任何事物构成不能承受的电磁骚扰。

- 设备内电路模块之间的相容性;
- 设备之间的相容性;
- 系统之间的相容性。

电磁兼容,作为一门学科和领域,可称为"电磁兼容",作为一个系统或设备的电磁兼容能力,设计系统或设备的性能参数时,则称为"电磁兼容性"。

2. **电磁干扰**

电磁干扰(EMI)指破坏性电磁能从一个电子设备通过辐射或传导的方式传到另一个电子设备,引起设备、传输通道或系统性能的下降,包括辐射干扰(Radiated Interference)和传导干扰(Conducted Interference)。电磁干扰发生在所有频率围内,但通常特指射频(Radio Frequency,RF)信号,射频信号的频率范围从10kHz到300GHz。

3. **电磁发射**

电磁发射(Electromagnetic Emissions,EME)包含辐射发射和传导发射两种传输模式。

1) 辐射发射(Radiated Emissions)

射频能量通过电磁场媒介以场的形式传播,多通过自由空间传输电磁场。

2) 传导发射(Conducted Emissions)

射频能量通过电磁场媒介以传导波的形式传播,多通过导线或内部连接电缆传输电流。

4. **电磁敏感度**

电磁敏感度(EMS)是指设备或系统受电磁干扰而被中断或破坏的趋势的估量。

5. **抗扰性**

抗扰性(Immunity)是指设备或系统抵抗电磁干扰保持正常工作能力的估量。抗扰性有两种模式:

(1) 抗辐射干扰性(Radiated Immunity),产品抵抗来自空间电磁能的相对能力;

(2) 抗传导干扰性(Conducted Immunity),产品抵抗来自电缆、输电线和I/O连接器的电磁能的相对能力。

6. **静电放电**

静电放电(Electrostatic Discharge,ESD)指的是有着不同静电电压的物体在靠近或直接接触时引发的静电荷转移。

7. **密封**

密封(Containment)指的是阻止射频能量进入或漏出金属屏蔽壳的过程。

8. **抑制**

抑制(Suppression)指的是不依靠金属屏蔽或底盘而减少或消除存在的射频能量的过程。

电磁兼容测试和认证的规范与基本定义之间有一定的关联,军用测试规范MIL-STD-461A如图1-2所示。

1.2.2 设计中常见的电磁兼容问题

设计工程师常见的电磁兼容问题包括设计规范、射频干扰、静电放电、电力干扰、自兼容性。

设计规范,它源于电磁干扰问题的日益严重,消费者对通信干扰、家用电器干扰、航空通信干扰的抱怨越来越多。德国从第二次世界大战后不久就颁布了一系列强制性的规范。如果没有这些强制性的规范,电磁环境将充满干扰,而且能够正常工作的电子设备将会非常少。规范既保护无线电频率资源,也可以限制来自有意或无意的发射源产生的辐射。

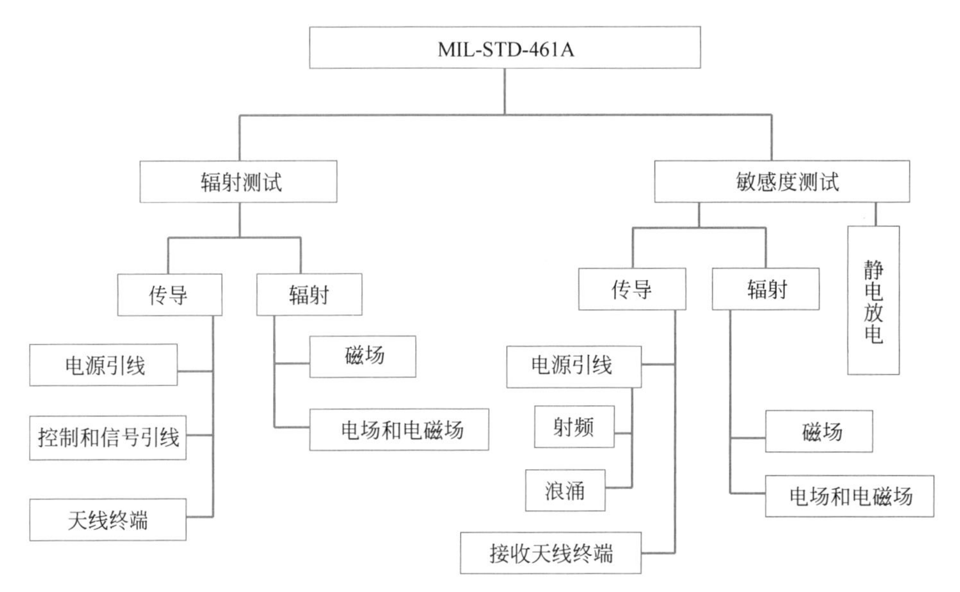

图 1-2　MIL-STD-461A 军用测试规范

射频干扰，它源于无线电通信的飞速发展。由于无线电发射机越来越多，随之而来的射频干扰也严重地影响了电子系统的正常运行。

静电放电，它源于元件的高速和高密度化。由于元件的集成度非常密集，这些高速的、数以百万计的晶体管微处理器的灵敏性很高，非常容易受到外界静电放电的影响而损坏。直接接触的静电放电会引起设备永久性的损坏，而辐射引起的静电放电会导致设备工作不正常，但不会引起系统设备永久性的损坏。

电力干扰，它源于越来越多的电子设备接入电力网。电力干扰的问题包括电力线干扰、电快速瞬变、电涌、电压变化（高/低电平）、闪电瞬变、电力线谐波。对于新的高频开关电源，电力干扰的影响非常大。

自兼容性，它源于本系统内部的干扰。当设备由于电磁干扰不能正常运行时，设计者总是首先考虑其他设备的影响，往往忽视本身设备的自兼容性，如数字电路可能会影响模拟电路或设备的正常运行。

总之，在进行电磁兼容设计时，要考虑的因素虽然很多，但其中也包括以上几方面。

1.2.3　电磁兼容设计规则与设计过程

1. 电磁兼容设计规则

电磁兼容设计需要考虑系统级、元件级、印制电路板级和设备级共 4 方面。

(1) 系统级：包括系统电气、机械、系统软件、互连、接地等；

(2) 元件级：包括元件参数、管脚、封装、材料特性等；

(3) 印制电路板级：元件放置、布线、接地、去耦、滤波等；

(4) 设备级：包括电缆、屏蔽、滤波、接地等。

电磁兼容性设计应考虑的问题很多，但从根本上讲，就是如何提高设备的抗扰度和防止电磁泄漏。通常采取的措施是：设备或系统本身应选用相互干扰最小的设备、电路和部件，并进行合理的布局；通过接地、屏蔽及滤波技术，抑制与隔离电磁骚扰。对不同的设备或系统有不同的设计方法和措施。

2. 电磁兼容设计过程

电磁兼容设计过程通常包括电磁兼容阶段、设计阶段和完成阶段。电磁兼容阶段就是根据产品设计对电磁兼容提出要求和相应的指标；设计阶段就是依据电磁兼容的有关标准和规范，将设计产品的电磁兼容性指标要求分解成元器件级、电路板级、模块级和产品级，按照各级实现的功能要求，逐级分层次地进行设计；完成阶段就是通过电磁兼容的测试和认证。

1）电磁兼容阶段

依据产品的性能，选择相应的电磁兼容认证标准及测试规范。

2）设计阶段

它包括电路设计、印制电路板设计、机械设计、性能测试、针对问题重新设计共5个阶段。

（1）电路设计。

元器件的选择和电路的分析是电磁兼容设计的基础。电路设计包括构思原理图、设置工作环境、放置元件、原理图的布线、建立网络表、原理图的电气检查、编译和调整、存盘和报表输出8个步骤。在第2章将对以上步骤进行详细说明。因此，在设计时要考虑选用抗干扰器件，合理确定指标和运用接地、屏蔽等技术。

（2）印制电路板设计。

印制电路板设计包括9个步骤，具体包括：设计原理图、定义元件封装、印制电路板图纸的基本设置、生成网表和加载网、布线规则设置、自动布线、手动布线、生成报表文件、文件打印输出（将在第2章中进行详细说明）。

元器件、电路和地线引起的骚扰都会在印制电路板上反映出来。因此，印制电路板的电磁兼容设计非常关键。印制电路板的布线要合理，如采用多层板，电源线与地线应靠近，时钟线、信号线与地线的距离要近等，以减少电路工作时引起内部噪声。严格执行印制电路板的工艺标准和规范，模拟和数字电路分层布局，以达到板上各电路之间的相互兼容。

（3）机械设计。

良好的机械设计对实现整个设备和系统满足电磁兼容性也是非常重要的。如底板、机壳和外壳结构的设计，常常能够决定是否能同工作环境实现电磁兼容。底板、机壳和外壳是为控制设备或功能单元中无用信号通路提供屏蔽的最有效的方法。屏蔽的程度取决于结构材料的选择和装配中所用的设计技术两方面。设计者还应该注意接缝、开口、穿透和对底板及机壳的搭接等方面的设计技巧。

底板和机壳的材料大多数都选用良导体，如铝、铜等，主要通过反射信号而不是吸收信号达到屏蔽电场的目的。但对磁场的屏蔽需要铁磁材料，如高磁导率合金和铁，主要通过吸收信号而不是反射信号达到屏蔽磁场的目的。

（4）性能测试。

对完成整个设计的试制板必须进行全面的性能测试，检验试制板是否符合设计要求和指标。同时，对不能满足设计的部分，找出问题的根源，便于在后来的设计中改进和完善。

（5）针对问题重新设计。

对于在性能测试中发现的问题要重新进行设计，然后再按照以上步骤进一步完善，直到试制板的性能满足设计要求为止。

3）完成阶段

电磁兼容规范测试度。电磁兼容设计的目标是通过电磁兼容测试和认证。当设计的产品通过了电磁兼容的规范化认证，整个设计才真正完成。

最经济有效的电磁兼容设计方法，就是在设计早期，从选择元件、设计电路到印制电路板走线等步骤就把电磁兼容性作为主要的设计依据，从而减小设计成本。如果等到生产阶段再去解决电磁兼容问题，不但在技术上难度很大，而且也会造成人力、财力、时间上的极大浪费。电磁兼容性的费用与整个设计环节的关系如图 1-3 所示。

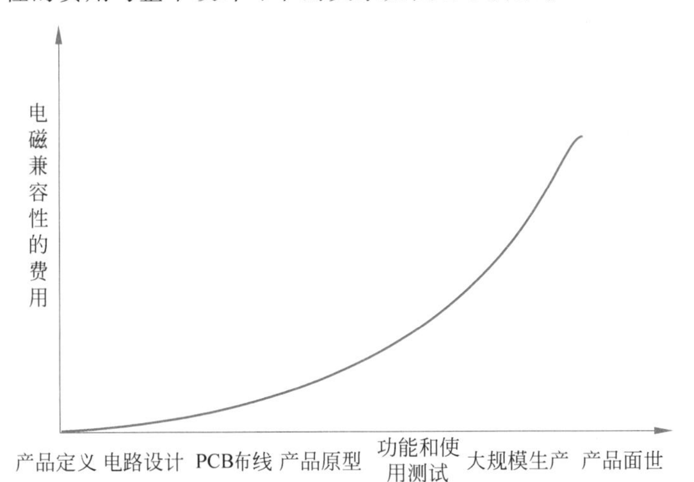

图 1-3　电磁兼容性的费用与整个设计环节的关系

3. 电磁兼容控制技术

抑制电磁干扰要从抑制电磁干扰源、消除或减弱耦合路径、降低敏感设备对干扰的响应等几方面采取有效措施。电磁兼容技术在控制干扰的策略上采取了主动预防、整体规划和对抗与疏导相结合的方针。电磁兼容控制是一项系统工程，应该在设备和系统设计、研制、生产、使用和维护的每个环节都给予充分的考虑和实施。

电磁干扰的控制手段，除了常见的屏蔽、接地、滤波以外，还要采取疏导和回避的技术进行处理，如空间分离、时间分离、吸收和旁路等。通常电磁兼容控制技术分为以下几类：

1）传输通道抑制

具体方法有屏蔽、滤波、接地、搭接、布线。屏蔽用于切断空间的辐射发射途径；滤波用于切断通过导线的传导发射途径；接地的好坏直接影响到设备内部和外部的电磁兼容性；通过合适的搭接和布线也能够抑制电磁干扰的传输通道。

2）空间分离

空间分离是对空间辐射干扰和感应耦合干扰的有效控制方法，包括地点位置控制、自然地形隔离、方位角控制、电场矢量方向控制。

3）时间分离

时间分离是让有用信号在干扰信号停止发射的时间传输，或当强干扰发射时，短时关闭敏感设备，以免遭受伤害，包括时间共用准则、雷达脉冲同步、主动时间分离、被动时间分割。

4）频率管理

频率管理是利用系统的频谱特性全部接收有用的频率分量，将干扰的频率分量剔除，包括频率管制、滤波、频率调制、数字传输、光电隔离。

5）电气隔离

电气隔离是避免电路中干扰传导的可靠方法，同时也可以使有用信号通过耦合进行传输，包括变压器隔离、光电隔离、继电器隔离、DC/DC 变换。

1.2.4　潜在的电磁干扰/射频干扰辐射等级

电磁干扰和射频干扰的辐射等级与产品的大小或复杂性以及处理速度有关。产品越大、越复杂，处理速度越快，则辐射等级越高。表 1-4 具体给出了它们之间的关系。

表 1-4　辐射等级和产品性能的关系

处理速度	产品大小/复杂度		
	低/单板	中/母子板	大/多模块
低（$f<10$MHz）	低	中	大
中（10MHz$<f<$100MHz）	中	中至高	高至非常高
高（$f>100$MHz）	高	高至非常高	非常高

1.3　分析电磁兼容问题的五方面

分析电磁兼容问题需要考虑频率、振幅、时间、阻抗、尺寸五方面。具体介绍如下。

1. 频率

频率即问题频谱出现的位置。电磁干扰通常在频域中进行分析。射频能量是通过各种媒介传播的周期波，在时域中很难直观理解，故需要用傅里叶变换进行时域和频域的变换。时域分析是以时间轴为坐标来表示动态信号的关系，而频域分析则是以频率轴为坐标来表示动态信号的关系。信号的时域和频域分析，既相互独立，又密不可分，是对模拟信号从两方面进行观察，即将任何周期函数的信号分解为无限个正弦波，每一个都在基本频率的整数倍或谐波上。另外，傅里叶变换可以很容易地用现代仪器显示出来，用示波器显示的时域波形和频谱分析仪显示的频域波形如图 1-4 所示。

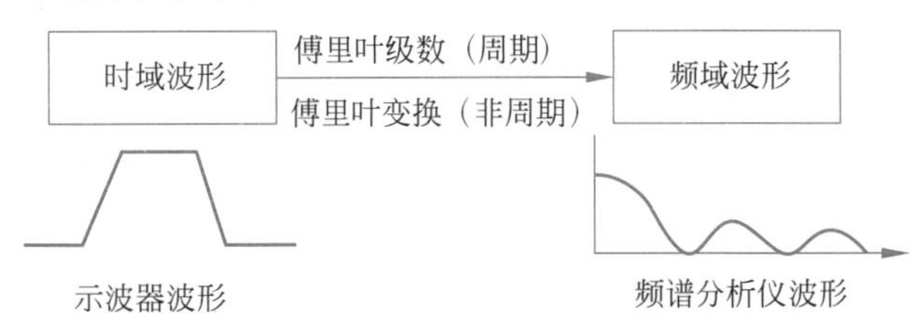

图 1-4　时域波形和频域波形

2. 振幅

振幅表示辐射能量的大小及危害潜力。幅度越大，干扰就越大。故应限制 RF 射频能量的幅度，合适的 RF 射频能量幅度只要能满足系统的正常运行即可。

3. 时间

时间表示出现的干扰信号是周期性的，还是只在确定的操作循环内出现干扰信号。最初的电子设计多从时间方面考虑,即多为时域分析。

4. 阻抗

阻抗指发射源和接收机单元的阻抗。如果二者阻抗不同,干扰就会严重。因为阻抗不匹配,传输路径上会引起反射。高阻抗和电场有关,低阻抗和磁场有关。阻抗匹配是电磁兼容设计所要求的,也是 PCB 设计中的重要环节。

5. 尺寸

尺寸指导致辐射出现的发射设备的物理尺寸。物理尺寸和射频波长有很大的关系。印制电路板走线或所开小孔尺寸要尽可能地小,避免尺寸达到干扰信号的某一特定波长而形成辐射天线。为了实现信号的最佳传输,所有的传输线必须在终端接有与它的特性阻抗相匹配的负载。

1.4 电磁干扰及系统设计方法

1.4.1 电磁干扰三要素

电磁干扰若要对电子设备的正常工作形成干扰的后果,它就必须包括电磁干扰源、耦合路径、接收体三个基本要素,如图 1-5 所示。任何形式的自然现象或电装置所发射的电磁能量,如能使共享同一环境的人或生物受到伤害,或使其他设备、分系统或系统发生电磁危害,导致性能降级或失效,这种自然现象或辐射电磁能量的设备就称为电磁干扰源;耦合路径是传输干扰能量的路径或媒介;接收体或敏感设备是指受到电磁干扰源所发射的电磁能量的作用时,会发生电磁危害,导致性能降级或失效的器件或设备,也是接收电磁能量的设备。许多器件或设备既是电磁干扰源又是接收体。

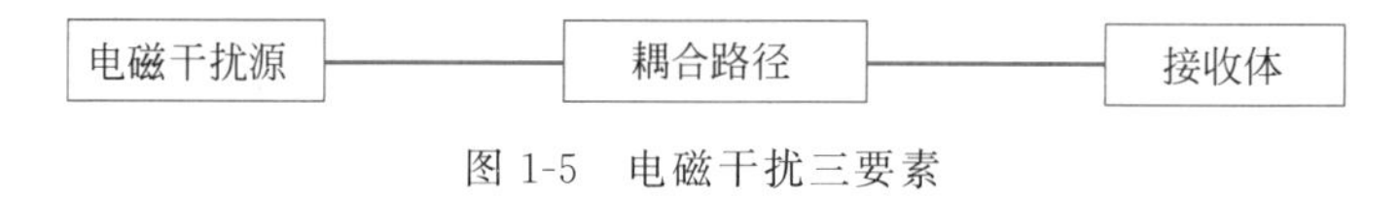

图 1-5　电磁干扰三要素

电磁干扰源产生的电磁干扰,在一定的条件下,依据一定的耦合方式到达接收体,从而对这类敏感设备的工作产生影响。

任何一个电磁干扰的发生,都要具有电磁干扰源、耦合路径、接收体三个条件。如果其中一个条件不存在,干扰则随之消失。为了实现设备之间的电磁兼容,就必须从以上三方面出发,采取相应的技术措施,抑制电磁干扰源,消除或减弱耦合路径,降低接收体对骚扰的响应或增加电磁敏感性电平。下面就从这三方面进行论述。

1. 电磁干扰源

电磁干扰源的种类非常多,既包括自然界产生的自然电磁干扰源,也包括人为电磁干扰源。

自然电磁干扰源包括地球和宇宙的干扰。地球的干扰包括大地表面磁场、电场,大地磁层的干扰,大气中的电流电场、闪电和雷暴的电场干扰,摩擦起电的干扰以及静电放电;宇宙的干扰包括太阳无线电、银河系无线电、射电星等干扰。

人为电磁干扰源包括通信工具、工业、医疗、家庭等几方面。通信工具包括广播、电视、雷达等的干扰,导航,双向无线电,手机等;工业的干扰源包括电弧焊、电动机设备和变压器的不规则脉冲流，超声波清洗器，射频感应加热器，荧光灯，输电线系统的电晕放电产生的高频振荡，开关器和继电器的气体放电和电弧放电等；医疗的干扰源包括核磁共振、B超仪、心电图、CT、电气透热疗法等的干扰；家庭的干扰源包括广播、电视、微波炉、微波治疗仪、计算设备等相关产品。

无论是自然电磁干扰源，还是人为电磁干扰源，依据干扰的方式，干扰源又分为传导干扰源和辐射干扰源。传导干扰源是通过导体传播的干扰；辐射干扰源是通过电磁波形式在空间传播的干扰。

依据干扰的属性，电磁干扰也可分为功能性干扰源和非功能性干扰源。功能性干扰源是指设备实现功能的过程中对其他设备造成的直接干扰；非功能性干扰源是指用电设备在实现自身功能的同时伴随产生或附加产生的副作用，如电弧放电干扰等。

依据电磁干扰信号的频谱宽度，电磁干扰也可分为宽带干扰源和窄带干扰源。干扰信号的带宽大于指定感受器带宽的称为宽带干扰源，干扰信号的带宽小于指定感受器带宽的称为窄带干扰源。

电磁干扰源也包括微处理器、微控制器、传送器、开关电源等电子电路设备内部和芯片等干扰源。在一个微控制器系统内，时钟电路通常是最大的宽带噪声发生器，而这个噪声分散到整个频谱。随着大量高速半导体器件的应用，其边沿跳变速率非常快，可以产生300MHz的谐波干扰。这些电路设计中的常见电磁干扰源，当它们进入电源、处理器、模拟电路等易受影响的部分之后，随之就会产生辐射发射和传导发射干扰。另外如TTL的开关噪声，即几十到几吉赫兹的高频开关电流，产生的噪声为0.5～10ns。TTL逻辑元件极易受影响，2V、20ns的噪声就可以使TTL逻辑器件发生误操作。动态RAM由于利用电荷存储数位信息，充放电电流的峰值为100mA，频率可达100MHz，会使电源线和接地线产生串扰和公共阻抗噪声。电源负载变化也会产生快速脉冲电流，经电源和接地通路产生干扰。振荡器及变压器在工作时也会在周围辐射高频电磁波。图1-6为常见干扰源示意图。

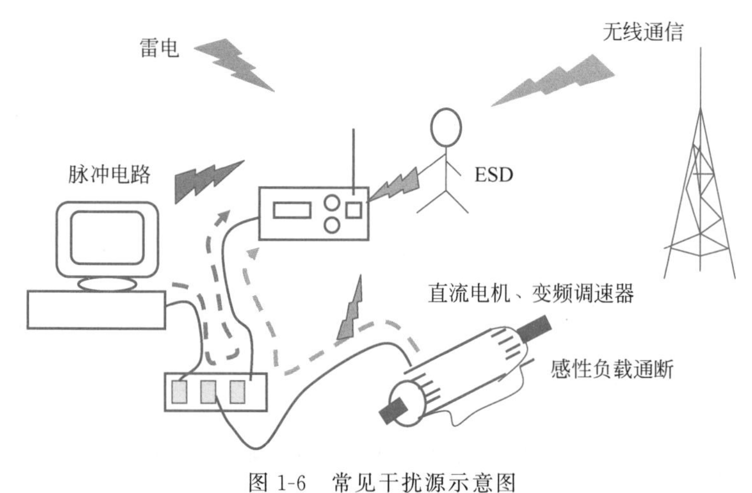

图1-6　常见干扰源示意图

表1-5给出了常见干扰源的频谱范围。

表 1-5 常见干扰源的频谱范围

源	频谱	源	频谱
地磁测向	<3Hz	雷电放电	几赫兹至几百兆赫兹
探测烧焦的金属	3～30Hz	电视	30MHz～3GHz
直流或工频输电	0 或 50/60Hz	移动通信(包括手机)	30MHz～3GHz
无线电灯塔气象预报站	30～300kHz	微波炉	300MHz～3GHz
电动机	10～400kHz	核脉冲	高达吉赫兹
照明(荧光灯)	0.1～3.0MHz	海上导航	10kHz～10GHz
电晕放电	0.1～10MHz	工、科、医高频设备	几十千赫兹至几十吉赫兹
直流电源开关电路	100kHz～30MHz	无线电定位	1～100GHz
广播	150kHz～100MHz	空间导航卫星	1～300GHz
电源开关设备	100kHz～300MHz	先进的通信系统、遥测	30～100GHz

2. **耦合路径**

耦合路径包括无线辐射和有线传导两种途径。无线辐射路径,包括以平面波为主的远区场,以及以串扰为主的近区场。有线传导包括电源分布、信号分布、接地环路三种传导方式。通常高频的耦合路径以辐射为主,低频的耦合路径以传导为主。

耦合路径的具体表现有传导耦合、电场耦合、磁场耦合、共阻抗耦合和电磁场耦合五种形式。其中传导耦合和共阻抗耦合是通过共用线耦合;而电场耦合和磁场耦合是一种近场感应耦合,因为设备内各个环路之间的电距离较短,而近场的场型又比较复杂,不易计算,故常用电容耦合代替电场干扰,用电感耦合代替磁场干扰;电磁场耦合是远场的辐射耦合。

1) 传导耦合

传导耦合是通过电流耦合。噪声被耦合到电路中最简单的方式是通过导体、电线、PCB走线传递。如果它们在一个有噪声的环境中经过,它们就会通过感应接受噪声并将噪声传递到电路的其他部分。噪声通过电源线进入系统,就是传导耦合的具体表现,这种带有噪声的电源传到整个电路,给整个电路带来干扰。要减小传导耦合干扰,可通过减小导体、电线、PCB走线上的有害噪声,或阻止导体、电线、PCB走线接收RF能量。传导耦合如图1-7所示。

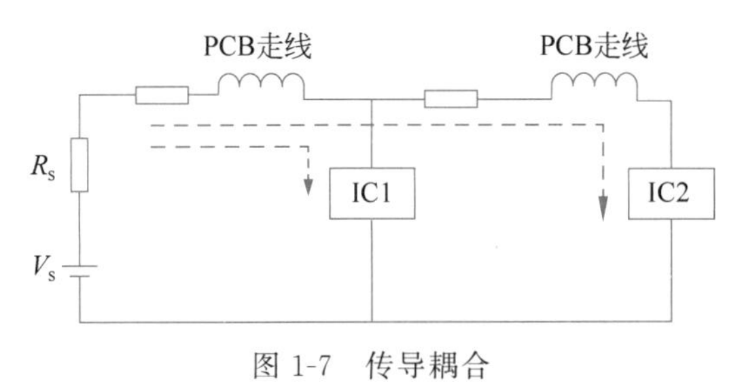

图 1-7 传导耦合

2) 电场耦合

电场耦合是通过电容耦合,在低阻抗电路中产生,影响相对较小。两个电路的电通量耦合通过它们的互电容传递。如果两个高阻抗并联,就会出现互电容。电场耦合如图1-8所示,假设导线1上的电压 V_1 为干扰源电压,导线2为受到影响的敏感电路。

导线2和地之间产生电场耦合的耦合电压 V_N 计算公式为

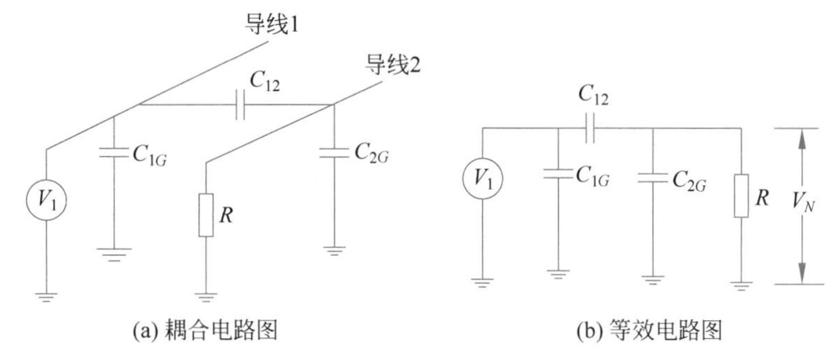

(a) 耦合电路图　　(b) 等效电路图

图 1-8　电场耦合

$$V_N=\frac{\mathrm{j}\omega RC_{12}}{1+\mathrm{j}\omega R(C_{12}+C_{2G})}V_1 \tag{1-1}$$

当 $R \ll \dfrac{1}{\mathrm{j}\omega(C_{12}+C_{2G})}$ 时，有

$$V_N=\mathrm{j}\omega RC_{12}V_1 \tag{1-2}$$

当 $R \gg \dfrac{1}{\mathrm{j}\omega(C_{12}+C_{2G})}$ 时，有

$$V_N=\frac{C_{12}}{C_{12}+C_{2G}}V_1 \tag{1-3}$$

式(1-2)表明，通过电容耦合的骚扰作用相当于在导体 2 和地之间连接了一个幅度为 $\mathrm{j}\omega C_{12}V_1$ 的电流源，它是描述两个导体间电场耦合最重要的公式。如果骚扰源的电压 V_1 和工作频率 f 不变，减小参数 C_{12} 和 R 就可以减小电场耦合。减小耦合电容的方法包括屏蔽导体、分隔导体等。

图 1-9 为耦合电压与频率的关系。由图中可以看出，电场耦合随频率升高而增加，高频时耦合基本不变。

由于电场耦合的噪声耦合电流产生于导线与地之间，可以利用图 1-10 测试干扰是否为电容耦合。对于图 1-10 中的被干扰导体 R_1，在它两端测量干扰电压，在另一端减小端接阻抗 R_2，如果测量电压减小，则干扰是通过电容耦合的。

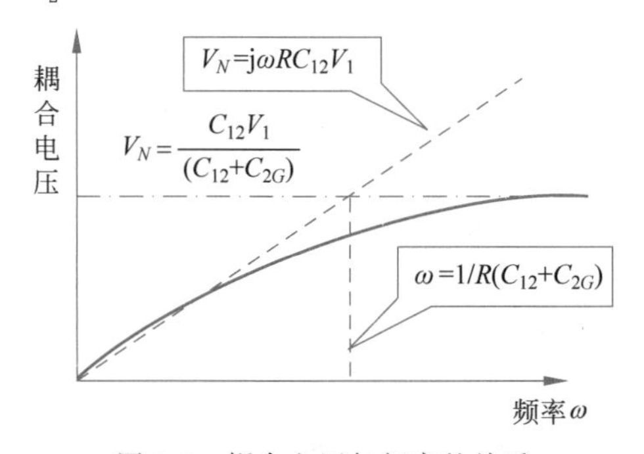

图 1-9　耦合电压与频率的关系

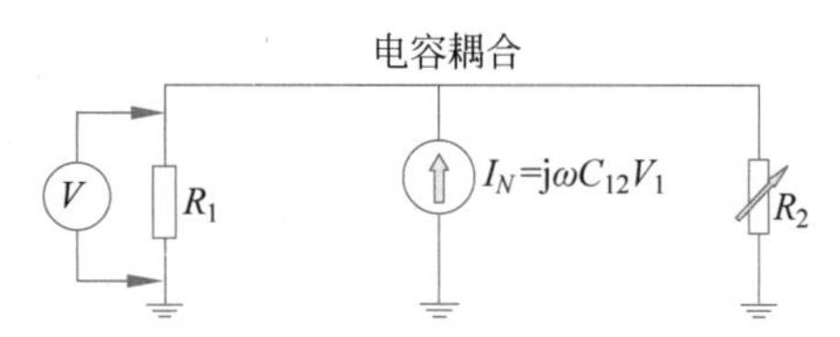

图 1-10　电场耦合等效电路

3）磁场耦合

磁场耦合是通过回路之间的互感耦合。当一个电流回路产生的磁通量经过另外一个电流路径形成环路时，就会出现磁场耦合，磁场耦合由两个回路的互感系数表示。磁场耦合如

图 1-11 所示。

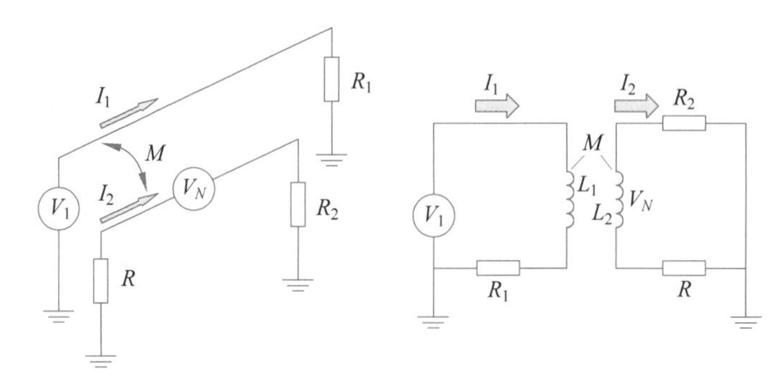

图 1-11 磁场耦合

当电流 I_1 在电路 1 中流动时,在电路 2 中产生磁通 ϕ_{12},使电路 1 和电路 2 之间存在互感 M,用互感表示磁场耦合的耦合电压 V_N 的计算公式为

$$V_N=\frac{\mathrm{d}\phi_{12}}{\mathrm{d}t}=M\frac{\mathrm{d}I_1}{\mathrm{d}t}=\mathrm{j}\omega MI_1 \tag{1-4}$$

耦合电压 V_N 在第 2 个回路中产生的电流 I_2 为

$$I_2=\frac{\mathrm{j}\omega MI_1}{R+R_2+\mathrm{j}\omega L_2} \tag{1-5}$$

当频率较低时,$R+R_2\gg \mathrm{j}\omega L_2$,有

$$I_2=\frac{\mathrm{j}\omega MI_1}{R+R_2} \tag{1-6}$$

当频率较高时,$R+R_2\ll \mathrm{j}\omega L_2$,有

$$I_2=\frac{MI_1}{L_2} \tag{1-7}$$

由式(1-6)可知,磁场耦合量 $\left|\frac{I_2}{I_1}\right|$ 随频率升高而增加;由式(1-7)可知,当频率 $\omega>\frac{R+R_2}{L_2}$ 时,磁场耦合量 $\left|\frac{I_2}{I_1}\right|$ 基本保持不变。

为了减小噪声的耦合电压,可通过减小耦合到敏感电路的总磁通来实现,即减小磁通密度 $\boldsymbol{B}$ 和面积 S。减小 $\boldsymbol{B}$ 可通过加大电路间的距离或将导线绞绕,使绞线产生的磁通密度 $\boldsymbol{B}$ 能互相抵消。减小面积 S,可将导线尽量置于接地平面上,或采用电路的物理分隔,减小敏感电路的面积,调整骚扰源和敏感电路的相对位置等方法来实现。

磁场耦合的噪声电压产生于敏感电路串联的导线中,可以利用图 1-12 测试干扰是否为电感耦合。对于图 1-12 中的被干扰导体 R_1,在它两端测量干扰电压,在另一端减小端接阻抗 R_2,如果测量电压增加,则干扰是通过电感耦合的。

4) 共阻抗耦合

共阻抗耦合是通过电阻耦合。发生在有共享负载阻抗的电路中,即两个不同电路的电流流过公共电阻,电压可以从一个电路通过公用阻抗传递到另一电路中,这种耦合方式就是共阻抗耦合。共阻抗耦合可以分为共电源内阻耦合和共地阻抗耦合。

如两个电路共享一条提供电源电压的导线,并共用一条接地导线,即两个电路共享电源线和同一个电源内阻，当一个电路要求提供突发电流，另一个电路中的电源电压也会下降，这就是共电源内阻耦合。如果这种干扰发生在接地的导线中，对电子设备来说，任何地线阻抗都不可能为零，因此当有电流流过地线时，地线就会产生压降。若接地不稳，将会严重影响运算放大器、模数转换器、传感器等低电平模拟电路的性能。共阻抗耦合的典型例子如图 1-13 所示。

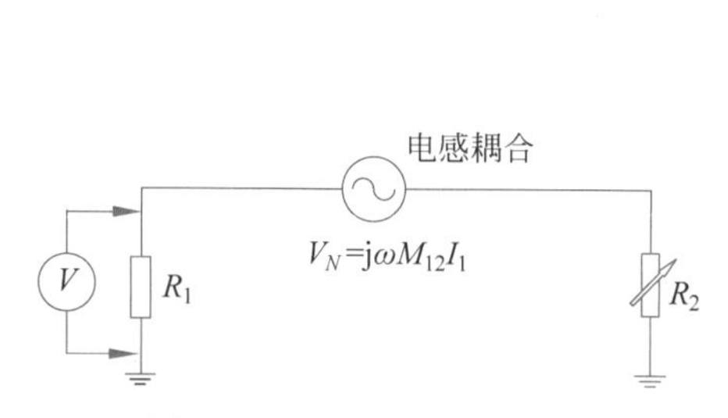

图 1-12　磁场耦合等效电路

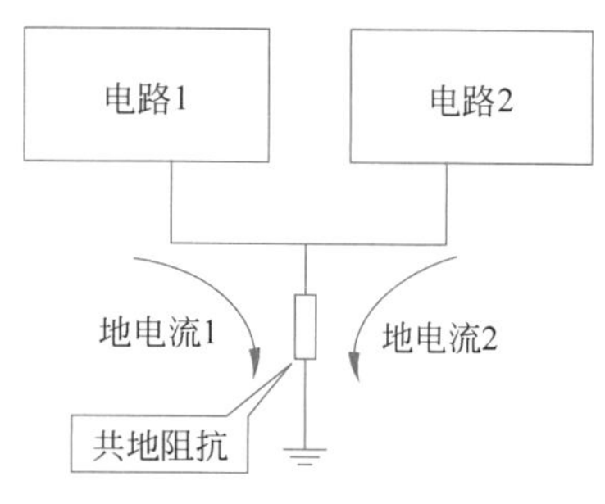

图 1-13　共阻抗耦合

对于共地阻抗耦合，减小电磁干扰的主要措施就是减小地线阻抗，正确选择接地方式和阻隔地环路等。例如，采用宽厚比大的导线作为低阻抗地线，或用整块覆铜作为地线；采用变压器耦合或扼流圈阻隔地环路干扰；利用同轴电缆传输电路单元间的信号等方法。

5）电磁场耦合

电磁场耦合是通过辐射耦合，是电场强度 $\boldsymbol{E}$ 和磁场强度 $\boldsymbol{H}$ 同时影响电路的结合。辐射耦合分为天线对天线耦合、场对天线耦合、导线对导线耦合三种。天线对天线耦合是指一根天线作为接收器来接收另一根天线辐射的电磁波，实质是电磁波在导体中的感应现象；场对天线耦合是指空间电磁场经过天线的接收而耦合；导线对导线耦合是指两根平行导线间的高频信号感应。如图 1-14 所示为由高频源和天线引起的天线对天线耦合。根据源和接收器的距离，电场、磁场的影响不同。

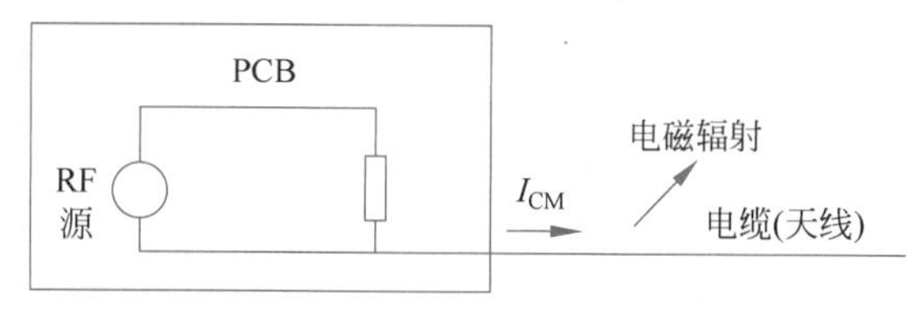

图 1-14　电磁场耦合

确定哪种耦合模型主要取决于线路阻抗、频率和其他因素。对线路阻抗，一个粗略的估算原则是：

- 当源和接收器阻抗乘积小于 300^2 时，耦合主要是磁场；
- 当源和接收器阻抗乘积大于 1000^2 时，耦合主要是电场；
- 当源和接收器阻抗乘积在 300^2 ～ 1000^2 时，则电场和磁场都可能成为主要的，这时取决于线路间的几何配置和频率。

在同一设备中各部分电路之间也存在干扰耦合，即一个电路可能受到其他电路的干扰耦合，也可能干扰它周围的电路。图 1-15 给出了一个无线电接收机中各级电路间存在的电场耦合、磁场耦合、传导耦合以及共阻抗耦合。

一般地说，耦合路径通常是上述几种耦合的复杂结合，实际情况中很难确定究竟是哪一

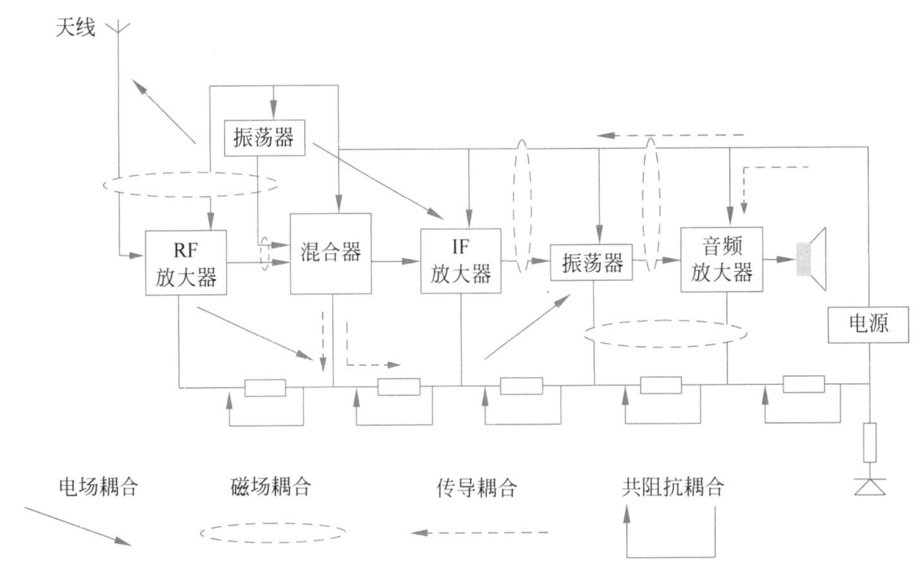

图 1-15　无线电接收机各级电路间的耦合

种耦合方式。

3. 接收体

接收体包括生物接收体和人造接收体。生物接收体由人、动物、植物三部分组成。人造接收体包括：通信工具，如广播、通信、雷达、双向无线电接收机等；工业的接收体，如控制器、放大器；医疗的接收体，如传感器等；另外还有计算设备的接收体，如线路接收器、电源、磁盘驱动器、视频放大器等。实际上，所有电子电路都可以接受传送的电磁干扰。一部分通过辐射被直接接受，另外大部分则通过瞬时传导被接受。在数字电路中，临界信号，如复位信号、中断信号以及控制信号最容易受到电子干扰的影响。模拟电路中的低级放大器、控制电路和电源调整电路也容易受到噪声的影响。

1.4.2　如何设计出满足电磁兼容性标准的系统

为了进行电磁兼容设计并符合电磁兼容性标准，设计出满足电磁兼容性标准的系统，设计者应从以下三方面改进。一是减小干扰源电平。需要将产品中泄漏的射频能量减到最小。二是尽可能减小或切断辐射和传导耦合的路径。设计者应从五种耦合方式的传输机制出发，减小或切断辐射和传导耦合的各种路径。三是增加接收体的抗扰性。增强接收体对进入产品的射频能量的抗干扰能力。减小电磁干扰的模型如图 1-16 所示。

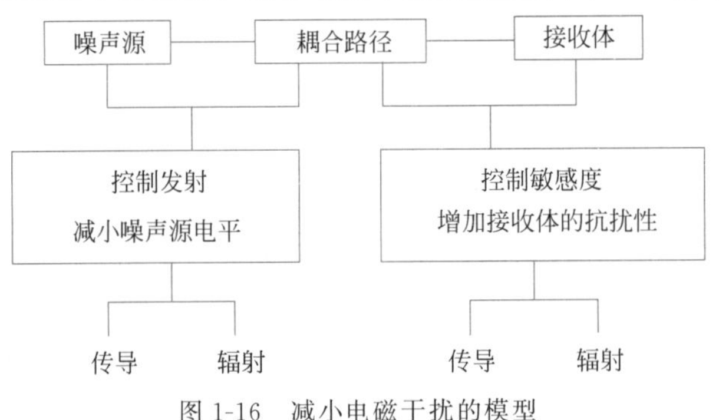

图 1-16　减小电磁干扰的模型

1. **减小干扰源电平**

尽量去掉对设备作用不大的潜在干扰源，减少干扰源的个数；选择元器件的工作模式，尽量使设备工作在线性区域，以降低谐波分量；对有用的信号输出要进行功率限制和频带控制；合理选择电磁波发射天线的类型和高度，不盲目追求覆盖面积和信号强度；合理选择电磁脉冲形状，不盲目追求上升时间和幅度；选用工作电平低或有触点保护的开关或继电器和加工精密的直流电机，从而控制电弧放电和电火花；应用良好的接地技术来抑制接地干扰、地环路干扰并抑制高频噪声。

2. **尽可能减小或切断辐射和传导耦合的路径**

把携带电磁噪声的元件和导线与连接敏感元件隔离；连接导线尽量短，必要时加屏蔽线或屏蔽套；注意布线和结构件的天线效应，对通过电场耦合的辐射，尽量减少电路的阻抗，对通过磁场耦合的辐射，尽量增加电路的阻抗；应用屏蔽技术隔离或减少辐射途径的电磁干扰；应用滤波器、脉冲吸收器、隔离变压器等滤除或减少传导途径的电磁干扰。

3. **增加接收体的抗扰性**

对于干扰源的防护措施，如屏蔽、接地、滤波、脉冲吸收、隔离、内部去耦等方法，一般情况下也适用于敏感接收体。另外，在设计中尽量少用低电平器件，不盲目选择高速器件，去掉不必要的敏感器件，适当控制输入灵敏度等。

1.5 系统级电磁干扰产生的原因

(1) 系统级电磁干扰产生的原因有以下几方面：

- 电子电路设计不佳；
- 封装措施的不当使用(金属或塑料封装)；
- 工艺质量不高，电缆与接头的接地不良；
- 时钟和周期信号走线设定不当；
- PCB 分层及信号布线层的设置不当；
- 对 RF 能量分布成分的选择不当；
- 共模与差模滤波设计不当；
- 接地环路设置不当；
- 旁路和去耦不足。

(2) 减小系统级干扰的抑制技术有以下几方面：

- 屏蔽；
- 接地；
- 滤波；
- 绝缘；
- 分离与定位；
- 电路阻抗控制；
- I/O 内部互连设计；
- PCB 抑制技术。

1.6 电磁兼容的单位及换算关系

在电磁学中,电场的单位是 V/m,磁场的单位是 A/m,能量密度的单位是 W/m^2。在工程领域,在电磁干扰场强的测试中,经常会遇到测量值相差达到千百万倍的信号,这就需要一个通用的测量单位或参考单位,为了便于表达,多采用对数单位——分贝(dB)来表示,它是无量纲的。绝对功率、电压、电流值,可通过将它们的值与某个基准值比较,即取两个物理量的比值,表示成 dB 的形式。下面分别重点描述系统中功率增益、电压增益、电流增益的公式。

1.6.1 功率增益

功率增益为两个功率电平之比。设 P_{out} 为某一功率电平,P_{in} 为比较的基准功率电平。有

$$\text{功率增益(dB)}=10\log\frac{P_{out}}{P_{in}} \tag{1-8}$$

如果功率增益中 P_{in} 以 1W 作为参考基准功率,则 P_{out} 的分贝值就用 dB 或 dBW 表示。有

$$P_{dBW}=10\log\frac{P_{outW}}{1W}=10\log P_{outW} \tag{1-9}$$

当 P_{out} 为 1W,就相当于 0dB;当 P_{out} 为 10W,就相当于 10dB;当 P_{out} 为 100W,就相当于 20dB。

如果功率增益中 P_{in} 以 1mW 作为参考基准功率,P_{out} 的分贝值就用 dBm 表示。有

$$P_{dBm}=10\log\frac{P_{outmW}}{1mW} \tag{1-10}$$

$$P_{dBm}=10\log\frac{P_{outW}}{10^{-3}W}=10\log P_{outW}+30dBm \tag{1-11}$$

当 P_{in} 为 1mW,就相当于 0dBm;当 P_{out} 为 10mW,就相当于 10dBm;当 P_{out} 为 1W,就相当于 30dBm。

当功率增益中 P_{in} 以 1μW 作为参考基准功率,P_{out} 的分贝值就用 dBμ 表示。有

$$P_{dB\mu}=10\log\frac{P_{out\mu W}}{1\mu W} \tag{1-12}$$

$$P_{dB\mu}=10\log\frac{P_{outW}}{10^{-6}W}=10\log P_{outW}+60dB\mu \tag{1-13}$$

总之,P_{in} 如用 1W、1mW、1μW 为基准功率电平,则单位为 dBW、dBm、dBμ 等。

1.6.2 电压增益

电压增益为两个电压之比。V_{out} 为某一电压,V_{in} 为比较的基准电压。有

$$\text{电压增益(dB)}=10\log\left(\frac{V_{out}^2/R}{V_{in}^2/R}\right)=20\log\left(\frac{V_{out}}{V_{in}}\right) \tag{1-14}$$

如果电压增益中V_{in}以1V作为参考基准电压，则V_{out}的分贝值就用dBV表示。有

$$V_{dBV}=20\log\frac{V_{outV}}{1V}=20\log V_{outV} \tag{1-15}$$

当V_{out}为1V，就相当于0dBV；当V_{out}为10V，就相当于20dBV。

如果电压增益中V_{in}以1mV作为参考基准电压，则V_{out}的分贝值就用dBmV表示。有

$$V_{dBmV}=20\log\frac{V_{outmV}}{1mV} \tag{1-16}$$

$$V_{dBmV}=20\log\frac{V_{outV}}{10^{-3}V}=20\log V_{outV}+60dBmV \tag{1-17}$$

当V_{out}为1mV，就相当于0dBmV；当V_{out}为10mV，就相当于20dBmV；当V_{out}为1V，就相当于60dBmV。

如果电压增益中V_{in}以1μV作为参考基准电压，则V_{out}的分贝值就用dBμV表示。有

$$V_{dB\mu V}=20\log\frac{V_{out\mu V}}{1\mu V} \tag{1-18}$$

$$V_{dB\mu V}=20\log\frac{V_{outV}}{10^{-6}V}=20\log V_{outV}+120dB\mu V \tag{1-19}$$

总之，V_{in}如用1V、1mV、1μV为基准电压，则单位为dBV、dBmV、dBμV等。

1.6.3　电流增益

电流增益为两个电流之比。I_{out}为某一电流，I_{in}为比较的基准电流。有

$$\text{电流增益(dB)}=10\log\left(\frac{I_{out}^2/R}{I_{in}^2/R}\right)=20\log\left(\frac{I_{out}}{I_{in}}\right) \tag{1-20}$$

如果电流增益中I_{in}以1A作为参考基准电流，则I_{out}的分贝值就用dBA表示。有

$$I_{dBA}=20\log\frac{I_{outA}}{1A}=20\log I_{outA} \tag{1-21}$$

当I_{out}为1A，就相当于0dBA；当I_{out}为10A，就相当于20dBA。

如果电流增益中I_{in}以1mA作为参考基准电流，则I_{out}的分贝值就用dBmA表示。有

$$I_{dBmA}=20\log\frac{I_{outmA}}{1mA} \tag{1-22}$$

$$I_{dBmA}=20\log\frac{I_{outA}}{10^{-3}A}=20\log I_{outA}+60dBmA \tag{1-23}$$

当I_{out}为1mA，就相当于0dBmA；当I_{out}为10mA，就相当于20dBmA；当I_{out}为1A，就相当于60dBmA。

如果电流增益中I_{in}以1μA作为参考基准电流，则I_{out}的分贝值就用dBμA表示。有

$$I_{dB\mu A}=20\log\frac{I_{out\mu A}}{1\mu A} \tag{1-24}$$

$$I_{dB\mu A}=20\log\frac{I_{outA}}{10^{-6}A}=20\log I_{outA}+120dB\mu A \tag{1-25}$$

总之,I_{in} 如用 1A、1mA、1μA 为基准电流,则单位分别为 dBA、dBmA、dBμA。

1.6.4 电场强度和磁场强度测量的通用单位

如电场强度用 1V/m、1μV/m 为参考,则单位为 dBV/m、dBμV/m 等;如磁场强度用 1A/m、1μA/m 为参考,则单位为 dBA/m、dBμA/m 等。转换公式如下

$$E_{dBV/m}=20\log\left(\frac{E_{V/m}}{1V/m}\right),\quad 1V/m=0dBV/m \tag{1-26}$$

$$E_{dB\mu V/m}=20\log\left(\frac{E_{V/m}}{1\mu V/m}\right),\quad 1\mu V/m=0dB\mu V/m \tag{1-27}$$

$$H_{dB\mu A/m}=20\log\left(\frac{H_{A/m}}{1\mu A/m}\right),\quad 1\mu A/m=0dB\mu A/m \tag{1-28}$$

因为

$$1V/m=10^3 mV/m=10^6 \mu V/m$$

故

$$1V/m=0dBV/m=60dBmV/m=120dB\mu V/m$$

1.6.5 单位间的互换

频谱分析仪在电磁干扰测量中使用很广,频谱分析仪常用功率电平来显示被测信号的强度,也有用电压电平显示被测信号的强度。频率合成信号发生器在电磁干扰测量中使用也很广泛,它可以用功率电平来显示被测信号的强度,也有用电压电平显示被测信号的强度。频谱分析仪和频率合成信号发生器常用 dBμV 作为电压电平的单位,它们通常采用的阻抗为 50Ω 或 75Ω。在电磁兼容标准中,干扰电压常用单位是 dBμV,干扰场强常用单位是 dBμV/m。下面详细给出了分贝功率和分贝电压在不同阻抗系统中的互换关系。

1. 50Ω 系统

1V 等于

$$10\log\left(\frac{1V^2/50\Omega}{0.001W}\right)=10\log(20)\approx 13dBm \tag{1-29}$$

$$V_{dBV}=P_{dBm}-13dBm \tag{1-30}$$

1μV 等于

$$10\log\left[\frac{(1\mu V)^2/50\Omega}{0.001W}\right]=10\log\left(\frac{10^{-10}}{5}\right)\approx -107dBm \tag{1-31}$$

$$1\mu V=0dB\mu V=-107dBm \tag{1-32}$$

$$V_{dB\mu V}=P_{dBm}+107dBm \tag{1-33}$$

2. 75Ω 系统

1V 等于

$$10\log\left(\frac{1V^2/75\Omega}{0.001W}\right)=10\log(13.3)\approx 11.2dBm \tag{1-34}$$

$$V_{dBV}=P_{dBm}-11.2dBm \tag{1-35}$$

1μV 等于

$$10\log\left[\frac{(1\mu V)^2/75\Omega}{0.001W}\right]=10\log\left(\frac{10^{-10}}{7.5}\right)\approx-108.8dBm \tag{1-36}$$

$$1\mu V=0dB\mu V=-108.8dBm \tag{1-37}$$

$$V_{dB\mu V}=P_{dBm}+108.8dBm \tag{1-38}$$

3. 300Ω 系统

1V 等于

$$10\log\left(\frac{1V^2/300\Omega}{0.001W}\right)=10\log(3.33)\approx 5.2dBm \tag{1-39}$$

$$V_{dBV}=P_{dBm}-5.2dBm \tag{1-40}$$

1μV 等于

$$10\log\left[\frac{(1\mu V)^2/300\Omega}{0.001W}\right]=10\log\left(\frac{10^{-11}}{3}\right)\approx-114.8dBm \tag{1-41}$$

$$1\mu V=0dB\mu V=-114.8dBm \tag{1-42}$$

$$V_{dB\mu V}=P_{dBm}+114.8dBm \tag{1-43}$$

4. 600Ω 系统

1V 等于

$$10\log\left(\frac{1V^2/600\Omega}{0.001W}\right)=10\log(1.67)\approx 2.2dBm \tag{1-44}$$

$$V_{dBV}=P_{dBm}-2.2dBm \tag{1-45}$$

1μV 等于

$$10\log\left[\frac{(1\mu V)^2/600\Omega}{0.001W}\right]=10\log\left(\frac{10^{-11}}{6}\right)\approx-117.8dBm \tag{1-46}$$

$$1\mu V=0dB\mu V=-117.8dBm \tag{1-47}$$

$$V_{dB\mu V}=P_{dBm}+117.8dBm \tag{1-48}$$

推广到阻抗为 $Z(R)$的系统，dBm 与 dBμV 之间的关系如下

$$V_{dB\mu V}=90+10\log(Z)+P_{dBm} \tag{1-49}$$

证明：

$$P=\frac{V^2}{R}\quad V=\sqrt{PR}$$

$$V_{\mu V}=\sqrt{PR}\times10^6$$

$$P=1mW$$

$$V_{\mu V}=\sqrt{PR\times10^{-3}}\times10^6=31622.78\sqrt{PR}$$

$$\begin{aligned}V_{dB\mu V}&=20\log31622.78\sqrt{PR}\\&=90+20\log\sqrt{PR}\\&=90+10\log R+P_{dBm}\end{aligned}$$

【例 1-1】 30W 是多少 dBW?

解：因为

$$P_{dBW}=10\log\frac{P_{outW}}{1W}=10\log P_{outW}$$

故

$$(30\mathrm{W})_{\mathrm{dBW}}=10\log\frac{30\mathrm{W}}{1\mathrm{W}}=10\log 30\approx 14.8\mathrm{dBW}$$

【例 1-2】 15mV 是多少 dBμV？

解：因为

$$V_{\mathrm{dB\mu V}}=20\log\frac{V_{\mathrm{outmV}}}{10^{-3}\mathrm{mV}}=20\log V_{\mathrm{outmV}}+60\mathrm{dB\mu V}$$

故

$$(15\mathrm{mV})_{\mathrm{dB\mu V}}=20\log\frac{15}{10^{-3}\mathrm{V}}=20\log 15+60\mathrm{dB\mu V}\approx 83.5\mathrm{dBmV}$$

【例 1-3】 频谱分析仪采用 50Ω 阻抗，用它测出的干扰电压为－87dBm，此值相当于多少 μV 的电压？

解：对于 50Ω 系统，有

$$V_{\mathrm{dB\mu V}}=P_{\mathrm{dBm}}+107\mathrm{dBm}$$

$$V_{\mathrm{dB\mu V}}=-87+107=20\mathrm{dB\mu V}$$

$$V_{\mathrm{dB\mu V}}=20\log\frac{V_{\mathrm{outV}}}{10^{-6}\mathrm{V}}=20\log V_{\mathrm{outV}}+120\mathrm{dB\mu V}=20\mathrm{dB\mu V}$$

$$20\log V_{\mathrm{outV}}=-100\mathrm{dB\mu V},\quad \log V_{\mathrm{outV}}=-5$$

$$V_{\mathrm{outV}}=10^{-5}\mathrm{V}=10^{-5}\times 10^{6}\mu\mathrm{V}=10\mu\mathrm{V}$$

【例 1-4】 某测量仪采用 600Ω 阻抗，用它测出的干扰电压为 100μV，此值相当于多少 dBm 的电压？

解：对于 600Ω 阻抗，100μV 等于

$$10\log\left[\frac{(100\mu\mathrm{V})^{2}/600\Omega}{0.001\mathrm{W}}\right]=10\log\left(\frac{10^{-7}}{6}\right)\approx -77.78\mathrm{dBm}$$

科技简介 1　电磁场对健康的影响

使用手机能致癌吗？暴露在电力线产生的电磁场中会给人的健康造成影响吗？人们每天使用的家用电器、电话、电线和无数的电子产品，它们产生的电磁场会危害到大家的健康吗？尽管一些流行媒体的报道宣称低场强的电磁场和许多疾病之间存在因果关系，但是美国和欧洲政府及专业委员会的报告所给出的答案是：无。只要制造商遵守经过批准的最大容许暴露（Maximum Permissible Exposure，MPE）等级的政府标准，人们就不会处在危险之中。至于手机，官方报道强调他们结论仅限于使用手机少于十年的情况，这是因为还得不到更长时间使用情况的数据。

电磁频率为 f 的光子所携带的能量是 $E=hf$，其中 h 是普朗克常数。穿过物质的光子和物质的原子或分子之间相互作用的方式极其依赖于频率 f。如果 f 大于 10^{15}Hz（处于电磁频谱的紫外线频段），光子就具有足够的能量将电子从原子或分子中移走，使其完全自由，从而电离了受到影响的原子或分子。因此这种电磁波所携带的能量叫作电离辐射，与之相对应的是非电离辐射，如图 1-17 所示。其光子可能会使电子跃迁到一个更高能量的轨道，却不会使其从所处的原子或分子中射出。

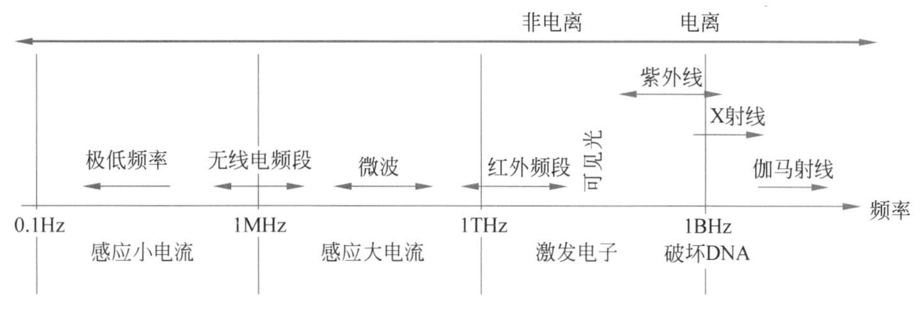

图 1-17 不同类型的电磁辐射

评估与电磁场暴露有关的健康危害是非常复杂的,这涉及许多变量,包括:①频率 f;②电场和磁场的强度;③在连续或是不连续,以及脉冲或恒定情况下的暴露时间;④人体暴露的特殊部位。强烈的激光照射能造成角膜灼伤,高强度的 X 射线能够损害活体组织,并导致癌症。实际上,如果暴露等级以及(或者)暴露时间超过了安全限值,任何形式的电磁能量都是有危害的。政府和专业健康委员会正在确定最大容许暴露值(MPE),以使人类免受电磁场对健康的不利影响。在美国相关的标准是 IEEE 标准 C95.6(2002 年发布),规定了 1Hz～3kHz 范围内的电磁场,而 IEEE 标准 95.1(2005 年发布),针对的频率范围是 3kHz～300GHz。在大西洋彼岸的欧洲,由欧盟新兴及新鉴定健康风险科学委员负责确立最大容许暴露的等级。

在低于 100kHz 的频率,目标是尽可能地减少电磁场暴露的不利影响,这样的电磁场会引起对神经和肌肉细胞的电刺激。超过 5MHz,主要关注的是组织过热;在 100kHz 到 5MHz 的过渡区域,设计安全标准需要同时防止电刺激和过度加热。

频率范围在 $0 \leqslant f \leqslant 3\text{kHz}$,电场和磁场的最大容许暴露值曲线如图 1-18 所示。根据 IEEE 标准 C95.6,这完全满足电场 $\boldsymbol{E}$ 和磁感应强度 $\boldsymbol{B}$ 的最大容许暴露(MPE)值。根据图 1-18 中所示磁场强度 $\boldsymbol{H}$ 的曲线,暴露在 60Hz 的磁场下,磁场不能超过 720A/m。通常在供电线的下方,其产生的磁场为 2～6A/m,这比规定的 $\boldsymbol{H}$ 的安全水平至少小两个数量级。

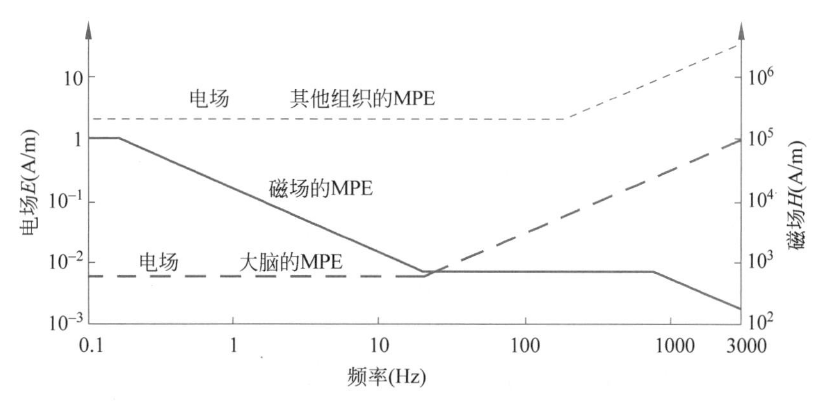

图 1-18 0.1Hz～3kHz 频率范围内,电场和磁场的最大容许暴露值曲线

频率范围在 $3\text{kHz} \leqslant f \leqslant 300\text{GHz}$,电场和磁场的最大容许暴露值(MPE)曲线如图 1-19 所示。对于低于 500MHz 的频率,最大容许暴露值针对的是电磁能量的电场和磁场强度;从 100MHz 到 300GHz(以及更高),最大容许暴露值针对的是电场和磁场乘积,即功率密

度 S。手机工作在 1～2GHz 频段,规定的最大容许暴露值为 1W/m^2,即 0.1MW/cm^2。

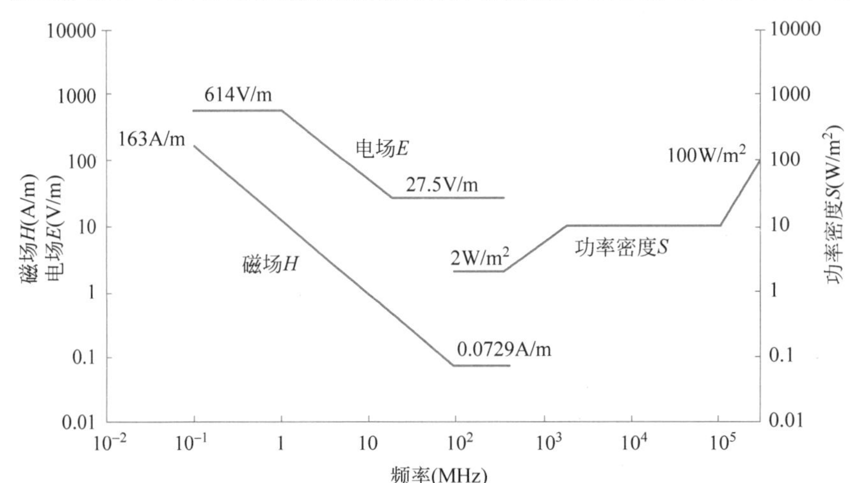

图 1-19　10kHz～300GHz 频率范围内的最大容许暴露值曲线

人们始终受到电磁能量的轰击,从太阳照射到所有物体产生的黑体辐射,身体一直在吸收、反射和发射电磁能量。包括人在内的所有生物,需要暴露在电磁辐射下才能生存。但是过分的暴露会带来不利的影响。"过度暴露"这个术语意味着场强、暴露时间与方式(连续或者脉冲等)、身体部位等变量之间一系列复杂的关系。由美国联邦通信委员会(FCC)以及其他国家类似的政府机构规定的发射标准,是建立在综合研究电磁能量如何与机体相互作用的基础之上,包括流行病学研究、实验观察和理论推测。一般来说,最大暴露容许值一般比已知的能引起不利影响的幅值低两个数量级,但是考虑到包含多个因素,遵守这些标准并不能确保完全避免健康风险,这就需要人们根据常识做出选择。

习　　题

1-1　什么是电磁干扰?电磁干扰依危害程度分为几个等级?

1-2　电磁骚扰和电磁干扰有何不同?

1-3　干扰频谱包括哪几方面?

1-4　什么是设备的敏感度?

1-5　举出几个产生电磁干扰的环境,分析产生的原因。

1-6　设计中经常遇到的电磁兼容问题是什么?

1-7　分析电磁兼容问题时应注意哪几方面?

1-8　电磁干扰的三要素是什么?耦合路径有哪些?

1-9　由图 1-8 具体推导出式(1-1),并分析两种极限状态的特性。

1-10　如题 1-10 图所示,如果 $C_{1G}=C_{2G}=150\text{pF}$,$C_{12}=50\text{pF}$,导线 1 一端接 100kHz、10V 的交流信号源,如果 R 分别为:(a)无限大阻抗;(b)1000Ω 阻抗;(c)50Ω 阻抗。试问导线 2 的感应电压为多少?

1-11　如题 1-11 图所示,如果 L_1 和 L_2 之间的互感 M 为 $1\mu\text{H}$,L_2 为 $10\mu\text{H}$,R 和 R_2 均为 50Ω。通过 L_1 的电流为 I_1 为 10mA,如果电流的频率分别为:(a)100MHz;

(b)1MHz；(c)100kHz。试求在此三种情况下 L_2 中的感应电流 I_2 为多少？

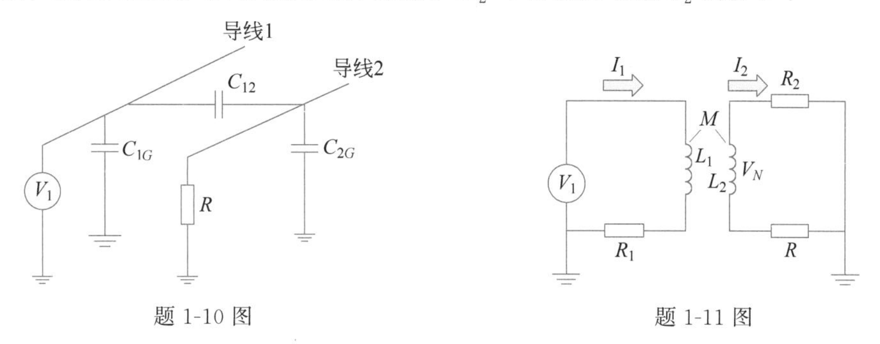

题 1-10 图　　　　　　　　　　　　题 1-11 图

1-12　100W 是多少 dBW？

1-13　已知电压 $V=1\text{mV}$，用 V_{dBmV}、$V_{\text{dB}\mu\text{V}}$、$V_{\text{dBnV}}V_{\text{dBpV}}$ 单位分别表示。

1-14　频谱分析仪如果采用阻抗为 75Ω 和 300Ω 时，推导 dBp 和 dBn 之间的关系。

1-15　功率信号发生器 XG26，最小输出功率为 10^{-8}mW，最大输出功率为 27W，它们分别是多少 dBm？

第 2 章　PCB 中的电磁兼容

本章主要阐述了 PCB(Print Circuit Board,印制线路板)设计的概念以及基本设计构成,介绍了高速 PCB 设计中常见的问题,对 PCB 设计常用软件工具进行了简要说明。从电磁理论以及磁流元和电流元的天线辐射特性出发,论述了 PCB 中产生电磁干扰的原因,并对共模电流和差模电流、共模辐射和差模辐射进行了分析比较,最后讨论了通量消除的概念和方法。

2.1　PCB 设计概念

2.1.1　概述

1. 定义

PCB 是电子产品中最基本的部件,也是绝大部分电子元器件的载体。它通过电路板上的印制导线、焊盘以及金属过孔等来实现电路元器件各个引脚之间的电气连接。印制电路板有下面两个主要功能:

- 产品中电路元件和器件的支撑件;
- 支持电路元件和器件之间的电气连接。

实际使用的 PCB 电路板如图 2-1 所示。

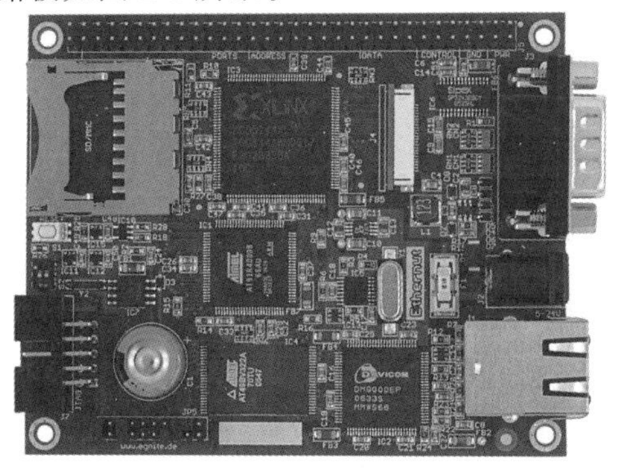

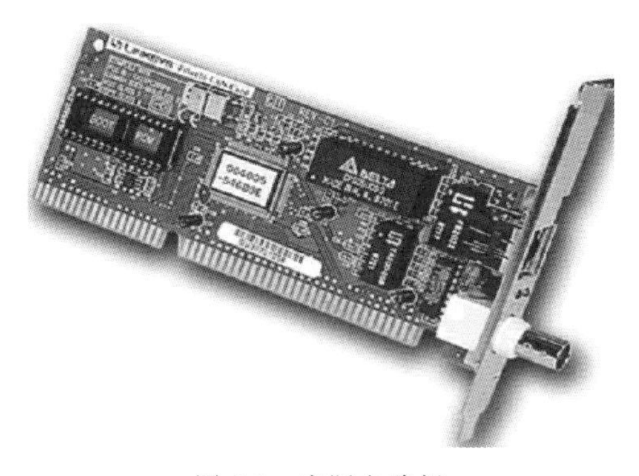

图 2-1　实际电路板

2. 制造工艺和构成元素

加工 PCB 时,首先在绝缘性能很高的材料上,通过一定的电子工艺覆盖一层导电性能良好的铜膜,这样就构成了生产 PCB 所需要的材料——覆铜板;然后按照电路设计要求,在覆铜板上刻蚀出导电图形并且钻出元器件引脚安装孔、实现电气互连的过孔和整个电路板所需的螺钉孔;最后获得设计电子系统所需的 PCB。

PCB 按照层数可分为单面板(Single-side Print Board,SSB)、双面板(Double-side Print Board,DSB)和多层板(Multilayer Print Board,MLB)。单面板指 PCB 只有一面具有覆铜及导电图形的 PCB,双面板指 PCB 的两面都具有覆铜及导电图形的 PCB,层数超过两层的 PCB 都称为多层板。PCB 按照机械性能可分为刚性板和柔性板;按照基材又可分为纸基板、玻璃布基板、复合材料基板和特种材料基板。一般电子电器、通信雷达和大型通信产品的 PCB 多为刚性、多层、玻璃布基板。手机终端或小型电子设备则多采用柔性板。下面从 PCB 的构成元素做简要说明。

1)基材和基板

通常把绝缘性能很高的材料称为"基材",覆铜板则称为"基板"。根据基材强度的不同,PCB 可分为刚性覆铜薄板、复合材料基板和特殊基板。目前广泛应用的就是刚性覆铜薄板中的玻璃布基板——环氧树脂覆铜箔板(FR4)。

2)PCB 的工作层面

PCB 的工作层面包含 6 大类,分别是信号层(Signal Layer)、内部电源/接地层(Internal Plane Layer)、机械层(Mechanical Layer)、防护层(Mask Layer)、丝印层(Silkscreen Layer)、其他工作层(Other Layer)。

信号层的主要功能是放置与信号有关的对象。内部电源/接地层主要用来放置电源和接地线。机械层主要用来放置物理边界和放置尺寸标注等信息,起到提示作用。防护层包括助焊膜(Solder Mask)和阻焊膜(Paste Mask),助焊膜主要用于将表面贴装元器件粘贴在 PCB 上,阻焊膜用于防止焊锡镀在不应该焊接的地方。丝印层主要用来在 PCB 的顶层和底层表面绘制元器件封装的外观轮廓和放置字符串,如元器件的具体标号、标称值、厂家标志和生产日期,使得 PCB 具有可读性。其他工作层有 4 种,包括禁止布线层(Keep-out Layer)、钻孔导引层(Drill Guide Layer)、钻孔图层(Drill Drawing Layer)和复合层(Multi-Layer)。

3)元器件的封装

元器件的封装通常指实际的电子器件或者集成电路的外观尺寸,如元器件引脚的分布、直径以引脚之间的距离等。元器件的封装是保持元件引脚和 PCB 上焊盘一致的重要保证。

4)铜膜导线

铜膜导线是覆铜板经过电子工艺加工后在 PCB 上形成的铜膜走线。它的主要作用是连接 PCB 上各个焊盘点,是 PCB 设计中最重要的部分。其中铜膜导线的导线宽度和导线间距是衡量铜膜导线的重要指标,这两个尺寸是否合理直接影响元器件能否实现电路的正确连接。

5)焊盘

在 PCB 中,板上所有的元器件的电气连接都是通过焊盘来进行的,它是 PCB 设计中最常接触、最为重要的基本构成单元。焊盘包括非过孔焊盘和元器件孔焊盘。

6)过孔

为了实现双层板和多层板中层与层之间的电气连接,需要在连通导线的交汇处钻一个公共孔,这个公共孔就被称为过孔。过孔孔径和过孔外径是过孔的两个重要参数。

后续章节对上述有关概念还将作进一步的分析和说明。下面主要介绍 PCB 的基本设计构成。

2.1.2 PCB 基本设计构成

各类电子设备和系统都是以印制电路板作为支撑件并完成电气连接的。所以,印制电路板设计的好坏,直接影响电子设备的功能。即使电路设计正确,而印制电路板设计不当,也会对电子设备的可靠性产生影响。因为元器件、电路和地线引起的骚扰都会在印制电路板上反映出来。当一个产品的印制线路板设计完成后,其核心电路的骚扰和抗扰性就基本确定下来。一个好的印制线路板可以解决大部分的电磁骚扰问题,印制线路板的电磁兼容设计需要很多技巧,同时也需要积累大量的经验。一个电磁兼容设计良好的印制板是无法抄袭和照搬的。只要在 PCB 设计中能遵守设计规则,严格执行印制电路板电磁兼容设计的工艺标准和规范,如布线要合理,时钟线、信号线与地线的距离要近等,以减少电路工作时引起的内部噪声;模拟和数字电路分层布局,以达到板上各电路之间的相互兼容,这就可以解决大部分的电磁兼容问题。再通过少量的外围瞬态抑制器件、滤波电路,以及适当的屏蔽技术和正确的接地,就可以完成一个满足电磁兼容要求的产品。

PCB 设计主要包括 9 个步骤。具体包括设计原理图、定义元件封装、PCB 图纸的基本设置、生成网表和加载网表、布线规则设置、自动布线、手动布线、生成报表文件、文件打印输出。PCB 电路板的设计流程如图 2-2 所示。下面具体讨论。

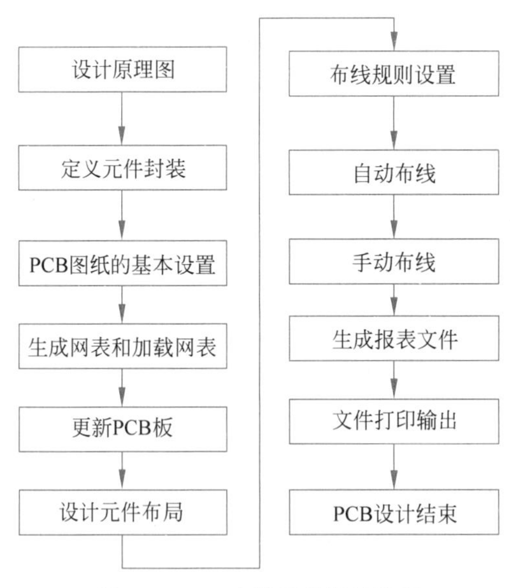

图 2-2 PCB 电路板的设计流程

1. 设计原理图

原理图设计就是利用原理图设计工具绘制好原理图文件,它是电路设计的基础。只有在设计好原理图的基础上才可以进行印刷电路板的设计和电路仿真等。原理图设计包括以下 8 个设计步骤。

1）新建原理图文件

在进入原理图（SCH，即 schematic）设计系统之前，首先要构思好原理图，即必须知道所设计的项目需要哪些电路来完成，然后用 PCB 设计软件来画出电路原理图。

2）设置工作环境

根据实际电路的复杂程度来设置图纸的大小。在电路设计的整个过程中，图纸的大小都可以不断地进行调整，设置合适的图纸大小是完成原理图设计的第一步。

3）放置元件

从元件库中选取元件，放置到图纸的合适位置，并对元件的名称、封装进行定义和设定，根据元件之间的走线等联系，对元件在工作平面上的位置进行调整和修改，使得原理图美观、易懂。

4）原理图的布线

根据实际电路的需要，利用 SCH 提供的各种工具、指令进行布线，将工作平面上的器件用具有电气意义的导线、符号连接起来，构成一幅完整的电路原理图。

5）建立网络表

完成上面的步骤以后，可以看到一张完整的电路原理图了，但是要完成电路板的设计，就需要生成一个网络表文件。网络表是电路板和电路原理图之间的重要纽带。

6）原理图的电气检查

当完成原理图布线后，需要设置项目选项来编译当前项目，利用 PCB 设计软件提供的错误检查报告修改原理图。

7）编译和调整

如果原理图已通过电气检查，那么原理图的设计就基本完成。对于较大的项目，通常需要对电路的多次修改才能够通过电气检查。

8）存盘和报表输出

PCB 设计软件提供了利用各种报表工具生成的报表（如网络表、元件清单等），同时可以对设计好的原理图和各种报表进行存盘和输出打印，为印刷板电路的设计做好准备。

2. 定义元件封装

原理图设计完成后，元件的封装有可能出现遗漏或有错误，正确加入网表后，系统会自动地为大多数元件提供封装。但是对于用户自己设计的元件或者是某些特殊元件必须由用户自己定义或修改元件的封装。

3. PCB 图纸的基本设置

这一步用于 PCB 图纸进行各种设计，主要包括设定 PCB 电路板的结构及尺寸、板层数目、通孔的类型、网格的大小等，既可以用系统提供的 PCB 设计模板进行设计，也可以手动设计 PCB。

4. 生成网表和加载网表

网表是电路原理图和印刷电路板设计的接口，只有将网表引入 PCB 系统后，才能进行电路板的自动布线。在设计好的 PCB 上生成网表和加载网表，必须保证产生的网表没有任何错误，其所有元件都能够很好地加载到 PCB 中。加载网表后系统将产生一个内部的网表,形成飞线。元件布局是由电路原理图根据网表转换成的PCB图,一般元件布局都不够规则,甚至有的相互重叠,因此必须将元件进行重新布局。元件布局的合理性将影响到布线的质量。在进行单面板设计时,如果元件布局不合理,则将无法完成布线操作。在对双面板或多层板等进行设计时,如果元件布局不合理,布线时则需要放置很多过孔,使电路板走线变得复杂。

5. 布线规则设置

飞线设置好后,在实际布线之前,要进行布线规则的设置。用户要定义布线的各种规则,比如安全距离、导线宽度等。

6. 自动布线

一般的PCB设计软件都会提供强大的自动布线功能,在设置好布线规则之后,可以用系统提供的自动布线功能进行自动布线。只要设置的布线规则正确、元件布局合理,一般都可以成功完成自动布线。

7. 手动布线

在自动布线结束后,有可能因为元件布局或别的原因,自动布线无法完全解决问题或产生布线冲突时,即需要进行手动布线加以设置或调整。

8. 生成报表文件

印刷电路板布线完成之后,可以生成相应的各类报表文件,比如元件清单、电路板信息报表等。这些报表可以帮助用户更好地了解所设计的印刷板和管理所使用的元件。

9. 文件打印输出

生成了各类文件后,可以将各类文件打印输出并保存,包括PCB文件和其他报表文件均可打印,以便永久存档。

2.1.3 高速PCB设计中的问题

电子技术的飞速发展,大规模及超大规模集成电路越来越多地应用到通信系统中。从IC芯片的封装形式来看,芯片体积越来越小、引脚数目越来越多,芯片的集成度更大。同时,由于近年来IC工艺的发展,使得其速度越来越高,1992年只有40%的电子系统工作在30MHz以上的频率,而且器件多数使用DIP、PLCC等体积大、引脚少的封装形式,到1994年已有50%的设计达到了50MHz的频率,采用PGA、QFP、BGA等封装的器件越来越多。1996年之后,100MHz以上的系统随处可见,Bare Die、BGA、MCM等体积小、引脚数已达数百甚至上千的封装形式也越来越多地应用到各类高速或超高速的电子系统中。由此可见,在当今快速发展的电子设计领域,由IC芯片构成的电子系统正朝着大规模、小体积、高速度的方向飞速发展。这样就带来了一个问题,即电子设计的体积减小,导致电路的布局布线密度增大,同时信号的频率还在提高,从而使得如何处理高速信号问题成为设计能否成功的关键。随着电子系统中逻辑和系统时钟频率的迅速提高和信号边沿不断变陡,PCB的线迹互连和板层特性对系统电气性能的影响也更加重要。

通常认为:数字逻辑电路的频率达到或者超过45~50MHz,而且工作在这个频率之上的电路已经占到了整个电子系统一定的分量(比如说1/3),就称为**高速电路**。当系统工作在50MHz时,将产生传输线效应和信号的完整性问题。而当系统时钟达到120MHz时,除非使用高速电路设计知识，否则基于传统方法设计的 PCB 将无法工作。所以，高速系统的设计必须面对互连延迟引起的时序问题、串扰、传输线效应等信号完整性问题。

随着 IC 输出开关速度的提高，信号的边沿速率即信号上升和下降的时间迅速缩减，当信号的边沿速率减小到 PCB 的几何尺寸本身与其变化已开始对信号电压和电流有着不可忽视的影响时，或者 PCB 的几何尺寸已经大到可以与信号的边沿的传输时间相比拟，以致 PCB 的线条和参考面开始表现为谐振传输线，而不再是"集中"参数，此时，不论信号频率如何，系统都将成为**高速系统**，并且会出现各种各样的信号完整性问题。

高速数字信号由信号的边沿速率决定，一般认为上升时间小于 4 倍信号传输延迟时可视为**高速信号**。高频信号是针对信号的时钟频率而言的，对满足电磁兼容性来讲，真正的时钟频率是放在第二位考虑的，信号的边沿速率才是首要关心的问题，信号的边沿速率将会在后续章节中详细讨论。

设计开发高速电路应具备信号分析、传输线、模拟电路的知识。目前，高速 PCB 设计在通信、计算机、图形图像处理等领域有着广泛的应用。

1. 常见的高速电路

常见的高速电路有 ECL（Emitter Coupled Logic，射极耦合逻辑）电路、CML（Current Mode Logic，电流模式逻辑）电路、GTL（Gunning Transceiver Logic，射集收发器逻辑）电路、BTL（Backplane Transceiver Logic，背板收发器逻辑）电路、TTL（Transistor Transistor Logic，晶体管-晶体管逻辑）电路以及模数转换电路——线接收器。下面分别讨论它们的电路特点。

1）ECL 电路

（1）非饱和逻辑，克服扩散电容的影响，工作速度很高；

（2）射极跟随器输出，驱动能力很强；

（3）高电平为−0.88V 左右，低电平为−1.72V 左右；

（4）根据速度不同，有 10K（包括 10H）、100K（300K）、100M、100EL 系列器件可供选用。

2）CML 电路

（1）低电压摆幅 V_{pp} 为 200～400mV，干扰、辐射小；

（2）输入 50Ω 阻抗；

（3）地平面作参考电压（而 ECL 为−2V）；

（4）信号差分传输。

3）GTL 电路

（1）低功耗；

（2）工作频率可达 100MHz 或 200MHz；

（3）电压摆幅小（$V_{OLmax}=0.4V$，$V_{OHmin}=1.2V$）。

4）BTL 电路

（1）驱动能力强，用于重负载背板（$I_{OL}=100mA$）；

（2）工作频率小于 75MHz；

（3）电压摆幅比 TTL 小（$V_{OLmax}=1V$，$V_{OHmin}=2.1V$）。

5）TTL 电路

（1）驱动能力强，I_{OH} 达 32mA，I_{OL} 达 64mA；高电平输出电阻约 30Ω，低电平输出电

阻小于10Ω;

(2)对于带阻尼输出(输出电阻33Ω左右),高、低电平电流均为12mA;

(3)速度快,上升时间在几纳秒范围,触发器翻转频率可达100MHz以上。

6)模数转换电路——线接收器

(1)将模拟小信号转换为数字信号;

(2)有不同速度级别的线接收器;

(3)注意输入信号的共模和差模范围。

2. 高速PCB设计中的问题

高速PCB设计方面突出的问题包括以下几个类型。

1)时序问题

工作频率的提高和信号上升/下降时间的缩短,首先会使设计系统的时序余量缩减,甚至出现时序方面的问题。

2)传输线效应

传输线效应导致的信号振荡、过冲和下冲都会对设计系统的故障容限、噪声容限以及单调性造成很大的威胁。

3)信号沿时间下降

信号沿时间下降到1ns以后,信号之间的串扰就成为很重要的问题。

4)信号沿时间接近0.5ns

当信号沿时间接近0.5ns,电源系统的稳定性问题和电磁干扰问题也变得十分关键。

3. 高速PCB设计策略与设计方法

高速PCB设计的应用非常广泛。在通信领域,由于电路设计非常复杂,数据、语音、图像的传输速度已经远远高于500MHz,设计者要求的是更快地推出更高性能的产品,多层板、电源层、地层使用得更加普遍,而且在一些会出现高速问题的信号线,如时钟信号,都会利用分立元件来实现阻抗的匹配,使在信号的完整性等方面达到设计要求。在计算机主板及相应接口硬件设备的设计方面,设计师总是采用最快、最好、最高性能的CPU芯片、存储器技术和图形处理模块来组成日益复杂的计算机。由于计算机的主板及相应接口硬件设备大多数都是四层板,一些高速设计技术对它们不太适用,需要具体问题具体分析。故在进行高速PCB设计时,需要注意以下几点。

1)优化元器件的选择

关注高速PCB中的关键元件,如CPU、DSP、FPGA、专用芯片等,也应关注芯片制造商所提供的参考设计和设计指南。

2)传输线的建模

考虑信号沿传输线传播时反射信号对它的影响。

3)终端匹配技术

合理使用终端匹配,以降低信号的反射与振荡,提高信号的时序余量和噪声余量。

4)阻抗控制技术

阻抗控制技术包括两层含义:其一是阻抗控制的信号线各处阻抗连续,即同一个网络上的阻抗是一个常数;其二是阻抗控制的PCB上所有阻抗都控制在一定的范围内,如20~75Ω。

5）设计空间探测技术

利用相应的 EDA 工具进行计算和仿真，通过对参数的扫描分析，判断关键网络的匹配方式、匹配器件值、拓扑结构、布线长度、材料、板层结构等对信号完整性的影响。

4. 高速 PCB 的设计流程

在高速 PCB 设计中，包括原理图设计、PCB 设计、设计后验证三个主要方面。

1）原理图设计

- 电磁兼容设计。
- 信号完整性设计。
- 电路的去耦设计。

2）PCB 设计

- 布局设计。
- 拓扑结构设计。
- 信号完整性设计和电源完整性设计。

3）设计后验证

- 信号完整性仿真。
- 电源完整性仿真。
- 电磁兼容仿真。

图 2-3 给出了高速 PCB 的基本设计流程。其中 SI 表示信号完整性测试，PI 为电源完整性测试。信号完整性测试和电源完整性测试在后续章节将会详细讨论。

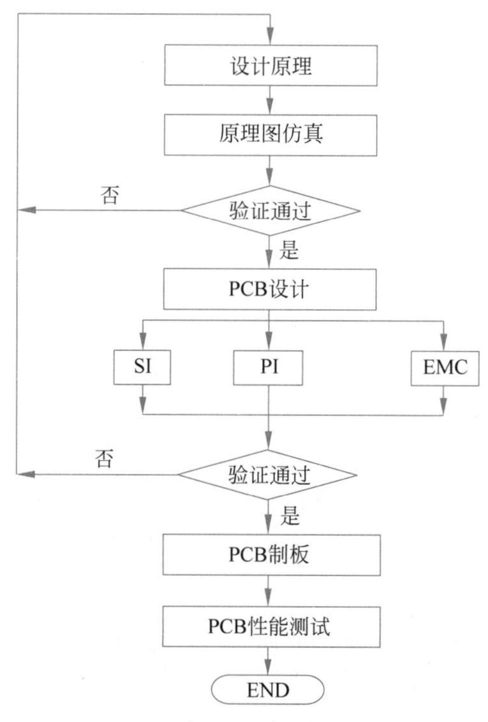

图 2-3　高速 PCB 的设计流程

以上几方面都是高速设计和分析最关键的因素。高速 PCB 设计应引起设计者的高度重视。

2.1.4 PCB设计常用软件工具

目前PCB的设计软件工具非常多,功能也越来越强大。常用的PCB设计软件包括Mentor Graphics、Cadence Allegro、Power PCB、UltraCAD、Lattice、Protel/Protel SE/Protel DXP、HyperLynx等。下面简单介绍Altium Designer、Power PCB、Mentor Graphics、Cadence Allegro等设计软件以及高速PCB设计软件,HyperLynx的基本功能。同时,读者可扫码获取Altium Designer的基本操作过程。

软件操作

1. Altium Designer

Altium Designer是一种流行的PCB设计软件,广泛应用于电子行业。它提供了一个完整的设计环境,包括原理图设计、布局设计、3D模型设计、自动布线、仿真分析等功能。Altium Designer还支持多种文件格式,如OrCAD、PADS等,方便与其他软件进行数据交换。此外,Altium Designer还具有易于使用的界面和强大的自动化功能,可以大大提高设计效率。

Protel设计软件是Altium(前身为Protel Technology)公司在20世纪80年代末推出的EDA软件,是电子设计者的首选软件。它较早就在国内开始使用,在国内的普及率也最高,几乎所有的电子公司都要用到它,早期的Protel主要作为印制板自动布线工具使用。Protel SE是一个完整的板级全方位电子设计系统,它包含了电路原理图绘制、模拟电路与数字电路混合信号仿真、多层印制电路板设计(包含印制电路板自动布线)、可编程逻辑器件设计、图表生成、电子表格生成、支持宏操作等功能,并具有Client/Server(客户/服务器)体系结构,同时还兼容一些其他设计软件的文件格式,如OrCAD、PSPICE、EXCEL等。2000年Protel DXP整合了电路原理图设计、PCB布局布线、电路仿真测试、FPGA设计和信号完整性分析等众多功能,用户界面更加方便和人性化。Protel 2004工作在Windows环境下,集成了更多的工具,使用方便,功能更加强大。

2. Power PCB

Power PCB是美国INNOVEDA公司的软件产品,也是最早的PCB设计软件,在全球范围内广泛使用。Power PCB能够使用户完成高质量的设计,其约束驱动的设计方法可以减少产品完成的时间,可以对每一个信号定义安全间距、布线规则以及高速电路的设计规则,并将这些规划层次化地应用到板上、每一层上、每一类网络上、每一个网络上、每一组网络上、每一个引脚上,以确保布局布线设计的正确性。它还包括簇布局工具、动态布线编辑、动态电性能检查、自动尺寸标注和强大的CAM输出能力。它也具有集成第三方软件工具的能力,如SPECCTRA布线器。在这里对Power PCB的操作流程不进行具体讨论。

3. Mentor Graphics

Mentor Graphics是著名的EDA供应商之一。它提供的印制电路板设计系统软件有20多个功能模块,可以提供开放的软件环境,也允许用户进行二次开发。比较常见有BlazeRouter Ver 5.0.1。Mentor新一代无网络布线工具Auto Active RE系列产品采用了全新的布线算法,可以提高高密度PCB的布线速度与布通率,具有极强的交互式布线能力,大大缩短了布线时间,节省用户时间,提高设计效率。

4. Cadence Allegro

Cadence Allegro 是一款专业的 PCB 设计软件，适用于大型企业和高端电子工程师。它提供了完整的电路板设计流程，包括原理图设计、布局设计、仿真分析、自动布线等功能，并支持多种文件格式和元件库。Cadence Allegro 还具有强大的自定义功能和扩展性，可以满足用户的各种需求。

Cadence 软件系统是新生代 EDA 的代表。它最显著的特点是率先实现了 NT 平台与工作站环境相统一的设计环境。它的功能包括原理图输入、自动布局和布线、印制电路板图及生产制造数据输出、MCM 电路板图设计以及高速 PCB 板 MCM 电路的信号完整性分析，它还提供数字、模拟电路的仿真，FPGA 逻辑器件设计。在印制电路板布局、布线设计领域，不但提供物理约束，还能够提供电器约束，可以解决完整性、热和电磁兼容等问题。系统共包括混合及输入工具、规格检查工具、PCB 设计专家系统、PCB 设计系统、PCB 设计工具、FPGA 设计系统、自动布线专家系统、Allegro 浏览器、高速电路板系统设计和分析、布线前后的信号完整性分析、电磁兼容设计工具、高密度 IC 封装设计、高密度 IC 封装设计和分析、模拟混合信号仿真系统 14 个功能模块。有兴趣的读者可参阅相关文档。

5. Eagle PCB Design

Eagle PCB Design 是一款简单易用的 PCB 设计软件，适合初学者使用。它提供了基本的原理图设计、布局设计、自动布线等功能，同时支持多种文件格式，如 Gerber、DXF 等。Eagle PCB Design 还具有友好的用户界面和丰富的文档资源，可以帮助用户快速上手。

6. KiCAD

KiCAD 是一款免费的开源 PCB 设计软件，适用于电路板设计师和学生。它提供了原理图设计、布局设计、自动布线、3D 模型设计等功能，并支持多种文件格式，如 Gerber、DXF 等。KiCAD 还具有强大的自定义功能和扩展性，可以根据用户需求进行定制和扩展。

7. Proteus

Proteus 是一款流行的电路仿真软件，也可用于 PCB 设计。它提供了原理图设计、布局设计、自动布线等功能，并支持多种元件库和模拟器。Proteus 还具有强大的仿真功能和可视化效果，可以帮助用户更好地理解电路的工作原理。

8. EasyEDA

EasyEDA 是一款在线 PCB 设计软件，适用于初学者和小型团队。它提供了原理图设计、布局设计、自动布线等功能，并支持多种文件格式和元件库。EasyEDA 还具有友好的用户界面和社区支持，可以帮助用户快速学习和解决问题。

9. KiCadboard Designer

KiCadboard Designer 是一款基于 KiCad 的 PCB 设计软件，适用于电路板设计师和学生。它提供了原理图设计、布局设计、自动布线等功能，并支持多种文件格式和元件库。KiCadboard Designer 还具有强大的自定义功能和扩展性，可以根据用户需求进行定制和扩展。

10. CircuitMaker

CircuitMaker 是一款在线 PCB 设计软件，适用于初学者和小型团队。它提供了原理图设计、布局设计、自动布线等功能，并支持多种文件格式和元件库。CircuitMaker 还具有友好的用户界面和社区支持,可以帮助用户快速学习和解决问题。

11. 嘉立创 EDA

国产嘉立创 EDA 软件是基于浏览器的免费电路板设计软件,能够在线绘制原理图、仿真、PCB 制作,简单易用,功能强大。

12. 高速 PCB 设计软件 HyperLynx

HyperLynx 是高速仿真工具,可对设计的 PCB 进行信号完整性与电磁兼容性分析,包括信号完整性(Signal-Integrity)、串扰(Crosstalk)、电磁屏蔽仿真(EMC)等主要功能。HyperLynx 为 PCB 设计者提供了得心应手的工具,以解决高速和信号完整性问题。HyperLynx 包括前仿真工具 LineSim 和后仿真工具 BoardSim。

许多 PCB 设计者期望可以按照防止各种干扰和问题的方案进行设计,但最终的结果并不理想,与理论设计有很大的不同。LineSim 可以在 PCB 设计初期,将考虑到的方案进行仿真,使得在实际板布线的时候,更加合理地将布线工具的约束条件设好。由于普通的 PCB 电路图不包括进行信号完整性、交叉干扰、电磁屏蔽仿真需要的各种信号的物理信息。譬如,时钟在 PCB 原理图上只不过是几条从驱动器到接收器之间的连线而已。然而,这样的线是单一的一根线还是一组线?是在 PCB 外层布线还是在内层布线?这些都是影响信号完整性的重要因素。LineSim 也可以完成时钟网络的 EMC 分析、LineSim's 的干扰、差分信号以及强制约束特性等功能。

后仿真工具 BoardSim 包括一个有力的,称为"Board Wizard"的"批 Batch-mode"工作模式。在一个单一的操作中,可以扫描全部或者部分 PCB。"Compliance Wizard"功能允许用户详细地、有选择地进行网络仿真。如果不知道 PCB 的问题出现在哪里,先用"Board Wizard"进行快速仿真是最理想的。一些 PCB 工具软件支持 BoardSim 格式转换,它们是 Accel EDA、Cadence Allegro、Mentor BoardStation、PADS PowerPCB、Specctra DSN、Zuken CR-3000、Visula/Cadstar for Windows。BoardSim 干扰仿真提供一个独特的方法对 PCB 进行干扰仿真:对选定的网络自动判定哪些网络被耦合(交互方式或批模式)。BoardSim 还具有加载多 PCB、连接器以及对其进行仿真的能力。

2.2 PCB 产生电磁干扰的原因

2.2.1 电磁理论

在电磁场与电磁波的理论学习中,大家知道,当电荷的大小和位置都不随时间变化时,它产生的电场也不随时间变化,这就是由静电荷产生的静电场。当运动电荷的电量及速度都保持不变时,由它形成的电流是恒定的,这种恒定电流产生的磁场也是恒定的,即由恒定电流产生的恒定磁场。在静态场中,电场和磁场相互之间没有作用和影响。当电荷及电流均随时间变化时,由它们产生的电场和磁场也随时间变化,空间的电场和磁场就是时变场,而且电场和磁场可以相互转化,不能分割。电场和磁场之间的相互作用与它们变化的快慢密不可分。当变化缓慢时,时变场为准静态场,在准静态场中,没有辐射现象,电场和磁场分别主要由电荷和电流决定,它们之间的相互作用是次要的。当变化很快时,它们之间的相互作用是主要的,且有辐射现象,也就随之产生了电磁波。

要了解 PCB 产生电磁干扰的原因以及射频能量是如何产生的，就有必要理解麦克斯韦方程组。麦克斯韦方程组是最简洁的数学公式之一，概括了电磁场的基本特性，论述了电荷、电流、电场及磁场之间的相互作用，预言了电磁波的存在，是宏观电磁现象的一个全面总结，是经典电磁理论的基础。麦克斯韦方程组包括微分形式和积分形式两种，下面就给出麦克斯韦方程组的四个具体方程。

Maxwell方程组

无源区的Maxwell方程组

麦克斯韦第一方程即高斯定理：

$$\nabla\cdot \boldsymbol{D}=\rho \quad \oint_S \boldsymbol{D}\cdot \mathrm{d}\boldsymbol{S}=\int_v \rho \mathrm{d}v \tag{2-1}$$

麦克斯韦第二方程即磁通连续性原理：

$$\nabla\cdot \boldsymbol{B}=0 \quad \oint_S \boldsymbol{B}\cdot \mathrm{d}\boldsymbol{S}=0 \tag{2-2}$$

麦克斯韦第三方程即电磁感应定律：

$$\nabla\times \boldsymbol{E}=-\frac{\partial \boldsymbol{B}}{\partial t} \quad \oint_l \boldsymbol{E}\cdot \mathrm{d}\boldsymbol{l}=-\int_S \frac{\partial \boldsymbol{B}}{\partial t}\cdot \mathrm{d}\boldsymbol{S} \tag{2-3}$$

麦克斯韦第四方程即全电流定律：

$$\nabla\times \boldsymbol{H}=\boldsymbol{J}+\frac{\partial \boldsymbol{D}}{\partial t} \quad \oint_l \boldsymbol{H}\cdot \mathrm{d}\boldsymbol{l}=\int_S \left(\boldsymbol{J}+\frac{\partial \boldsymbol{D}}{\partial t}\right)\cdot \mathrm{d}\boldsymbol{S} \tag{2-4}$$

麦克斯韦第一方程表明电荷能产生电场，是描述静电场产生的原因，静电场总是从正电荷出发，到负电荷中止，电力线是有头有尾的。

麦克斯韦第二方程表明磁场是无散场，没有与静电荷对应的磁荷存在，磁力线总是闭合的曲线。

麦克斯韦第三方程即法拉第电磁感应定理，表明了时变的磁场可以产生时变的电场。当穿过闭合回路的磁通量发生变化时，线圈中就会有感应电流产生，也就有感应电场存在，时变的磁场也是产生时变电场的源。

麦克斯韦第四方程即全电流定律，也称为时变场的安培环路定律，表明传导电流和时变的电场都能产生磁场，传导电流和变化的电场都是产生磁场的源。在全电流定律中，麦克斯韦提出了位移电流的假设，这种位移电流既不是自由电子在导体中或电解液中形成的传导电流，也不是电荷在气体中形成的运流电流。位移电流密度是电位移矢量的时间变化率，或者是电场的时间变化率。

位移电流

在时变场中，时变磁场是由传导电流以及位移电流共同产生的。位移电流是由时变电场形成的，故时变电场可以产生时变磁场。

总之，麦克斯韦方程组表明，电荷能产生电场，传导电流能产生磁场，随时间变化的电流——时变的电流，能产生时变的磁场，时变的磁场也能产生时变的电场，所以时变的电流既能产生电场也能产生磁场。在 PCB 电路中存在电磁干扰的根本原因就是因为 PCB 电路中存在时变的电流。

时变场还有一个特点就是滞后效应。当其场源消失后，时变电磁场仍然可以在空间存在，并可以传播。德国物理学家赫兹在 1888 年首创了天线，利用天线进行电磁波的发射和接收。天线就是载有时变电流能够向空间辐射电磁波的辐射体。天线是现代通信中必不可少的部分，现代通信正是利用电磁波的传播特性使其携带有用信息进行通信的。天线可以辐射 RF 射频能量，是高效的辐射体，它必须完成有效能量的辐射。PCB 上的走线有时变电流流过，PCB走线也就像天线一样可以发射能量或通过电缆耦合能量。但大部分的PCB走线是无意的辐射器，它辐射出的能量多为干扰信号，需要通过设计进行抑制或采取密封措施进行屏蔽。

时变电流既然是PCB电路中电磁干扰产生的根本原因，就有必要讨论时变电流的相关特性。时变的电流通常以两种形式存在：存在于小电流环即磁流元中的磁场源；存在于电偶极子即电流元中的电场源。下面就从天线辐射的理论进一步分析磁流元与电流元的辐射特性。

2.2.2 磁流元与电流元的天线辐射特性

1. 磁流元（小电流环）的天线辐射特性

时变电流存在于闭合回路或小电流环中的磁场源就称为**磁流元**或**磁偶极子**。磁偶极子在近区，即当 $kr \ll 1$，即 $r < \lambda/2\pi$ 时，产生近区场。近区磁场 H 与距离 r 的三次方成反比，即有 $H \propto 1/r^3$；近区电场 E 与距离 r 的平方成反比，即 $E \propto 1/r^2$，波阻抗 $Z = \mathrm{j}\omega\mu_0 r$。因此，磁偶极子产生的近区场中，磁场占主要成分，是低阻抗场。

对于磁偶极子产生的远区场，即 $kr \gg 1, r > \lambda/2\pi$ 时，电场和磁场的幅度之比为波阻抗，即 $E/H = Z$，辐射电场和磁场的计算公式如下

$$\begin{cases} H_\theta = -\dfrac{\pi IS}{\lambda^2 r}\sin\theta \mathrm{e}^{-\mathrm{j}kr} \\ E_\varphi = Z\,\dfrac{\pi IS}{\lambda^2 r}\sin\theta \mathrm{e}^{-\mathrm{j}kr} \end{cases} \tag{2-5}$$

其中，I 为小电流环流过的电流，S 为小电流环的面积，θ 为辐射方向与 Z 轴的夹角，r 为小电流环到辐射场的距离，λ 为电磁波的波长，K 为波数，Z 为波阻抗，在真空中：$Z = \sqrt{\dfrac{\mu_0}{\varepsilon_0}} = 120\pi\Omega \approx 377\Omega$；$\varepsilon_0 = 8.854 \times 10^{-12}\mathrm{F/m}$，为真空中的介电常数，$\mu_0 = 4\pi \times 10^{-7}\mathrm{H/m}$，为真空中的磁导率。

小电流环产生的辐射电场和磁场如图2-4(a)、(b)所示。

从磁偶极子在远区产生的电场和磁场方程即式(2-5)可以看出，电流回路产生的电场和磁场与以下6个因素有关：

(1) 小电流环流过的电流 I；

(2) 源的辐射方向与测量点位置间的关系 θ；

(3) 回路的尺寸 S；

(4) 小电流环到辐射场的距离 r；

(5) 电磁波的波长 λ 或电磁波的频率 f，频率越高，辐射越强；

(6) 波阻抗 Z 与空间媒质有关，媒质不同，介电常数和磁导率则不同。

在以上几个因素中，其中流过小电流环的电流 I，源的辐射方向与测量点位置间的关系 θ，回路的尺寸 S，小电流环到辐射场的距离 r，这4个变量都是可以控制的。如减小流过小电流环的电流，或控制源的辐射方向与测量点位置间的关系，减小回路的尺寸 S，增大小电流环到辐射场的距离 r，都可以减小辐射电场或磁场的强度。也就是说，在设计如何减小PCB中的电磁干扰问题时，就应从与辐射电场或磁场有关的、可控制的4个因素出发进行设计。

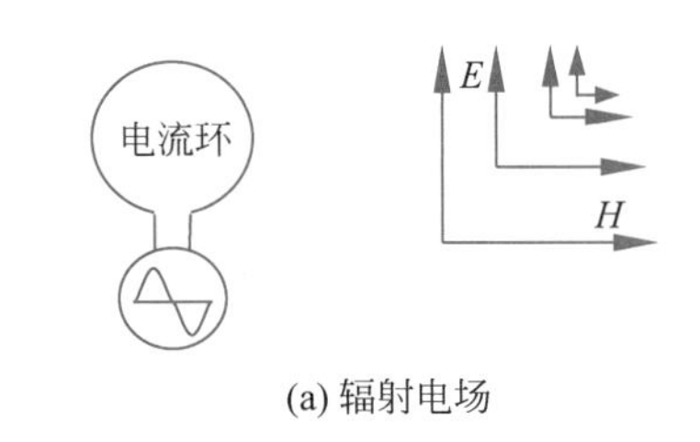

(a) 辐射电场

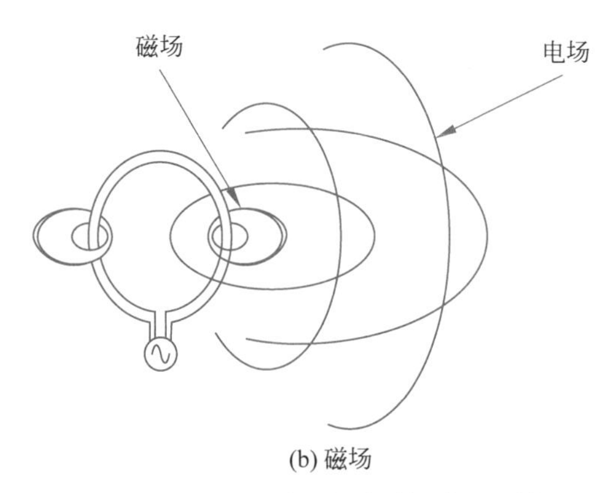

(b) 磁场

图 2-4　小电流环产生的辐射电场和磁场

2. 电流元(电偶极子)的天线辐射特性

电偶极子中的电场源就称为电流元。对于近区场，$kr \ll 1$，即 $r<\lambda/2\pi$ 时，产生近区场。近区电场 E 与距离 r 的三次方成反比，即 $E \propto 1/r^3$；近区磁场 H 与距离 r 的平方成反比，即 $H \propto 1/r^2$，波阻抗 $Z=1/\mathrm{j}\omega\varepsilon_0 r$。因此，电偶极子产生的近区场，电场占主要成分，为高阻抗场。

对于电偶极子产生的远区场，$kr \gg 1$，$r>\lambda/2\pi$ 时，$E/H=Z$，辐射电场和磁场的计算公式如下

$$\begin{cases} H_{\varphi}=\mathrm{j}\,\dfrac{I\,\mathrm{d}l}{2\lambda r}\sin\theta\,\mathrm{e}^{-\mathrm{j}kr} \\ E_{\theta}=\mathrm{j}Z\,\dfrac{I\,\mathrm{d}l}{2\lambda r}\sin\theta\,\mathrm{e}^{-\mathrm{j}kr} \end{cases} \tag{2-6}$$

其中，I 为电偶极子流过的电流，$\mathrm{d}l$ 为电偶极子的长度，θ 为辐射方向与 Z 轴的夹角，r 为电偶极子到辐射场的距离，λ 为电磁波的波长，K 为波数，Z 为波阻抗，同上。

电流元产生的辐射电场和磁场如图 2-5(a)、(b)所示。

从电流元在远区产生电场和磁场方程即式(2-6)可以看出，电流元产生的电场和磁场与以下 5 个因素有关：

(1) 电偶极子流过的电流 I；

(2) 源的辐射方向与测量点位置关系 θ；

(3) 电偶极子的长度 $\mathrm{d}l$；

(4) 电偶极子到辐射场的距离 r；

(5) 电磁波的波长 λ，或电磁波的频率 f，频率越高，辐射越强；波阻抗 Z 与空间媒质有

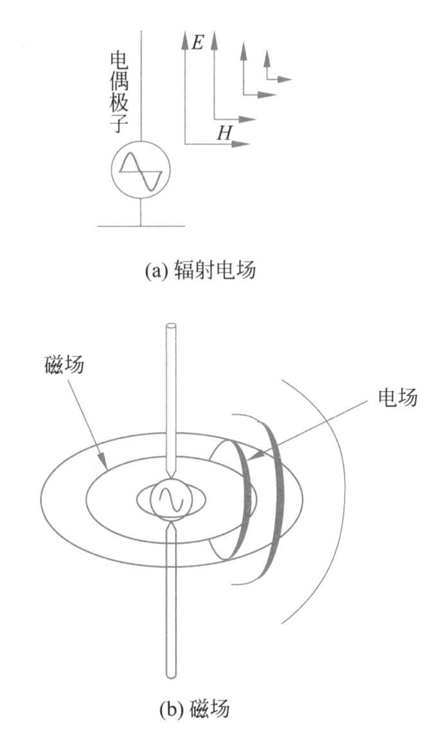

(a) 辐射电场

(b) 磁场

图 2-5　电流元产生的辐射电场和磁场

关,媒质不同,介电常数和磁导率则不同。

在以上几个因素中,其中流过电偶极子的电流 I,源的辐射方向与测量点位置间的关系 θ,电偶极子的长度 dl,电偶极子到辐射场的距离 r,这 4 个变量都是可以控制的。如减小流过电偶极子的电流,或控制源的辐射方向与测量点位置间的关系,减小电偶极子的长度,增大电偶极子到辐射场的距离 r,都可以减小辐射电场或磁场的强度。在设计如何减小 PCB 中的电磁干扰问题时,也应从可控制的这 4 个因素出发,进行设计。图 2-6 给出了磁流元和电流元两种天线的波阻抗与离开波源归一化距离的关系,坐标横轴为离开波源的距离,并用 $\lambda/2\pi$ 进行归一化,纵轴为波阻抗。

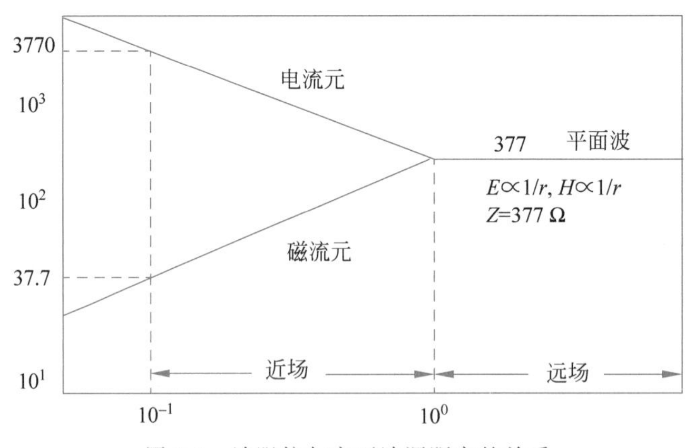

图 2-6　波阻抗与离开波源距离的关系

从图 2-6 可以看出,当离场源距离大于 $\lambda/2\pi$ 时,磁偶极子和电偶极子产生的场都是远区场，又称辐射场，电场 $\boldsymbol{E}$ 和磁场 $\boldsymbol{H}$ 均与距离成反比，$\boldsymbol{E}$、$\boldsymbol{H}$ 以及波的传播方向三者相互垂直，波阻抗为 377Ω；磁偶极子和电偶极子的近区电场 E 和磁场 H 与距离的高次幂成反比，磁偶极子的近区场是低阻抗场，磁场占主要成分，而电偶极子为高阻抗场，电场占主要成分。

对麦克斯韦方程组大多数的应用，噪声耦合的方式可以用等效元件模型来表示。例如，两个导体之间的时变电场可用一个电容来表示；同样的两个导体之间的时变磁场可用一个互感来表示。综上所述，从麦克斯韦方程组和电流元与磁流元的辐射特性可以看出，磁偶极子和电偶极子的辐射场既有电场也有磁场，这种电场与磁场的组合被称为**坡印廷矢量**。要消除和减少电磁辐射，就必须从以下几方面入手：

- 减少射频电流 I 的数量和幅度；
- 减少电流回路的面积 S 以及电偶极子的长度 dl；
- 减少高频 f 分量，降低辐射。

通常时变电流或射频电流多由时钟以及数字信号的谐波分量产生，在电路设计或 PCB 设计中可通过终端匹配、接地、屏蔽、旁路及去耦等方法来达到。这里简要介绍屏蔽的概念，其他问题将在后续章节中进行讨论。

屏蔽一般分为三类：电屏蔽、磁屏蔽、电磁屏蔽。

电屏蔽的实质是减小两个设备（或两个电路、组件、元件）间电场感应的影响。电屏蔽的原理是在保证良好接地的条件下，将干扰源所产生的干扰终止于由良导体制成的屏蔽体。因此，接地良好及选择良导体作为屏蔽体是电屏蔽能否起作用的两个关键因素。

磁屏蔽的原理是由屏蔽体对于干扰磁场提供低磁阻的磁通路，从而对干扰磁场进行分流，因而选择铜、铁、坡莫合金等高磁导率的材料和设计盒、壳等封闭壳体成为磁屏蔽的两个关键因素。

电磁屏蔽的原理是由金属屏蔽体通过电磁波的反射和吸收来屏蔽辐射干扰源的远区场，即同时屏蔽场源所产生的电场和磁场分量。由于随着频率的增高，波长变得与屏蔽体上孔缝的尺寸相当，从而导致屏蔽体的孔缝泄漏成为电磁屏蔽最关键的控制要素。

三种屏蔽的适用范围、泄漏结构及控制要素如表 2-1 所示。

表 2-1　屏蔽机理

指标	屏蔽类型		
	磁　屏　蔽	电　屏　蔽	电磁屏蔽
频率范围	10～500kHz	1～500MHz	500MHz～10GHz
泄漏耦合结构	屏蔽体壳体	屏蔽体壳体及接地	孔缝及接地
控制要素	合理选择壳体材料	合理选择壳体材料 良好接地	抑制孔缝泄漏 良好接地

在三类屏蔽中，磁屏蔽和电磁屏蔽的难度较大。尤其是电磁屏蔽设计中的孔缝泄漏抑制最为关键，成为屏蔽设计中应重点考虑的首要因素。

2.2.3　PCB 中产生电磁干扰的进一步说明

1. 欧姆定律

频域欧姆定律可表示为：$V_{\mathrm{rf}}=I_{\mathrm{rf}}Z$。其中，$V$ 是电压，I 是电流，Z 是阻抗，Z 等于$(R+\mathrm{j}X)$，下标 rf 指无线射频（RF）能量。如果 PCB 中存在 RF 电流，并且 PCB 走线有一定的阻抗，当

RF 电流流过某条 PCB 走线时,由频域欧姆定律可知,这条走线就会产生 RF 电压,相应地就会有 RF 能量产生。并且 RF 电压与 RF 电流成比例。阻抗 $Z=(R+\mathrm{j}X)$既有实部电阻 R,也有虚部电抗 X,对于高于几千赫兹的高频电流来说,感抗的值将超过电阻的值,RF 电流会沿电抗最小的路径流过。对于低于几千赫兹的电流,最低阻抗路径是电阻最小的路径,RF 电流会沿电阻最小的路径流过。

各种常用电路元件的频率特性不同。不同的元件在不同的频率时会产生不同的阻抗,从而产生不同强度的 RF 能量。特别是直导线的电感即元件的引线自感,也是 PCB 中产生 RF 能量的原因之一。RF 能量的产生过程如图 2-7 所示。

图 2-7　RF 能量的产生过程

2. 右手定则

如果 PCB 的某一段走线中存在时变电流,它所产生的时变磁场满足右手螺旋定则,时变磁场又产生横向正交的时变电场,这些由电场和磁场构成的 RF 能量,通过辐射或传导的方式存在于 PCB 中。电流元产生的正交的电磁场的传播形式如图 2-8 所示。

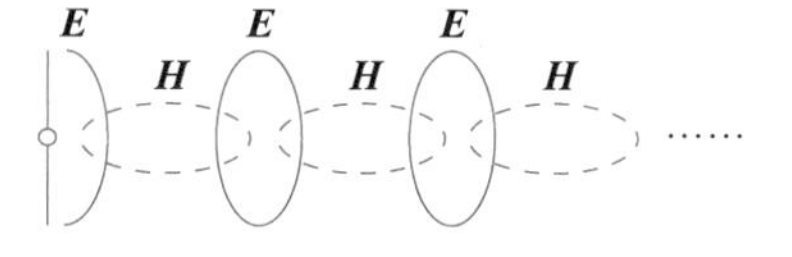

图 2-8　电流元产生的正交电磁场的传播

RF 电流由驱动源产生,通过走线传送到负载,而且它必须通过回流系统返回它们的源,这就产生了 RF 电流回路,随之产生包括电场和磁场的 RF 能量,这些场同样通过辐射或传导的方式存在于 PCB 中。在电路或 PCB 设计中,如果没有提供良好的 RF 电流回流系统,则射频电流将不能以最佳方式返回,那么 RF 能量也就只能通过自由空间向外辐射,产生电磁干扰。通常 RF 电流从源到负载并通过一个接地走线或接地平面即沿阻抗最低路径返回。典型的有接地回路和没有提供 RF 电流回路的两种电路如图 2-9 所示。

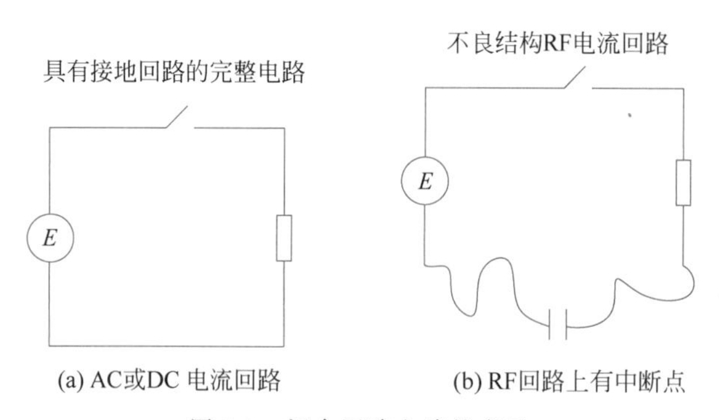

图 2-9　闭合回路电路的表示

2.3　差模电流和共模电流

在任何电路中都存在共模(Common Mode,CM)和差模(Differential Mode,DM)电流,它们决定了传播的 RF 能量的大小。那么,究竟什么是“共模”,什么是“差模”呢?从干扰源发出的干扰泄漏到外部的途径,或者是干扰侵入到受干扰的设备中的途径有两种,其一为电压、电流通过电源线或信号线的传导传输；其二为依靠电磁波在空间的辐射传输。设备的电源线、电话等的通信线、与其他设备或外围设备相互交换的通信线路，至少有两根导线，这两根导线作为往返线路输送电力或信号。但在这两根导线之外通常还有第三导体，这就是“地线”。干扰电压和电流分为两种：一种是两根导线作为去路，地线作为返回路传输，叫“共模”；另一种是两根导线分别作为往返线路传输，叫“差模”。一般来说，差模信号携带数据或有用信号，共模模式是差分模式的负面效果，并且对于电磁兼容来说是最麻烦的。通常共模电流要比差模电流小得多，即使很小的共模电流都可以和很大的差分电流产生强度相同的 RF 辐射能量，这主要因为共模电流不能在 RF 返回路径中进行磁力线的抵消。下面就分别讨论。

2.3.1　差模模式

1. 差模电流

差模电流是射频 RF 能量的组成部分，存在于信号通路和返回通路中，相位反相，如图 2-10 所示。

在图 2-10 中，电流 I_1 代表从电源 E 流向负载 Z 的电流，电流 I_2 是返回电流，被看成接地面、镜像面或零电压参考面，差模电流 $I_{total}=I_1-I_2$，差模电流的辐射场是 I_1 和 I_2 产生场的差。如果这两种电流相位相反，RF 差模电流将被消去。然而，由电源引起的接地不平衡和电源层波动，将会引起共模电流的出现。

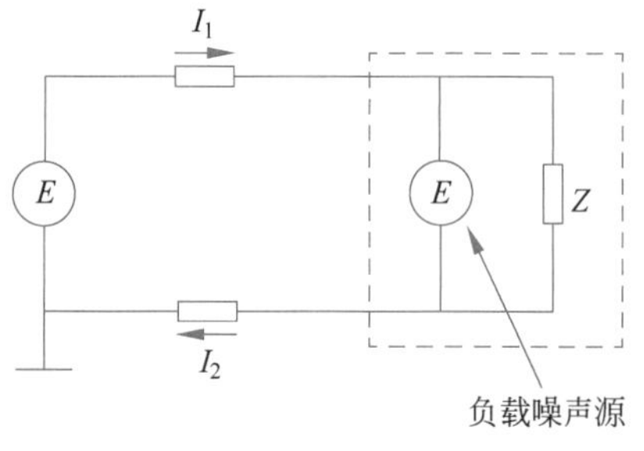

图 2-10　差模电流示意图

2. 差模信号

差模信号有以下特点：

- 传送需要的信息；
- 不会产生干扰，因为产生相反的场并可相互抵消。

一个电路板不可能做到完全的自屏蔽(如同轴电缆)，所以完全的抵消信号通路及回路之间的电场和磁场是不可能的，这些残留的电磁场就形成了差模电磁干扰，即实际电路中总有不能相互抵消而产生差模电磁干扰的源。

3. 差模辐射

差模辐射的特点取决于闭合回路中的电流特性，是由系统内 RF 电流回路中电流的流动引起的。在电磁兼容分析中，通常考虑最坏的情况。一个小环行天线在地平面上的场中工作时，在实际测试环境中，地面总是有反射的，考虑这个因素，小环行接收天线的 RF 能量可近似表示为

$$E=263\times10^{-16}\times(f^2AI_S)\frac{1}{r}(\mathrm{V/m})\tag{2-7}$$

其中，E 为环行天线产生的场强(V/m)，r 为发射回路与接收天线间的距离(m)，f 为频率(Hz)，I_S 为电流(A)，A 为环路面积(m^2)。差模电流辐射如图 2-11 所示。

在大部分的 PCB 中，主要的辐射来源于各元件之间、电源层和接地层中流动的电流。在 PCB 上当信号从源传到负载，在能量返回系统一定存在返回电流，由特定电流形成的由

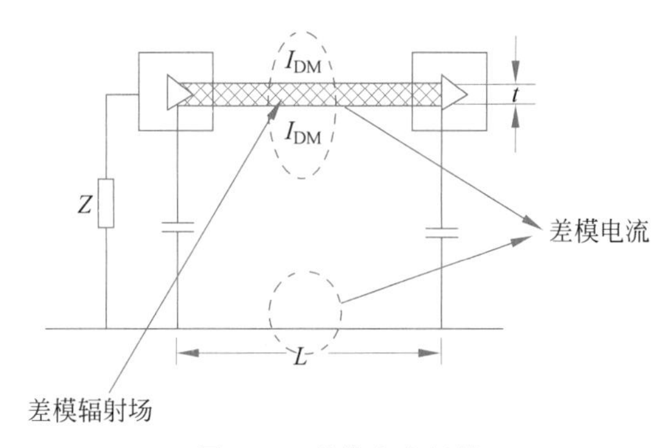

图 2-11　差模电流辐射

走线和电流返回通路之间的面积是已知的,因此,辐射传播可由一个小环行天线来模拟,如图 2-12 所示。

PCB 上小环行天线的频率由回路中流过的 RF 电流频率决定,而且 PCB 上此特定频率的范围非常广,故与各种频率对应的小回路均存在。最大的环路面积可由下式确定

$$A=\frac{380rE}{f^2 I_S} \tag{2-8}$$

由临界面积的闭合回路产生的最大场强可由下式确定

$$E=\frac{Af^2 I_S}{380r} \tag{2-9}$$

如果平行双线回路中存在差模电流,如图 2-13 所示,平行双线回路在远场的辐射场强可用下式近似计算

$$E=\frac{120\pi^2 A I_S}{r\lambda^2}(\mathrm{V/m}) \tag{2-10}$$

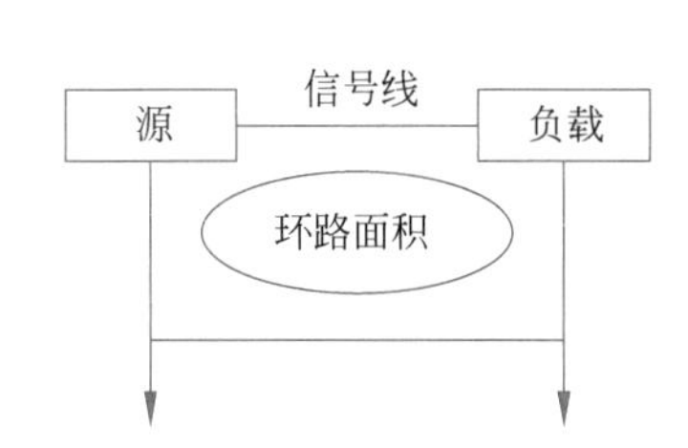

图 2-12　电路组成部分之间的环路区域

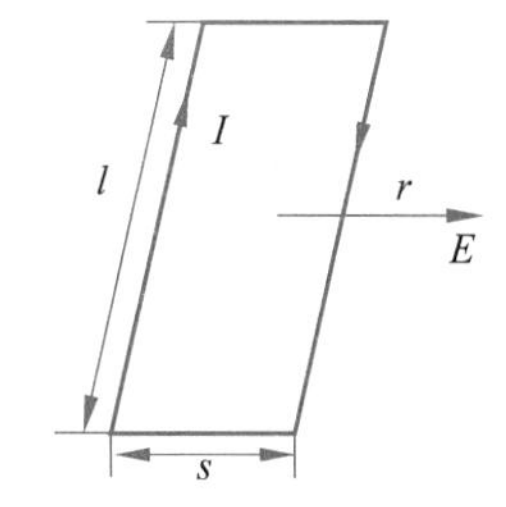

图 2-13　平行双线回路的辐射

其中,E 为平行双行回路产生的场强(V/m),I_S 为电流(A),A 为环路面积(m^2),r 为发射回路与接收天线间的距离(m),λ 为波长(m),$\lambda=300/f$(f 的单位取 MHz)。

【例 2-1】 PCB 上有一对平行线,长度 $l=5\mathrm{cm}$,间隔 $s=0.1\mathrm{cm}$,用于传输肖特基 TTL 数字信号,上升时间为 2ns,驱动电流为 20mA,计算距离 PCB 3m 处的辐射场强。

解:$t_r=2\mathrm{ns}$,应考虑的最高频率 $f_{\max}$ 为

$$f_{\max}=\frac{1}{\pi t_r}\approx 160\mathrm{MHz}$$

$$\lambda=300/[f(\mathrm{MHz})]\approx 1.87\mathrm{m}$$

$$E=\frac{120\pi^2 AI_S}{r\lambda^2}=112.8\mathrm{mV/m}\approx 41\mathrm{dBmV/m}$$

如果要减小差模电流辐射，就需要减小环路面积，可通过布线、变更布线拓扑，设置电源和负载位置使它们更加接近，在高频噪声源处增加去耦电容，或给系统提供外部屏蔽，采用镜像面或返回通路来实现。

2.3.2 共模模式

1. 共模电流

共模起源于公共金属结构中的公共电流(如电源层和接地层)，当电流从导电平面内其他意料之外的通路流过时，使得返回的电流与原来的信号通路不匹配，或有公共返回区域，就产生了共模电流，再加上有限的阻抗，随之就产生 RF 电压，这种 RF 电压在其他导电表面和信号线上建立起电流，它们也会像天线一样辐射电磁干扰。通常共模电流建立在进出 PCB 的导体和电缆的屏蔽上。因此，共模电流是 RF 能量的组成部分，存在于信号通路和返回通路中，相位同相，如图 2-14 所示。

在图 2-14 中，电流 I_1 代表从电源 E 流向负载 Z 的电流，电流 I_2 是返回电流，被看成接地面、镜像面或零电压参考面，共模电流 $I_{total}=I_1+I_2$，共模电流的辐射场是 I_1 和 I_2 产生场的总和，它是 RF 辐射尤其是 I/O 电缆辐射的主要原因。

共模骚扰电压定义为任一载流导体与大地之间不希望存在的电位差。由于共模骚扰主要是通过感应引起的，设备电缆中各导线的间距则可以忽略，因此每一导体与地之间的共模骚扰电压大小相等，方向相同，共模电压在两根导线上所产生的共模电流都通过电缆和地之间的分布电容流向大地，共模电流实质上是位移电流。共模电压与共模电流如图 2-15 所示。

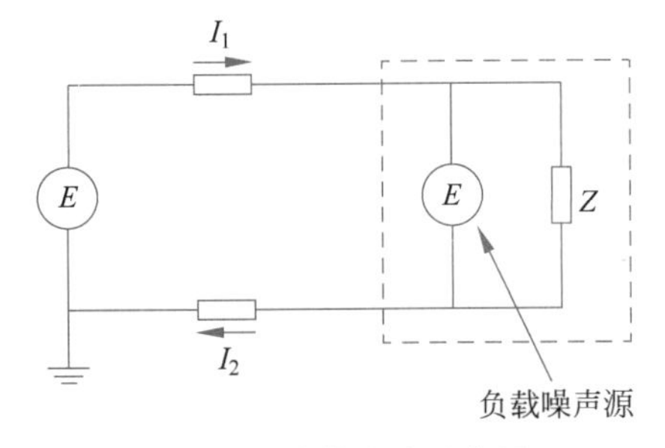

图 2-14 共模电流示意图

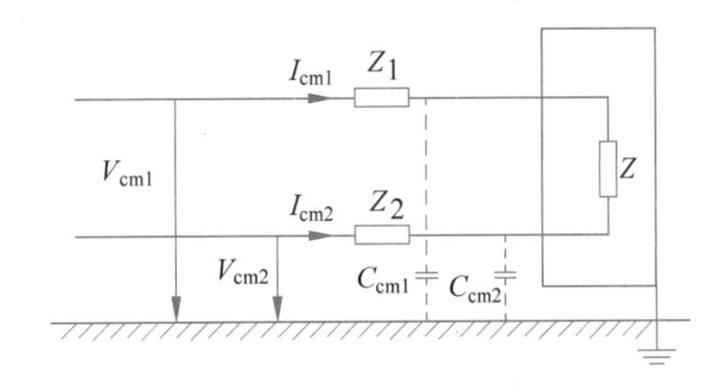

图 2-15 共模电压与共模电流

在图 2-15 中，一般情况下，$Z_1=Z_2$，共模电压产生的共模电流大小相等，方向相同，所以没有电流流过负载，与导线相连的设备不会受到干扰。某些情况下，$Z_1\neq Z_2$，共模电压在负载两端产生压降和差模电流。可见，对于平衡电路，共模骚扰电压不会对设备造成干扰；而对于不平衡电路，共模骚扰电压会在负载两端产生差模电流，可能对设备造成干扰。

产生共模电流的原因有三个：如果外界电磁场在所有信号线上感应出等幅同相的电压，该电压将产生共模电流，如图 2-16(a)所示；如果电缆两端所接的地电位不同，引起地电压差，该电压产生将共模电流，如图 2-16(b)所示；信号线与地之间存在电位差，该电位差引起共模电流，如图 2-16(c)所示。

共模电流是由于差模电流抵消不良造成的，差模电流是由于两条信号传输通路不平行

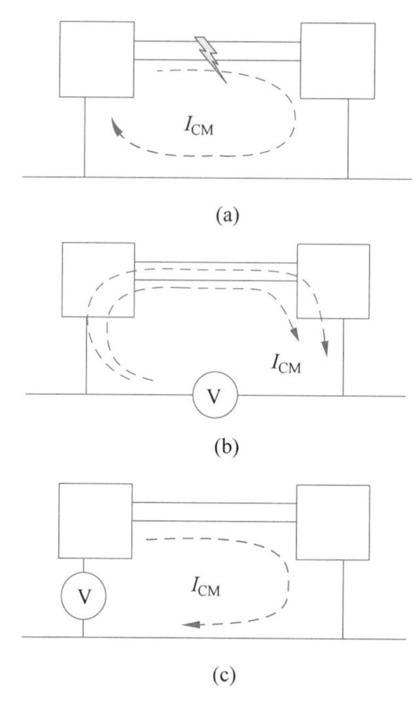

图 2-16　产生共模电流的原因

引起的。如果差模信号不是精确的反相,电流就不能完全抵消,没有抵消的 RF 电流就是共模电流。

2. 共模信号

共模信号有以下特点:

- 是辐射的主要来源;
- 不包含任何有用信息;
- 没有任何有用目的;
- 导致系统(如 PCB 走线或电缆)产生单极天线。

防止共模电磁干扰的关键就是通过控制电源和接地面的位置以及导电面内的电流来控制电源和返回电流通路,并应提供合适的 RF 接地。

3. 共模辐射

共模辐射是由对地的干扰(噪声)电压引起的。共模电流使得一些接地部分不是真正的零电位,比真正的参考电压高,如果这些电缆与接地系统相连,此接地电缆就会像天线一样辐射共模电磁场。其远场分量可用电压激励的、长度小于 1/4 波长的短单极天线来模拟。多数共模辐射是由于接地系统中存在电压降所造成的,共模辐射通常决定了产品的辐射性能。

对于接地平面上长度为 L 的短单极天线,在距离 r 处辐射场或远场分量可表示为

$$E = 4\pi \times 10^{-7}(I_{cm} f L)\frac{1}{r}(\mathrm{V/m}) \tag{2-11}$$

其中,L 为天线长度(m),f 为频率(Hz),I_{cm} 为共模电流(A),r 为测量天线到电缆的距离(m)。

从远场的计算公式可以看出，E 与 f 成正比，频率越高，共模电场辐射越强；E 与 I_{cm} 成正比，I_{cm} 越高，共模电场辐射越强；E 与 L 成正比，L 越大，共模电场辐射越强。

通常两根导线之间的间隔较小，导线与地线之间距离较大。若考虑从导线辐射的干扰，与差模电流产生的辐射相比，共模电流辐射的强度更大，如图 2-17 所示。

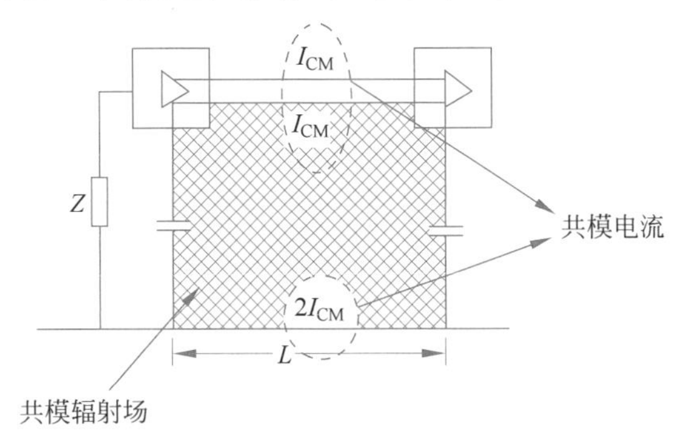

图 2-17　共模电流辐射

由下面的分析可知，差模辐射很容易通过合适的 PCB 设计来减弱，而共模辐射的耦合机理和耦合电路不易分辨，故很难抑制，共模电流是电磁干扰的主要来源。共模电流的辐射的常见抑制方法有以下几种：

- 尽量减小激励天线的源电压，即地电位；
- 使用铁氧体磁环或共模扼流圈；
- 采用共模去耦电容；
- 采用共模电源滤波器；
- 采用屏蔽电缆、屏蔽连接器；
- 改进产品内部结构的设计与布置。

2.3.3　共模电流与差模电流的比较

1. 共模辐射的效率与差模辐射效率比较

图 2-18 给出了 PCB 差模辐射和共模辐射的机理。从图中可以看出，差模辐射是由电路的工作电流环路产生的辐射，与环路面积大小有关，环路面积越大，差模辐射越大。共模电流是由线路板上的外拖电缆产生的，建立在进出 PCB 的导体和电缆的屏蔽上。

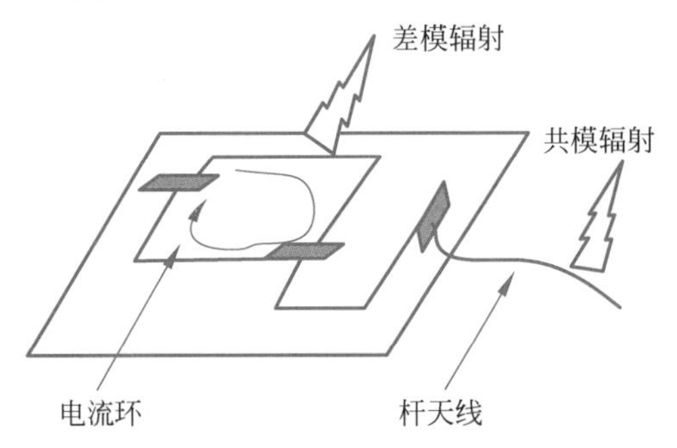

图 2-18　PCB 差模辐射和共模辐射的机理

如果假设差模电流的回路面积为 $10cm^2$，载有共模电流的电缆长度为 1m，电流的频率为 50MHz,令共模辐射的电场强度等于差模辐射的电场强度,利用式(2-7)和式(2-11)可得 $I_d/I_c=1000$,这说明,共模辐射的效率远远高于差模辐射的效率。

2. 共模电流与差模电流的不同点

共模电流与差模电流有以下几点不同:

(1) 差模模式携带有用信号,而共模模式则相反;

(2) 共模电流比差模电流小得多;

(3) 较小的共模电流会产生强度很高的辐射;

(4) 共模电流是电磁干扰的主要来源,共模辐射很难抑制;

(5) 采用镜像面或保护线可抵消差模电流辐射,但不能完全消除。

3. 共模电流和差模电流的转化

当两个信号走线(或导体)存在不同的阻抗时,共模电流和差模电流也可以互相转变。这些阻抗在 RF 频率上,主要由与物理布线(或内连电缆)有关的寄生电容和电感来控制。在 PCB 布线时就要控制网络的寄生电容和电感,使其最小,以避免差模电流和共模电流的产生。图 2-19 给出了由寄生电容引起的共模转变为差模的示意图。其中 I_{dm} 为差模电流,是有用信号,要流过 R_L,共模电流 I_{cm} 不直接经过 R_L,它流过阻抗 Z_a 和 Z_b,然后通过回流结构返回。Z_a 和 Z_b 不是具体的电路元件,是网络中存在的寄生电容或寄生电感引起的转移阻抗。寄生电容存在的原因是存在一条与 RF 返回通路不一致的走线,是由电源面和接地面的距离分离、去耦电容以及设计中存在的许多因素造成的。当 $Z_a=Z_b$,I_{cm} 就不会在 R_L 形成电压,如果 $Z_a\neq Z_b$,I_{cm} 就会在 R_L 形成电压,且电压差将正比于阻抗差,有 $V_{cm}=I_{cm}Z_a-I_{cm}Z_b=I_{cm}(Z_a-Z_b)$。对于外界影响敏感的电路,必须通过某种方式达到平衡,使得每个导体的引线以及寄生电容相等。

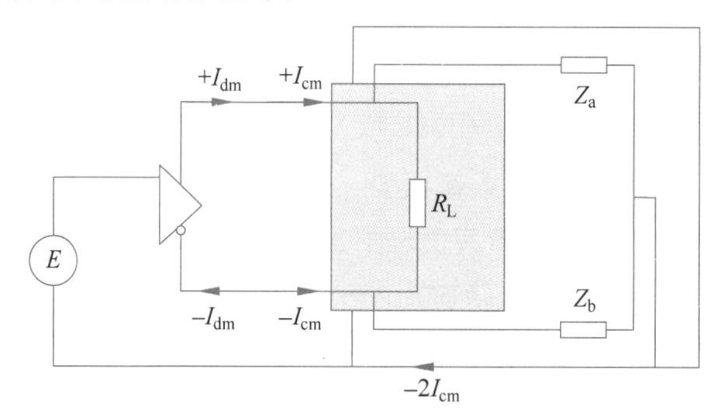

图 2-19 共模到差模的转换

2.4 通量消除的概念与方法

2.4.1 通量消除的概念

从前面分析可知,PCB 产生电磁干扰的原因是由于 PCB 中存在产生电磁场的时变电流。如果 PCB 的某一段走线中存在时变电流,它所产生的时变磁场则满足右手螺旋定则,时变磁场又产生横向正交的时变电场,这些由电场和磁场构成的 RF 射频能量,通过辐射或传导的方式存在于 PCB 中;如果 PCB 的某一段走线中存在传导电流,它同样可以产生磁场，且同样满足右手螺旋定则。由磁场构成的 RF 射频能量，也可通过辐射或传导的方式存在于 PCB 中。

PCB 内产生电磁干扰的原因，具体表现有以下 6 方面：

(1) 高频周期信号的存在导致瞬时电流的产生并被引入电源面；

(2) 瞬时电流和返回路径的阻抗产生了 RF 射频电压；

(3) 在源和负载之间，不完善和不平衡的 RF 射频电流返回路径产生了 RF 电压，随之产生了共模 RF 电流；

(4) 不合理的接地回路产生一个天线结构；

(5) 观察到的电磁辐射多由共模电流造成；

(6) 缺乏合适的 RF 电流返回参考面或走线也会加剧电磁干扰。

所以要消除 PCB 中的 RF 射频电流，抑制 PCB 中的 RF 射频能量，就必须进行磁通量的消除或最小化。

2.4.2 通量消除的基本方法

通量消除的基本方法包括电路设计、PCB 设计以及其他相关设计。

1. 电路设计

电路设计包括以下几点：

(1) 选用边缘速率更低的逻辑系列器件(减少元件和走线的 RF 辐射)；

(2) 对于 I/O 电缆，正确引用旁路电容器(减少共模 RF 能量)；

(3) 对特定高速网络加入共模扼流圈和数据线过滤器，减少共模电流，如 USB2.0 数据线的处理；

(4) 合理使用去耦电容。

2. PCB 设计

(1) 采用多层板，并适当分层和阻抗控制(减少走线的 RF 辐射)；

(2) 对于多层板，将时钟走线靠近返回接地平面，对于单面板或双面板，将时钟走线靠近接地栅格，或靠近最近的一条地线，或用地线包起来(减少共模 RF 能量)；

(3) 对时钟和信号线进行终端匹配设计(减少高频谐波辐射)。

3. 其他相关设计

(1) 将磁流量束缚在元件封装内部(减少元件辐射)；

(2) 减小电源和接地平面结构中的噪声电压(减少 RF 能量)；

(3) 为辐射大量共模 RF 能量的元件提供接地散热器。

科技简介 2　电磁感应

时变的磁场可以产生时变的电场。当穿过闭合回路的磁通量发生变化时，线圈中就会有感应电流产生，也就有感应电场存在，时变的磁场也是产生时变电场的源，这就是著名的法拉第电磁感应定律。

变压器和发电机是电磁感应定律广为人知的应用，变压器的工作原理是回路不变，磁场随时间变化,从而引起磁通的变化产生感生电动势,如图 2-20 所示;发电机的工作原理是回路切割磁力线,磁场不变,从而引起磁通的变化产生动生电动势,又称为发电机电势,如图 2-21 所示。

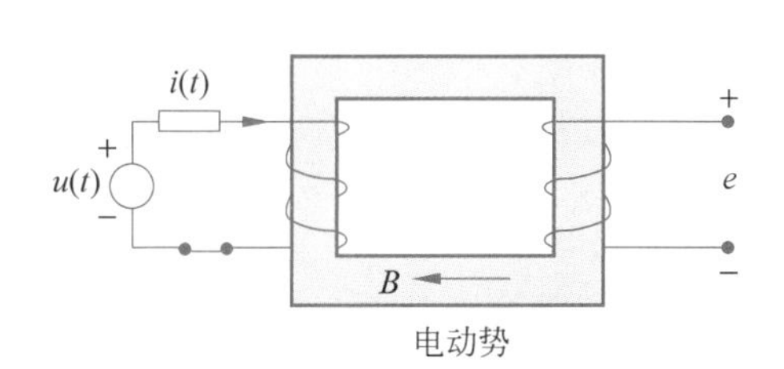

图 2-20　变压器的工作原理

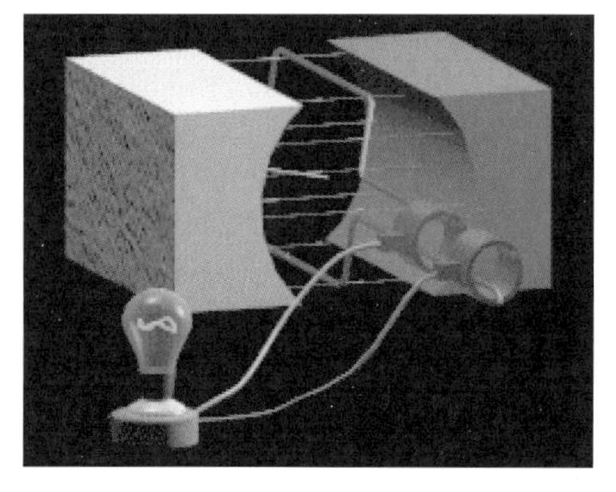

图 2-21　发电机的工作原理

思政案例

法拉第电磁感应定律在其他方面的应用也非常多,如金属探测器、涡流检测和涡流加热等。

用眼睛观察并寻找一种东西往往比较容易。但是,在有些情况下,给眼睛提供一些帮助可以让寻找过程变得更加方便。有很多武器是由金属制成的,因为金属结实有力,可以抵挡很强的作用力,同时也可以给对方以重击。金属同时也是一种很好的电的导体,电流可以流经它产生磁场。这种效应可以被人们用以进行金属探测,即使金属被隐藏起来也可以探测得到。因为涡流会产生磁场。因此,为了检查出一块金属,人们所要做的仅仅是使它通过一个强磁场。经过磁场的运动会感应出涡流,反过来涡流也会产生自己的磁场,这可以被金属探测器的电流感应到。金属探测器中可以产生一个强磁场,随时准备对通过它的金属做出反应。

在机场或者其他地方的金属探测器常常是拱门型的,人们只有经过金属探测器的检查才可以进入到安全区。有时候,人们也会使用拿在手中的金属探测棒。金属探测棒和金属探测器原理是一样的:磁场可以检测出由金属制成的武器,士兵们也可以用金属探测器去寻找埋在地下的武器。

有时候,金属探测器在使用时也会遇到不方便的事情,例如,有时并不是武器而是其他金属制品,它们也同样可以使探测器发出反应信号。钥匙、钱币,甚至是移植在人身体中的金属,都可以使金属探测器做出反应,发出警报。究竟有多少金属可以使金属探测器发出警报取决于探测器的敏感度以及金属的种类。铁金属比非铁金属需要的磁场强度更高,它们更加容易被检测出来。也有人利用金属探测器去寻找被埋在表层土壤下的财宝、钱币、首饰和遗物等。

交通探测器的探测原理与金属探测器原理相同。工程师将通有电流的线圈埋在马路下面,当汽车驶过时,因为汽车含有大量的金属(尤其是铁),金属可以改变线圈的磁场,磁场发生的变化指示附近有汽车,这样交通探测器就可以感应出汽车的存在。

根据导体中感应产生的涡流变化情况,也可以检测导体的缺陷,这种方法在工业上称作**涡流检测**,是常见的无损检测方法之一,原理如下:给一个线圈通交流电,在一定条件下通过的电流是不变的。如果把线圈靠近被测试工件,工件内会感应出涡流,受涡流的影响,线圈电流会发生变化。由于涡流的大小随工件内是否有缺陷而不同,所以线圈电流变化的大小能反映出被测试工件有无缺陷。

交流的磁场在金属内感应的涡流能产生热效应,这种加热方法具有加热效率高、加热速度快等优点。冶炼锅内装入被冶炼的金属，让高频交变电流通过线圈，被冶炼的金属中就产生很强的涡流，从而产生大量的热使金属熔化，这种冶炼方法速度快，温度容易控制，能避免有害杂质混入被冶炼的金属中，适于冶炼特种合金和特种钢。电磁感应加热法也广泛用于钢件的热处理(如淬火、回火、表面渗碳等)，例如可以把齿轮、轴等放入通有高频交流的空心线圈中，表面层在几秒钟内就可上升到淬火需要的高温，颜色通红，而其内部温度升高很少，然后用水或其他淬火剂迅速将它们冷却，就可以达到将表面淬火提高硬度、增加耐磨性的目的。

习　　题

2-1　简述 PCB 设计的基本构成。

2-2　PCB 的工作层面包含哪六类？

2-3　高速电路的工作频率如何界定？高速 PCB 设计中突出的问题有哪几类？

2-4　简要阐述 PCB 中的主要辐射源。

2-5　利用麦克斯韦方程分析 PCB 产生电磁干扰的原因。

2-6　分析小电流环与电流元辐射特性的异同点。

2-7　电流元的长度为 1cm，流过的电流为 1A 时，当频率分别为 1MHz 和 10MHz 时，计算距离电流元 10cm 处的电场和磁场有多大？

2-8　一个电流环的半径为 0.564cm，流过的电流为 1A 时，当频率分别为 1MHz 和 10MHz 时，计算距离电流元 10cm 处的电场和磁场有多大？

2-9　什么是共模电流？什么是差模电流？二者有何关系？

2-10　解释通量消除的概念，通量消除的方法有哪几个？

第3章　元件与电磁兼容

本章介绍了元器件的种类和封装，对导线、电阻、电容、电感以及变压器等无源元件的频率响应进行了分析，并从边沿速率、元件封装、接地散热器、时钟源的电源滤波、集成电路中的辐射分析等几方面论述了有源器件的电磁兼容特性。

3.1　元器件概述

3.1.1　元器件的种类

元器件是电子电路中具有独立电气功能的最小单元。电子元器件包括电阻、电容、电感、晶体管、IC(Integrated Circuit，集成电路)、继电器、开关等几大类。不依靠外加电源(直流或交流)的存在就能表现出其外特性的器件，如不含半导体PN结的电阻、电容、电感、开关等称为**无源元件**；必须外加电源才能正常工作的器件，如含半导体PN结的二极管、三极管，以及以它为基本单元构成的集成电路(IC)、继电器等称为**有源器件**。

数字器件由与、或、非门等逻辑单元构成，以数字信号为处理对象，是典型的有源器件，其噪声容限较高。典型的数字器件包括门电路、计数器、译码器、编码器、寄存器、触发器、PLD、CPLD、FPGA、DSP、MCU、CPU、RAM、ROM等。模拟器件以模拟信号为处理对象，即对模拟电压、电流信号进行处理。典型的模拟器件包括电阻、电容、电感、二极管、三极管、场效应管、功放管、稳压管、传感器、运算放大器等，部分模拟器件为典型的无源器件。

在设计电路和对PCB布线时，选择能满足EMC要求的元件就非常重要，特别是一些开关逻辑元件、PCB上的插座、时钟元件，以及电阻、电容、电感等无源元件，这些元件有可能直接引起电路的EMI问题。因此在设计初期，选择正确的有源元件和无源元件，将会减小设计后期的EMC问题，有利于获得最有效的EMC效果。

3.1.2　元器件的组装技术

截至目前，元器件的组装技术有两种：传统的THT(Through Hole Technology)通孔安装技术；新型SMT(Surface Mount Technology)表面安装技术。通孔安装技术就是将元器件插装在印制电路板的孔中，即将长引脚元器件插入PCB的焊盘孔中。表面安装技术是将电子元器件贴装在印制电路板或基板的表面，即将“无引线或短引线”的元器件贴在PCB焊盘的表面。通常把SMT中使用的无引脚、无引线或短引线的器件称为**表面贴装元器件**。包括表面安装元件SMC(Surface Mount Component)和表面安装器件SMD(Surface Mount Device)。通孔安装(THT)与表面安装(SMT)如图3-1所示。

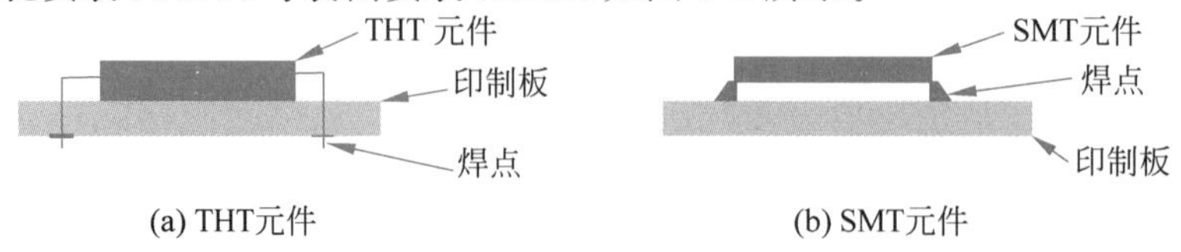

图3-1　通孔安装与表面安装

3.1.3　表面安装技术的特点

随着电子产品的不断小型化和功能更加强大的集成电路(IC)的研发，传统通孔插件已不能满足设计要求。在材料科学技术、微电子技术、半导体元器件技术、信息技术的发展与支持下，各种片式器件应运而生，体积也越来越小，在电子产品小型化的时尚引领下，表面安装技术不断发展起来。同时，产品批量化、生产自动化和半导体材料的多元应用，都有力地推动了表面安装技术的快速发展。表面安装技术已经在很多领域取代了传统的通孔安装技术，如液晶显示器、各种手机、笔记本电脑等。表面安装技术的技术特点列举如下。

(1) 组装密度高、体积小、重量轻。

贴片元件的体积和重量只有传统插装元件的1/10，一般来说，采用SMT技术的电子产品体积缩小40%～60%，重量减轻60%～80%。

(2) 可靠性高、抗震能力强。

虚焊发生率大大降低，即焊点缺陷率低。

(3) 高频特性好。

无引线或短引线使得SMT元器件广泛应用在高频领域，在高频线路中减小了分布参数的影响，高频特性好，减少了电磁和射频干扰。

(4) 易于实现自动化。

简化的电路装配制造工艺和自动装贴设备，提高了生产效率。

(5) 降低成本。

成本降低了30%～50%，节省材料、能源、设备、人力、时间等。

总之，表面安装技术是一种现代的电路板组装技术，实现了电子产品组装的小型化、高可靠性、高密度、低成本和生产自动化。随着芯片封装技术和表面安装技术的不断提高，线路板技术也随之提高，目前高精度线路板使用表面安装的比率也越来越高，实际上，这种高精度线路板再用传统的网印线路图已经无法满足技术要求，其线路图及阻焊图基本上都采用感光线路与激光技术制作工艺。

3.2　无源元件的频率响应

3.2.1　导线的频率响应

1. 导线频率响应曲线

每条导线和PCB走线都有潜在的寄生元件。在低频段，呈现低电阻特性；在高频段，呈现电感特性，集中参数模型为—□—∧∧∧—。导线频率响应曲线如图3-2所示。

在较高频段里，导线成为阻抗的主要部分，当频率在1000kHz以上，感性电抗超过电阻，导线和PCB走线不再是低电阻特性，而呈电感特性，即 $Z=R+\mathrm{j}X_L\approx\mathrm{j}2\pi fL$。故在音频范围以上，导线或PCB走线相当于RF辐射天线。直导线的电感(引线自感)可通过下式计算

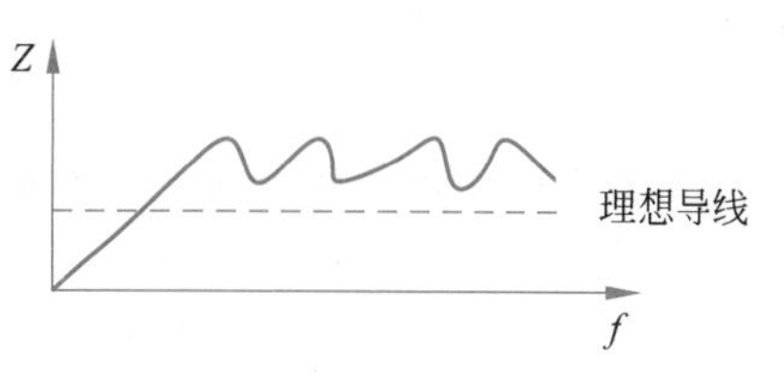

图3-2　导线频率响应曲线

$$L = 0.002l\left[2.3\log\left(\frac{4l}{d} - 0.75\right)\right]\mu\text{H} \tag{3-1}$$

其中,L 为直导线的电感(μH);l 为直导线的长度(cm);d 为直导线的直径(cm)。

在工程应用中,经常会用 AWG 表示固体导线的直径,具体换算关系如下

$$\text{AWG } 50 = 1\text{mil}$$
$$\text{AWG } 38 = 4\text{mil}$$
$$\text{AWG } 32 = 8\text{mil}$$
$$\text{AWG } 26 = 16\text{mil}$$
$$\text{AWG } 14 = 64\text{mil}$$

在高频段,当导线的长度是工作波长的 1/2 或 1/4 时,导线或 PCB 走线相当于 RF 辐射天线,成为有效辐射体。在电磁兼容领域,为了避免导线或 PCB 走线成为 RF 辐射天线,应严格控制导线或 PCB 走线的长度。通常规定导线或 PCB 走线的长度应小于工作波长的 1/20,即当走线长度小于 $\lambda/20$ 时,电路可看成集中电路,电磁辐射很小;当走线长度大于 $\lambda/20$ 时,电路就要看成分布电路,可能存在电磁辐射。工作波长与临界频率的换算公式如下所示

$$f(\text{MHz}) = \frac{300}{\lambda(\text{m})} = \frac{984}{\lambda(\text{ft})} \tag{3-2}$$

$$\lambda(\text{m}) = \frac{300}{f(\text{MHz})} \tag{3-3}$$

$$\lambda(\text{ft}) = \frac{984}{f(\text{MHz})} \tag{3-4}$$

表 3-1 给出了在特定的工作频率下,对应的工作波长与 1/20 工作波长的值。

表 3-1 工作频率与工作波长的对应值

工作频率 f	λ	$\lambda/2$	$\lambda/4$
10MHz	30.00m	1.50m	5.00ft
100MHz	3.00m	0.15m	5.90in
200MHz	1.50m	7.50m	3.00in
1000MHz	30.00cm	1.50cm	0.60in

2. 导线趋肤效应

当有电流流过元件的引线或 PCB 走线,如果源电压是直流电流,它先在外侧边沿流动,然后扩散到导体内部。在低频情况下,圆形截面导体的电阻为

$$R_{\text{DC}} = \frac{l}{\sigma s} = \frac{l}{\sigma \pi a^2} \tag{3-5}$$

其中,l 为导体长度(m);σ 为导体的电导率(S/m);a 为导体的半径(m);s 为导体的横截面积(m^2)。

如果源电压是高频电流,则趋向集中在导体的表面流动,这种现象称为导线的**趋肤效应**。当导体内部的电场大小减小到导体表面值的 37% (1/e,e 为自然底数)时,该点到导体表面的距离称为**趋肤深度**,记为 δ。趋肤深度的计算公式如下

$$\delta = \sqrt{\frac{2}{\omega \mu_0 \sigma}} = \sqrt{\frac{2}{2\pi f \mu_0 \sigma}} = \sqrt{\frac{1}{\pi f \mu_0 \sigma}} \tag{3-6}$$

其中，ω 为角频率；f 为工作频率；σ 为电导率；μ_0 为磁导率。

铜为良导体，电导率为 $5.8\times10^7\Omega/\mathrm{m}$。表 3-2 给出了铜在不同的工作频率下对应的趋肤深度，频率越高，趋肤深度越小。

表 3-2　铜的工作频率与趋肤深度的对应值

频率 f	趋肤深度 δ(in)	频率 f	趋肤深度 δ(in)
100Hz	0.066(1.7mm)	1MHz	0.00066(0.017mm)
1kHz	0.021(0.53mm)	10MHz	0.00021(0.0053mm)
10kHz	0.0066(0.17mm)	100MHz	0.000066(0.0017mm)
100kHz	0.0021(0.053mm)	1GHz	0.000021(0.00053mm)

由于趋肤效应，导体的有效截面积将远小于导体的几何截面积，这就导致导体的射频电阻高于直流电阻。如果趋肤深度远小于导体的半径 a，则单位长度的射频电阻为

$$R_{\mathrm{RF}}=\frac{1}{2\pi a\delta\sigma}=\frac{1}{2a}\sqrt{\frac{f\mu_0}{\pi\sigma}} \tag{3-7}$$

从式(3-7)可以看出，当频率较低时，趋肤效应可以忽略，$R_{\mathrm{RF}}=R_{\mathrm{DC}}$；当频率逐渐升高，导体半径越大，趋肤效应越明显。在工程上采用相互绝缘的多股漆包线来代替单根导线绕制射频电感线圈，目的就是减小射频电阻的增加。

如果导线截面积为矩形，式(3-7)中的导体半径可由下式确定

$$a=\frac{\text{截面周长}}{2\pi} \tag{3-8}$$

在截面积相同的情况下，截面的周长与截面形状有关。式(3-8)表明，如果改变截面形状，则可相应改变导体的等效半径。在截面积相等时，矩形截面的周长大于圆截面的周长，而且长宽比越大，截面周长越长，那么，其等效半径也越大，等效半径的增大将导致射频电阻的下降。故工程上经常采用扁铜带作为设备线和搭接条就是为了减小射频电阻。

金属电导率的高低，表示在相同截面下金属导电能力的大小。电导率高的金属，在相同截面下能通过较大的电流，或在同样的电流下可以减小金属的截面。铝的电导率为 65%，较好，是疏导电流的好材料；钢的电导率为 17.5%，较差，不宜作为导流材料；铜的电导率为 97%，是铝的 1.49 倍，是钢的 5.54 倍，较优，是导通电流很好的材料。铜、铝、钢三种材料的趋肤深度比较如图 3-3 所示，从图中可以看出，频率越高，铜的导电性越优良。

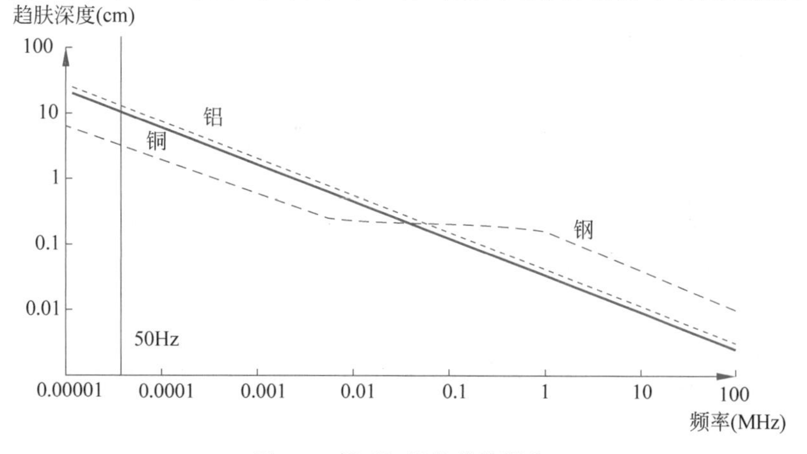

图 3-3　铜、铝、钢的趋肤深度

3.2.2 电阻的频率响应

1. 电阻的作用与种类

电阻是组成电路的一种基本元件,在电路中常用来稳定和调节电流、电压,作为分流器和分压器,也可作为电路的负载。

电阻的种类很多,按用途可分为通用电阻、精密电阻、电位器等。根据封装方式分为通孔安装和表面安装两大类。按材料又可分为碳膜电阻、金属膜电阻、金属氧化膜电阻、实心电阻和绕线电阻等。根据引出线的形式又分为轴向(Axial)安装方式、径向(Radial)安装方式和双列直插式(Dual Inline Package,DIP)排电阻。下面简要介绍几种电阻的特性。

(1) 碳膜电阻(RT)。阻值范围宽,有良好的稳定性,且价格低廉,是目前应用最广泛的电阻器。可用于民用整机和仪器中。

(2) 金属膜电阻(RJ)。金属膜电阻比碳膜电阻的精度高,稳定性好,噪声及温度系数小,经常用在稳定性和电性能要求较高的电路中。金属膜电阻由于结构不均匀,因此它的脉冲负载能力差。

(3) 金属氧化膜电阻(RJ)。本身是氧化物,高温下稳定,耐热冲击,负载能力强,多用在电压高的场合。但其在直流下容易发生电解使氧化物还原,性能不太稳定。

(4) 化学沉积金属膜电阻(RC)。化学沉积膜的电阻可以很低,可以弥补精密金属膜电阻的低阻部分,但由于化学膜反应时产生大量氢气使镀膜多孔,使其防潮性较差。

(5) 合成膜电阻(RH)。导电层呈现颗粒状结构,噪声大,精度低,主要用于制造高压、高阻、小型电阻器。

(6) 合成实心电阻(RS)。实心电阻的性能不如薄膜电阻,但其有一个突出的特点即高可靠性。在卫星、海底电缆等对电路要求较高的场合经常采用。

(7) SMT 电阻(RI)。片状电阻是金属玻璃铀电阻的一种形式,外形是长方形,两端有焊接端,为片状元件。它的体积小,精度高,稳定性好,高频性能好,多用在要求分布电感小的高频环境中。常用的封装是 Chip 1206、Chip 0805、Chip 0603、Chip 0402、Chip 0201 等。

(8) 绕线电阻(RX)。绕线电阻具有较低的温度系数,阻值精度高,稳定性好,耐热耐腐蚀,主要作为精密大功率电阻使用,缺点是高频性能差,时间常数大。

(9) 熔断电阻。它具有双重功能,正常工作时,起电阻作用,过载时电阻将迅速熔断,起保险丝的作用。在选取电阻时,应了解整机的工作状态和环境,同时也要注意电阻的技术性能和价格成本,选取合适的电阻。

2. 电阻的主要参数

电阻的主要参数有电阻的精度、电阻额定功率、电阻的温度系数、电阻的噪声。

1) 电阻的精度

电阻的精度表示电阻的标称值与实际值的精确度。常用的电阻精度等级有:0.01 级,误差范围为±0.01%;0.02~0.05 级,误差范围为±0.02%~0.05%;0.1~2 级,误差范围为±0.1%~2%;5 级,误差范围为±5%;>5 级,误差范围为±5%。

2) 电阻额定功率

在标准大气压和常温下,电阻元件能够长期连续负荷而不改变电气性能所允许的消耗功率称为电阻的额定功率。

3）电阻的温度系数

在正常的工作状态下，电阻的阻值是随工作温度的变化而变化的。温度每变化1℃时电阻的相对变化量被称为该电阻的温度系数。

4）电阻的噪声

电阻的噪声是由电阻元件产生和造成的噪声。主要来源于电阻的热噪声和过剩噪声。

3．电阻的频率响应

电阻在使用中最容易忽视的是其封装尺寸和潜在的寄生元件。在低频段，电阻呈现电阻特性；在高频段，应该考虑电阻引线之间的寄生电容 C 和电阻引线电感 L。电阻元件的高频集中参数模型如图3-4所示。绕线电阻的频率响应曲线如图3-5所示。

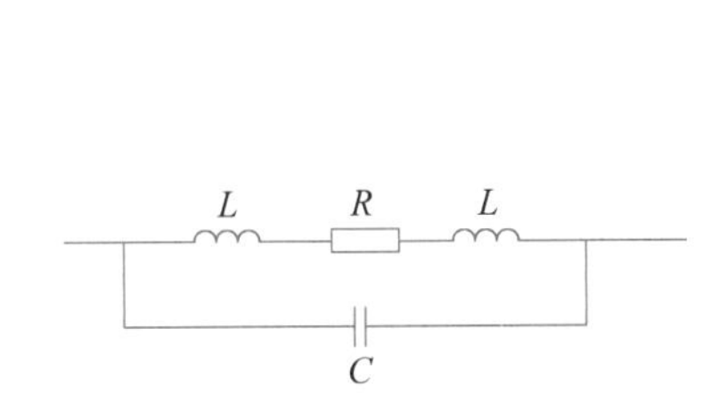

图3-4　电阻高频集中参数模型

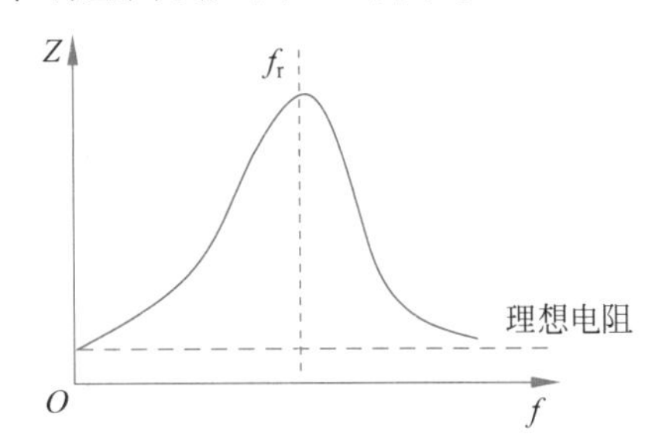

图3-5　绕线电阻的频率响应曲线

【例3-1】　金属电阻引线长度为1.27cm，导线用AWG14，整个并联电容为0.3pF，阻值是10kΩ的电阻，在200MHz时的RF等效阻抗是多少？

解：金属电阻引线电感为

$$L = 0.002l\left[2.3\log\left(\frac{4l}{d} - 0.75\right)\right]\mu\text{H}$$

$$= 0.002 \times 1.27\left[2.3\log\left(\frac{4 \times 1.27}{0.1628} - 0.75\right)\right] \approx 8.7\text{nH}$$

200MHz时引线电感的等效感抗为

$$X_L = \omega L = 2\pi f L \approx 10.93\Omega$$

200MHz时整个并联电容的等效容抗为

$$X_C = \frac{1}{\omega C} = \frac{1}{2\pi f C} \approx 2653\Omega$$

此电阻的等效电路如图3-6所示。

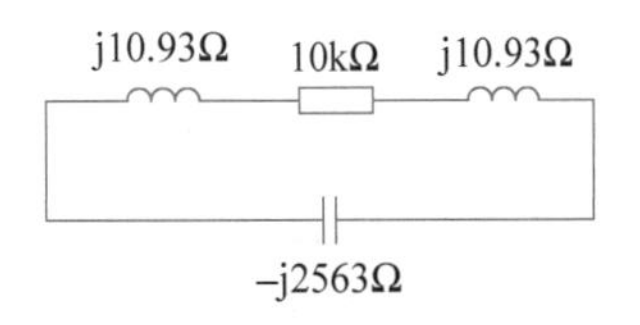

图3-6　电阻的RF等效电路

RF等效阻抗的振幅为

$$Z = \frac{RX_C}{\sqrt{R^2 + X_C^2}} \approx 1890.5\Omega$$

10kΩ的电阻，在200MHz时等效为1890.5Ω的电阻。

3.2.3　电容的频率响应

1．电容的作用与种类

电容的应用

电容是电路中最基本的元件之一。随着电磁干扰问题的日益突出，特别是干扰频率的日益提高，利用电容的基本特性进行滤波就非常普遍。

电容是由两片金属膜紧靠,中间用绝缘材料隔开而组成的元件。电容的特性主要是“**隔直流,通交流**”。在电路中具有交流耦合、旁路、滤波、信号调谐、能量转换、控制等作用。电容容量的大小表示储存电能的能力。电容是电子设备中最基础也是最重要的元件之一。电容的产量占全球电子元器件产品的40%以上。几乎所有的电子设备中,小到U盘,大到航天飞机、火箭,都可以找到电容。

电容的种类很多,按结构可分为固定电容器和可变电容器;按介质可分为纸介电容、云母电容、独石电容、陶瓷电容、薄膜电容、金属化纸介电容、油浸纸介电容、铝电解电容、钽电解电容等;按有无极性可分为有极电容器和无极电容器。根据封装方式又可分为通孔安装和表面安装两大类。其中云母、独石电容具有较高的耐压,电解电容有极性,且具有较大的容量。下面简要介绍这几种电容的特性。

1) 纸介电容

体积小,容量较大,从10pF至几十μF,固有电感和损耗比较大,在宽温度范围内具有良好的电容稳定性。多用于低频电路。

2) 云母电容

介质损耗小,容量在0.5～10^4pF,绝缘电阻大,温度系数小。适用于高频电路。在500MHz的频率范围内,性能优良,可用于要求容量较小、品质系数高以及温度、频率和时间稳定性好的电路中,可作高频耦合和旁路。

3) 陶瓷电容

体积小,耐热性好,损耗小,绝缘电阻大,但容量小,适于高频电路。

4) 薄膜电容

体积小,容量大,稳定性较好,适于作为旁路电容。

5) 金属化纸介电容

结构和纸介电容基本相同。体积小,容量较大,多用于低频电路。

6) 油浸纸介电容

体积大,电容量大,耐压高。

7) 铝电解电容

容量大,漏电大,稳定性差,有正负极性,适于电源滤波或者低频电路。

8) 钽电解电容

它简称钽电容。体积小,容量大,性能稳定,寿命长,绝缘电阻大,温度特性好,有正负极性,多用在要求较高的设备中。

9) 可变电容

容量随动片的转动可以连续改变。

10) SMT电容

有Chip电容和钽电容。Chip电容即贴片式电容器,大多数是多层陶瓷电容(Multilayer Ceramic Capacitor,MLCC),外形是长方形,两端有焊接端,为片状元件。它的体积小,精度高,稳定性好,高频性能好,多用在要求分布电感小的高频环境中。常用的封装是Chip 1206、Chip 0805、Chip 0603、Chip 0402、Chip 0201等。钽电容的单位体积容量大,容量超过0.33μF都采用钽电容。在需要高速工作的大规模集成电路中应用较多。

2. 电容的主要参数

电容的主要参数有电容器的标称容量和允许误差、电容器的耐压、电容器的温度系数、电容器的漏电流和绝缘电阻、电容器的损耗、电容器的频率特性。

1）电容器的标称容量和允许误差

电容量是表示电容器在一定工作条件下储存电能的能力。一个电容器的标称容量表示电容量的大小，电容器的允许误差是实际电容量和标称电容量允许的最大偏差范围。

2）电容器的耐压

电容器的耐压是指在规定的温度下，电容器在电路中长期工作所能承受的最高电压。电容器的直流工作电压不能超过这个值；在交流电路中，加在电容器上的交流电压最大值也不能超过此值，否则，电容器将击穿。

电容器的耐压值与电容器的介质材料和介质厚度有关。对于结构、介质、容量相同的电容，体积越大，耐压越高。

3）电容器的温度系数

电容器的温度系数是指在一定温度范围内，温度每变化1℃时，电容量的相对变化值。它取决于介质的温度系数，它取决于电容结构和极板尺寸随温度的变化。

4）电容器的漏电流和绝缘电阻

电容的介质不是绝对不导电的，在一定的电压下，会有微弱的电流流过介质，这就是电容器的漏电流。电容器的漏电流与温度有关，环境温度高，漏电流就大；环境温度低，则漏电流就小。一般高温时的漏电流是低温时的5～10倍。

绝缘电阻是电容电压与漏电流之比，表明电容漏电大小。绝缘电阻取决于介质的介电常数、介质的厚度、介质的面积等。相对而言，绝缘电阻越大越好，漏电流越小。

5）电容器的损耗

在电场作用下，由于电容器的充放电和漏电流，电容器在单位时间内发热而消耗的能量称为电容器的损耗，这些损耗来自介质损耗和金属损耗，通常用损耗角正切值来表示。

一般情况下，瓷介质、薄膜介质等电容量不大的电容器，其损耗角正切值很小，即使在高频、高温下工作。对于高频滤波电路中所用的大容量电容，如钽电容，其损耗角正切值对电路会产生较大的影响。

6）电容器的频率特性

电容器在工作频率很高的情况下，电参数将随工作频率而变化，高频介电常数比低频时小，电容量也相应减小，损耗也随频率的升高而增加。另外，在高频条件下，电容器的分布参数也不可忽略，如极片电阻、引线和极片间的电阻，极片的自身电感、引线电感等，都会影响电容器的性能。具体将在本节电容器的频率响应中专门介绍。

3. 独石电容的种类与特性

独石电容也属于贴片式多层陶瓷电容器（MLCC）。独石电容包括NPO、X7R和Y5V三种。按美国电工协会（EIA）标准，不同介质材料的MLCC按温度稳定性分成三类：超稳定级（Ⅰ类）的介质材料，如COG或NPO；稳定级（Ⅱ类）的介质材料，如X7R；能用级（Ⅲ类）的介质材料，如Y5V。

NPO、X7R和Y5V的主要区别是它们的填充介质不同。在相同的体积下，由于填充介质不同所组成的电容器的容量就不同，随之带来的电容器的介质损耗、容量稳定性等也就不同。下面仅就常用的NPO、X7R和Y5V来介绍它们的性能和应用，各自的特性和用途。

1) NPO 电容器

NPO 是最常用的具有温度补偿特性的单片陶瓷电容器,它是电容量和介质损耗最稳定的电容器之一。在温度从-55℃$\sim+125$℃时容量变化仅为$0\pm30\times10^{-6}$/℃,电容量随频率的变化小于$\pm0.3\Delta C$。它的漂移或滞后小于$\pm0.05\%$,相对漂移或滞后大于$\pm2\%$的薄膜电容来说是可以忽略不计的。其典型的容量相对使用寿命的变化小于$\pm0.1\%$。NPO 电容器适合用于振荡器,以及高频电路中的耦合电容。

2) X7R 电容器

X7R 电容器称为温度稳定型的陶瓷电容器。当温度在-55℃$\sim+125$℃时其容量变化为$\pm15\%$,需要注意的是,此时电容器容量变化是非线性的。X7R 电容器的容量在不同的电压和频率条件下是不同的,它也随时间的变化而变化。X7R 电容器主要应用于要求不高的工业应用,在温度、电压与时间改变时,其性能的变化都不显著,适用于隔直、耦合、旁路与对容量稳定性要求不太高的电路。

3) Y5V 电容器

Y5V 电容器是一种有一定温度限制的通用电容器,在-30℃$\sim+85$℃范围内其容量变化可达$+22\%\sim-82\%$。Y5V 的高介电常数允许在较小的物理尺寸下制造出高达 4.7μF 的电容器。但其容量稳定性较 X7R 差,容量、损耗对温度,电压等测试条件较敏感。

表 3-3 列出 NPO、Y5V、X7R 三种独石电容的特性以及用途比较。

表 3-3 NPO、X7R、Y5V 的特性

项目	NPO	X7R	Y5V
电容范围	1pF～0.1μF (1±0.2V rms 1MHz)	300pF～3.3μF (1.0±0.2V rms 1kHz)	1000p～22μF (0.3V 1kHz)
环境温度	-55℃$\sim+125$℃	-55℃$\sim+125$℃	-30℃$\sim+85$℃
温度特性	$0\pm30\times10^{-6}$/℃	$\pm15\%$	$-82\%\sim+22\%$
损耗角正切值	15×10^{-4}	100Volts: 2.5% max 50Volts: 2.5% max 25Volts: 3.0% max 16Volts: 3.5% max 10Volts: 5.0% max	50Volts: 3.5% 25Volts: 5.0% 16Volts: 7.0%
应用	适用于对稳定性要求高的电路	适用于隔直、耦合、旁路与对容量稳定性要求不太高的鉴频电路	用于生产比容较大的、标称容量较高的大容量电容器产品

NPO、X7R、Y5V 的温度、电压特性曲线如图 3-7 和图 3-8 所示。

4. 电容的频率响应

电容也包含潜在的寄生元件。实际的电容器直到它的自谐振频率状态仍然保持电容特性,当频率超过自谐振频率时,会出现电感特性。电容的电抗计算公式为 $X_C=1/2\pi fC$。其中电容电抗 X_C 的单位为 Ω,频率 f 的单位为 Hz,电容 C 的单位为 F。一个 10μF 的电解电容,当频率为 10kHz 时,电容的电抗为 1.6Ω;当频率为 100MHz 时,电容的电抗为 160μΩ;当频率为 100MHz 时,电容就会出现短路状态,将导致电磁干扰的问题。

在低频段,电容器呈现电容特性;在高频段,应该考虑电容器的等效串联电感(ESL)和等效串联电阻(ESR),电容器的高频集中参数模型如图 3-9 所示。电容器的频率响应曲线如图 3-10 所示。

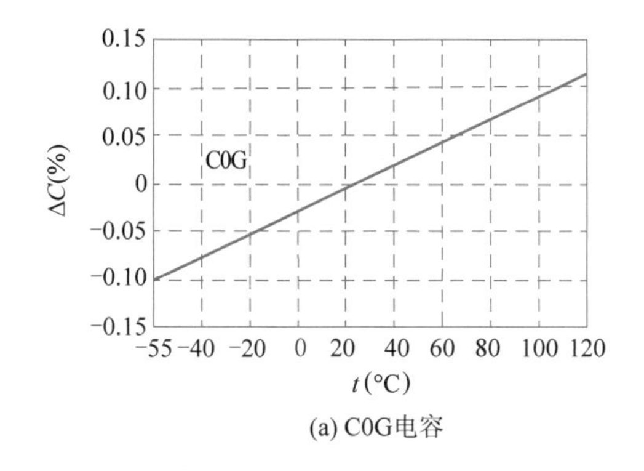

(a) C0G电容

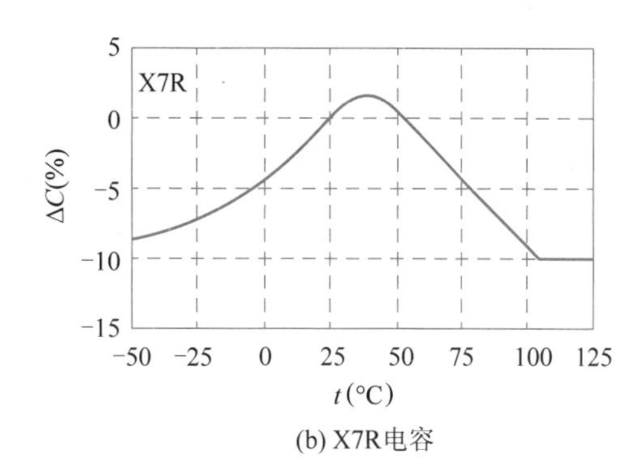

(b) X7R电容

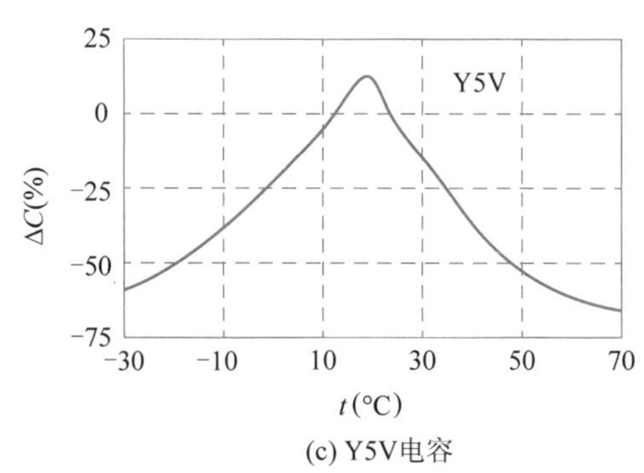

(c) Y5V电容

图 3-7　NPO、X7R、Y5V 温度特性曲线

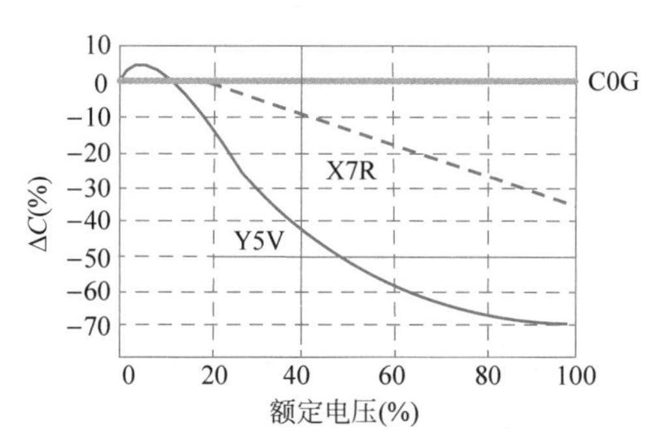

图 3-8　NPO、X7R、Y5V 电压特性曲线

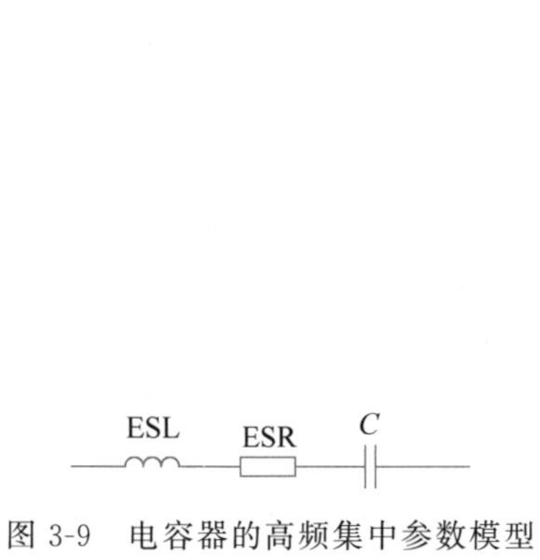

图 3-9　电容器的高频集中参数模型

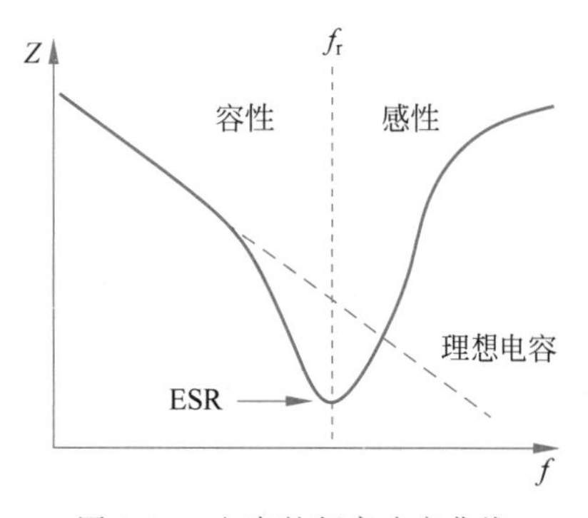

图 3-10　电容的频率响应曲线

电路的品质因数 $Q=X_C/\text{ESR}$，由此可见，在选择电容时应选用 ESR 较低的电容，这种电容不但会提高电路的品质因数，也会相应提高电容器的自谐振频率。

3.2.4 电感的频率响应

1. 电感的作用与种类

凡能产生电感作用的元件通称为电感器。通常电感都是由线圈、磁心、铜心、铁心构成的。电感线圈有隔交流通直流的作用。在交流电路中有阻流、滤波、选频、去耦合等作用。在电子装配中有各种各样的电感和变压器。按电感的形式分为固定电感线圈和可变线圈；按导磁体性质分为空气线圈和磁心；按工作性质分为天线线圈、振荡线圈、低频和高频扼流圈等。电感的磁心可以选择不易饱和、磁导率低的铁粉磁心，可以是磁导率高的锰锌铁氧体和镍锌铁氧体，也可以是磁导率更高的超微晶。根据封装方式又可分为通孔安装和表面安装两大类。下面分别简要介绍固定电感器、阻流圈、行线性线圈、行振荡线圈、变压器、电声元件以及 SMT 电感的特性和用途。

1）固定电感器

一般采用带引线的软磁工字磁心，电感范围在 10～22000μH，Q 值控制在 40 左右。

2）阻流圈

具有一定电感的线圈，其用途是为了防止某些频率的高频电流通过，如整流电路的滤波阻流圈，电视上的行阻流圈等。

3）行线性线圈

用于和偏转线圈串联，调节行线性。由工字磁心线圈和恒磁块组成。

4）行振荡线圈

由骨架，线圈，调节杆，螺纹磁心组成。

5）变压器

变压器是电磁能量转换器件，根据电磁感应原理制成，主要作用是变换电流电压阻抗，在电源和负载之间进行直流隔离，以最大限度地传送电源能量和功率。

6）电声元件

电声元件是把声音信号转换为电信号或者将电信号转换为声音信号的换能器件，包括扬声器、耳机、传声器、唱头等。

7）SMT 电感

形状类似 SMD 钽电容，无极性之分，无电压标定。包括绕线式和叠层式两种类型。绕线式电感是传统电感器小型化的产物；叠层式电感是采用多层印刷技术和叠层生产工艺制作，体积比绕线片式电感器还要小。

2. 电感的主要参数

电感的主要参数有电感量、感抗、品质因素和分布电容。

1）电感量

电感量 L 表示线圈本身固有的特性，与电流的大小无关。电感量一般不专门标注在线圈上，而以特定的名称标注。

2）感抗

感抗 X_L 表示电感线圈对交流的阻碍作用，并且 $X_L=2\pi fL(\Omega)$。

3）品质因数

品质因数 Q 是表征线圈质量的一个物理量。线圈的 Q 值越高，回路的损耗越小。线圈

的 Q 值通常为几十到几百，$Q=X_L/R_S$，其中 R_S 为等效电阻。

4）分布电容

分布电容表示线圈匝与匝之间、线圈与屏蔽罩之间、线圈与底板之间存在的电容。分布电容的存在是线圈的 Q 值减小，稳定性变差，因而线圈的分布电容越小越好。

3．电感的频率响应

电感也包含潜在的寄生元件。在 PCB 中，电感主要用于对电磁干扰的控制。电感的电抗计算公式 $X_L=2\pi fL$。其中电感电抗 X_L 的单位为 Ω，频率 f 的单位为 Hz，电感的单位为 H。一个 10MH 的电感，当频率为 10kHz 时，电感的电抗为 628Ω；当频率为 100MHz 时，电感的电抗为 6.2MΩ，电感就会出现断路状态。

在低频段，电感呈现电感特性；在高频段，应该考虑电容的分布电容 C_d 和串联电阻 R_S，电感的高频集中参数模型如图 3-11(a)所示，电感的频率响应曲线如图 3-11(b)所示。

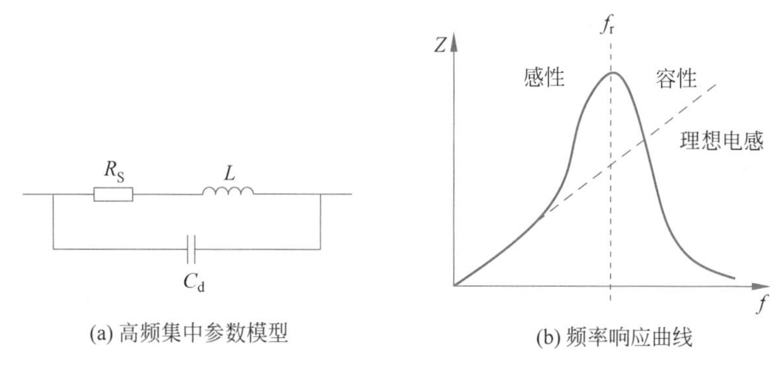

(a) 高频集中参数模型　　(b) 频率响应曲线

图 3-11　电感的高频集中参数模型和频率响应曲线

要拓宽电感的工作频率，最关键的是要减小分布电容 C_d 和串联电阻 R_S。电感的分布电容或寄生电容与电感匝数、磁心材料、线圈的绕法等因数有关。电路的品质因数 $Q=X_L/R_S$，由此可见，在选择电感时应选用 R_S 较低的电感，可以提高电路的品质因数。减小分布电容、增加电感的 Q 值、增加有用频带宽度的方法有以下几个：

- 使用直径大的绕线；
- 尽量单层绕制，使输入输出端远离；
- 多层绕制，当线圈匝数较多，必须多层绕制时，要向一个方向绕，不要回绕；
- 分段绕制，在一个磁心上将线圈分段绕制，以减小总的分布电容；
- 增加磁性回路的磁导率，如采用铁氧体材料。

4．共模扼流圈

当电感中流过较大的电流时，电感会发生饱和，导致电感量下降。共模扼流圈可以避免这种情况的发生。共模扼流圈的电路图和工作原理图如图 3-12(a)、(b)所示。

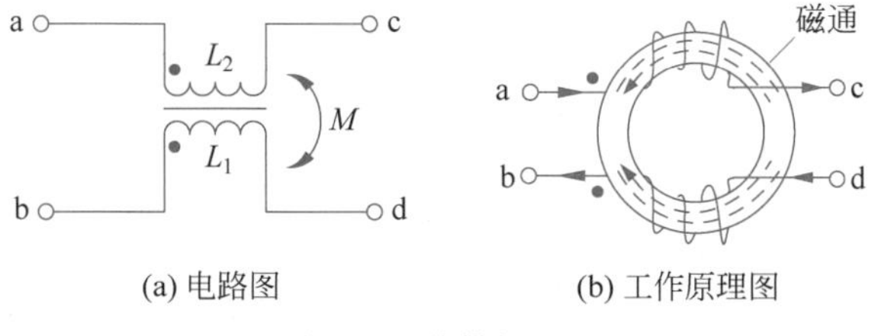

(a) 电路图　　(b) 工作原理图

图 3-12　共模扼流圈

如图3-12(b)所示的共模扼流圈的工作原理图中,通常把两个相同的线圈绕在同一个铁氧体环上,铁氧体磁损较小,绕制方法使得当两根导线中流过差模电流时,在磁心中产生的磁力线方向相反,并且强度相同,正好抵消,所以磁心中总的磁感应强度为零,磁心不会饱和,差模电流可以无衰减地通过。而当两根导线中流过方向相同的共模干扰电流时,则没有抵消的效果,会呈现较大的电感。由于这种电感只对共模干扰电流有抑制作用,对差模电流没影响,故称为**共模扼流圈**。共模扼流圈的磁心多用磁导率大于10000H/m的超微晶制成。

共模扼流圈的制作是电流的去线和回线要满足流过它们的电流在磁心中产生的磁力线抵消的条件。对于有很高绝缘要求的信号线,可以采用双线并绕的方法构成共模扼流圈,但对于交流电源线,考虑到两根导线之间承受较高的电压,必须分开绕制。另外,实际的共模扼流圈两组线圈产生的磁力线不会完全集中在磁心中,会发生漏磁,而且这部分漏磁不会抵消,因此仍然有一定的差模电感。这种寄生差模电感会导致电感磁心饱和,而且从磁心中泄漏出来的差模磁场会形成新的辐射干扰源。

常用的共模扼流圈和差模扼流圈的结构如图3-13(a)、(b)所示。

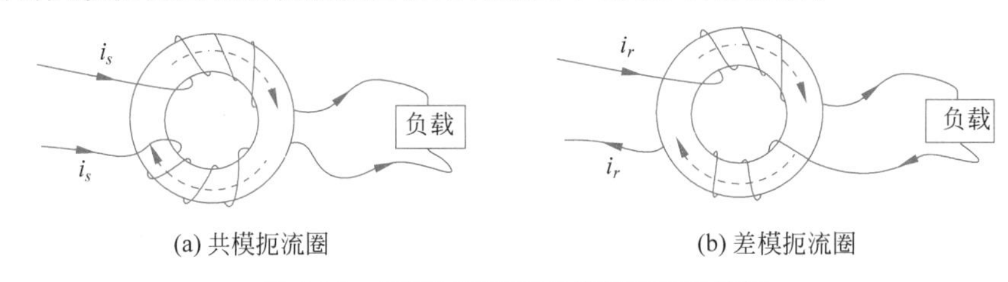

图3-13　共模扼流圈和差模扼流圈的结构

5. 铁氧体材料

铁氧体材料是一种立方晶格结构的亚铁磁性材料。它的制造工艺和机械性能与陶瓷相似,但颜色为黑灰色,又称为黑磁性瓷。它的分子式为$MO \cdot Fe_2O_3$,其中MO为金属氧化物,通常为MnO或ZnO。最常用的有磁导率为500~1000H/m的锰锌铁氧体,还有磁导率为10~100H/m的镍锌铁氧体。由于铁氧体材料具有很高的磁导率,它可以使电感的线圈绕组之间在高频高阻的情况下产生最小的电容。

从理论上讲,理想的铁氧体在高频段提供高阻抗,在其他所有频段提供零阻抗。但实际上,铁氧体材料的阻抗是依赖于频率的。铁氧体材料的集中参数模型为电感和电阻的并联。电感与电阻有着本质的不同,电感本身不消耗能量,仅存储能量,而电阻则是要消耗能量的,故铁氧体材料的特性在低频和高频时是不同的。在低频段,电阻被电感短路,呈现电感特性;在高频段,电感阻抗很高,电流全部流过电阻,主要呈现电阻特性,并随着频率而改变。当高频信号通过铁氧体时,电磁能量以热的形式耗散掉,故铁氧体材料通常在高频下应用。在频率低于1MHz时,其阻抗最低,对于不同的铁氧体材料,最高阻抗出现在10~500MHz。铁氧体可提供高阻抗减小高频电流,用作干扰抑制的铁氧体的阻抗频率曲线如图3-14所示。

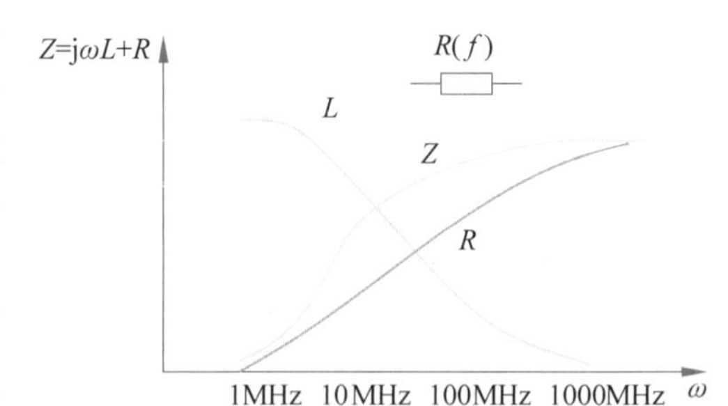

图3-14　铁氧体的阻抗频率曲线

铁氧体抑制传导和辐射的方式有两种：用作电感，构成低通滤波器，在低频时提供感性-容性通路，而在高频时损耗大；可直接用于元器件的引线或线路上，抑制任何寄生振荡和高频无用信号。这两种方法都是通过消除或极大地衰减电磁骚扰源的高频电流来抑制传导骚扰，提供足够高的高频阻抗来减小高频电流。

铁氧体初始磁导率越大，抑制的频率就越低，这可从表3-4看出。另外，铁氧体的体积越大，抑制的效果越好，长而细的形状比短而粗的形状的阻抗大，抑制的效果更好。但在有DC或AC偏流的情况下，要考虑饱和问题。铁氧体抑制元件的横截面越大，越不易饱和，可承受的偏流越大。另外，铁氧体内径越小，抑制效果越好。

表3-4　铁氧体初始磁导率与抑制频率的范围

初始磁导率	最佳抑制频率范围
125	＞200MHz
850	30～200MHz
2500	10～30MHz
5000	＜10MHz

铁氧体磁环应尽量安装在接近骚扰源的地方，这样可以防止噪声耦合到其他地方。PCB上的电磁干扰来源于数字电路，其高频电流在电源线和地之间产生一个共模电压降，造成共模干扰。电源线或信号线上的去耦电容可以将高频噪声短路，但去耦电容也会引起高频振荡，从而造成新的干扰，故在实际应用中，常在PCB的电源进口处加上铁氧体抑制磁珠，可以有效地将高频噪声衰减掉。为了达到更好地抑制电磁干扰的效果，在电源的出口处通常也加上铁氧体抑制磁珠。

图3-15为常用的几种铁氧体磁环、磁珠。

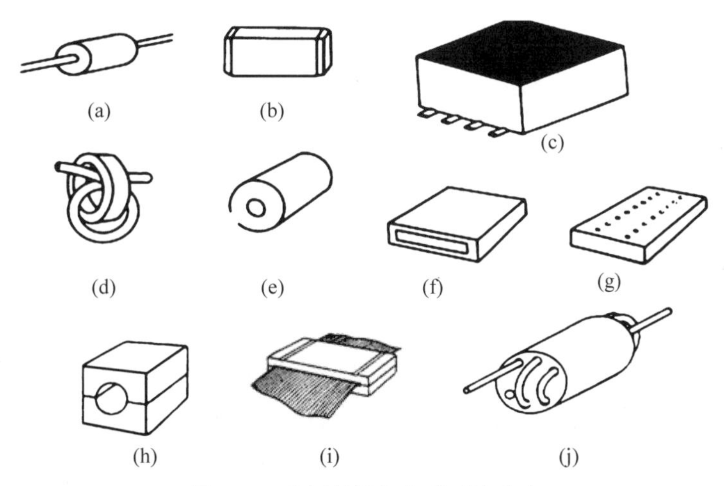

图3-15　常用的铁氧体磁环及磁珠

(a) 线磁珠；(b) 表面安装磁珠；(c) 多线磁珠；(d) 圆磁环；(e) 柱形磁环；(f) 矩形磁环；(g) DIP接口磁板；(h) 分裂式圆电缆磁环；(i) 分裂式扁平电缆磁环；(j) 穿孔磁环

3.2.5　变压器的频率响应

变压器通常用在供电装置、数字信号隔离装置、输入输出连接器和电源接口中。变压器也广泛用于共模隔离。变压器也同前边元件类似，在初级线圈和次级线圈之间也存在寄生电容。当电路频率升高时，电容性耦合度也同时提高，这样一来，电路的隔离度就得不到保证。如果存在的寄生电容足够高，高频射频能量（如快速瞬变、ESD、闪电等）就会穿过变压器，在变压器另一侧的回路中产生扰动。变压器的频率响应曲线如图 3-16 所示。

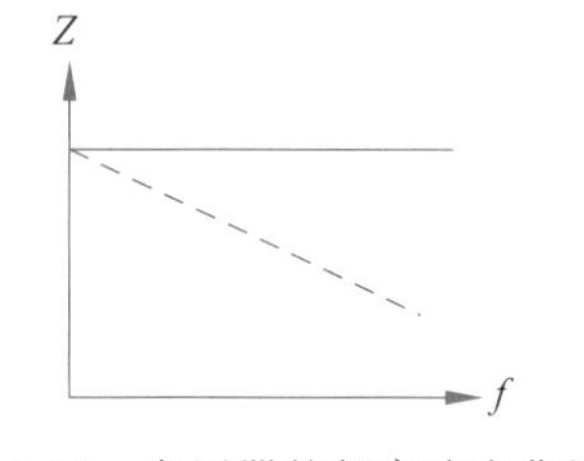

图 3-16　变压器的频率响应曲线

3.2.6　开关电源的电磁兼容分析

随着高频开关电源技术的不断完善和日趋成熟，其在铁路信号供电系统中的应用也在迅速增加。与此同时，高频开关电源自身存在的电磁干扰（EMI）问题如果处理不好，不仅容易对电网造成污染，直接影响其他用电设备的正常工作，而且传入空间也易形成电磁污染，由此产生了高频开关电源的电磁兼容（EMC）问题。

这里对铁路信号中使用的 1200W（24V/50A）高频开关电源模块所存在的电磁干扰超标问题进行分析，并提出改进措施。高频开关电源产生的电磁干扰可分为传导干扰和辐射干扰两大类。传导干扰通过交流电源传播，频率低于 30MHz；辐射干扰通过空间传播，频率为 30～1000MHz。

1. 开关电源的原理分析

高频开关电源的拓扑主电路如图 3-17 所示。

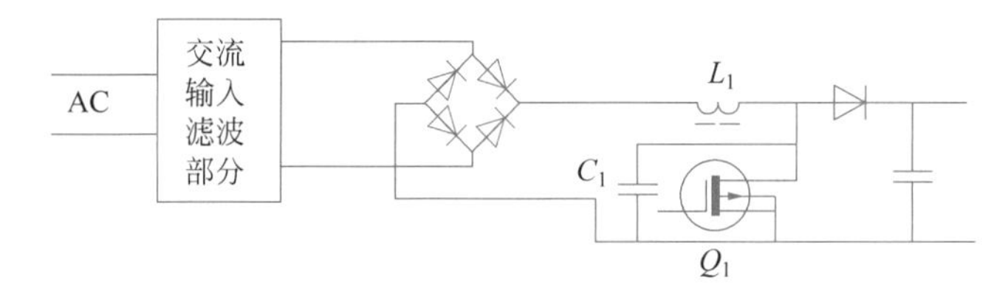

(a) 输入整流及PFC主电路

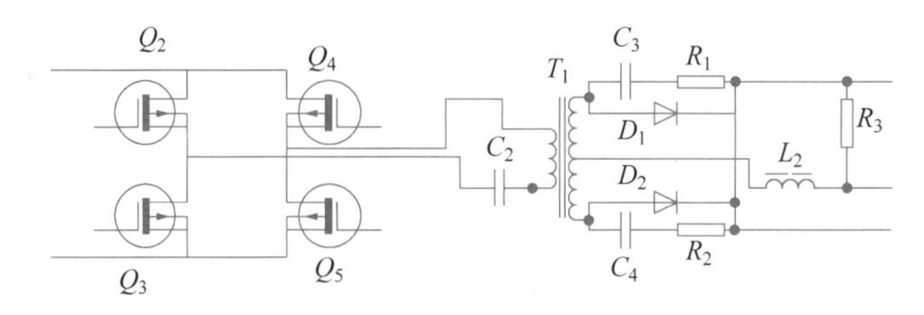

(b) 全桥逆变及输出整流主电路

图 3-17　高频开关电源的拓扑主电路

电路中的电磁干扰问题需要特别注意。在图 3-17（a）电路中的整流器、功率管 Q_1，在图 3-17（b）电路中的功率管 Q_2～Q_5、高频变压器 T_1、输出整流二极管 D_1～D_2 都是高频开关电源工作时产生电磁干扰的主要干扰源，具体分析如下。

（1）整流器整流过程产生的高次谐波会沿着电源线产生传导干扰和辐射干扰。

（2）开关功率管工作在高频导通和截止的状态，为了降低开关损耗，提高电源功率密度和整体效率，开关管的打开和关断的速度越来越快（一般在几微秒），开关管以这样的速度打开和关断，形成了浪涌电压和浪涌电流，会产生高频高压的尖峰谐波，对空间和交流输入线形成电磁干扰。

(3) 高频变压器 T_1 进行功率变换的同时，产生了交变的电磁场，向空间辐射电磁波，形成了辐射干扰。变压器的分布电感和电容产生振荡，并通过变压器初次级之间的分布电容耦合到交流输入回路，形成传导干扰。

(4) 在输出电压比较低的情况下，输出整流二极管工作在高频开关状态，也是一种电磁干扰源。

由于二极管的引线寄生电感、结电容的存在以及反向恢复电流的影响，使之工作在很高的电压和电流变化率下，二极管反向恢复的时间越长，尖峰电流的影响也越大，干扰信号就越强，由此产生高频衰减振荡，这是一种差模传导干扰。并且，这些电磁信号通过电源线、信号线、接地线等金属导线传输到外部电源，形成传导干扰。通过导线和器件辐射或通过充当天线的互连线辐射的干扰信号造成辐射干扰。

2. 开关电源电磁兼容的设计分析

为了使开关电源避免电磁干扰的影响，针对电磁兼容常见的设计方法如下。

(1) 开关电源入口加电源滤波器，抑制开关电源所产生的高次谐波。

(2) 输入/输出电源线上加铁氧体磁环，一方面抑制电源线内的高频共模，另一方面减小通过电源线辐射的干扰能量。

(3) 电源线尽可能靠近地线，以减小差模辐射的环路面积；把输入交流电源线和输出直流电源线分开走线，减小输入/输出间的电磁耦合；信号线远离电源线，靠近地线走线，并且走线不要过长，以减小回路的环面积；PCB 上的线条宽度不能突变，拐角采用过渡式，尽量不采用直角或尖角。

(4) 对芯片和 MOS 开关管安装去耦电容，其位置尽可能地靠近并联在器件的电源和接地管脚。

(5) 在开关管以及输出整流二极管两端加 RC 吸收电路，吸收浪涌电压。

另外，使用铁氧体元件也可以达到不错的电磁兼容效果。前面已经介绍过，铁氧体元件等效电路是电感 L 和电阻 R 组成的串联电路，L 和 R 都是频率的函数。低频时，R 很小，L 起主要作用，电磁骚扰被反射而受到抑制；高频时，R 增大，电磁骚扰被吸收并转换成热能，使高频骚扰大大衰减。不同的铁氧体抑制元件，有不同的最佳抑制频率范围。

由此可见，高压高频开关电源属于工业生产中的中型元件，人们需要重视其电磁兼容问题。对电路的电磁兼容处理要在电路设计初期考虑，如果等到生产阶段再去解决，不但给技术和工艺上带来很大难度，而且会造成人力、财力和时间的极大浪费。

3.3　有源器件与电磁兼容

3.3.1　边沿速率

在选择特殊应用的数字器件时，设计者一般仅注意器件的功能和运行速度，并根据生产厂家提供的器件内部逻辑门的传输时延来选择，不考虑信号的实际边沿速率。**边沿速率**指信号逻辑状态转换的时间 dV/dt，即数字信号上升沿(t_r)或下降沿(t_f)的时间。由于器件的运行速度越来越快，内部传输时延(t_p)也更小，这就导致了差模电流的增大，串扰和阻尼振荡的发生。实际上,有许多器件内部逻辑门的工作边沿速率比功能上要求的传输时延更快。故仅当信号的边沿速率足够快,以至于信号改变逻辑状态的时间不超过信号通过走线或导线所用的时间的时候,运行速度才是最重要的。当需要考虑电磁兼容性时,时钟频率不是要考虑的首要问题,边沿速率才是首要关心的。

快速的边沿速率或快速的切换时间,将导致回流、串扰、振铃和反射等一系列问题的增加。脉冲的前沿越陡峭或脉冲的重复频率越高,脉冲包含的高频能量越大,这是基于时域和频域之间的转换关系。对时域信号边沿的傅里叶分析可以看出,信号的倾斜度越大,产生的射频能量的频谱就越宽;脉冲的前沿越陡峭,脉冲包含的高频能量越大。脉冲的前沿与脉冲高频能量关系的具体测试示意图如图 3-18 所示。所以,要保证足够的时间余量,把电磁干扰的影响减到最小,并提高信号质量的有效方法就是选择运行速度尽可能低的逻辑器件系列,也就是说,在设计中不要选择比功能要求或电路实际要求更快的器件,使用运行速度尽可能低的逻辑系列。逻辑器件 74ACT 和 74F 为边沿时间非常小的高速系列,但在多数的应用场合,可以用一个 74HCT 器件来代替 74ACT 器件,因为 74HCT 产生的射频辐射比 74ACT 要小很多。

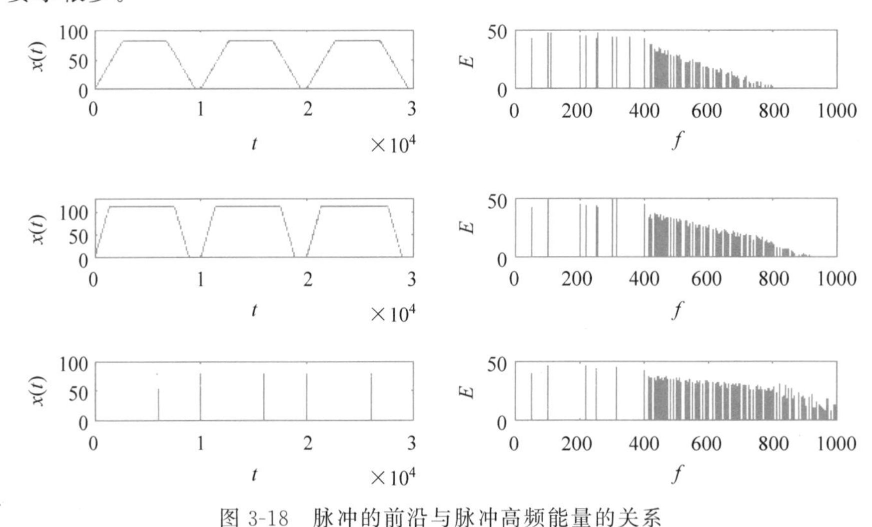

图 3-18 脉冲的前沿与脉冲高频能量的关系

各种各样的逻辑系列,要根据不同的设计要求来选取。这些特性随 CMOS、TTL、ECL、GTL 等不同的逻辑系列有所不同。某些逻辑器件能够在保持精确的传输时延的同时,可采用时钟偏移电路来减缓内部逻辑门的边沿速率。如果在时间上需要采用快速的逻辑系列,设计者就必须分别处理去耦、布局以及时钟电路的传输路径,采用高速电路的 PCB 设计技术来进行设计。

信息技术设备的工作信号是数字脉冲信号,脉冲波形具有很宽的频率带宽,而且脉冲波形的频谱幅度在低频段较高,在高频段随频率增加而降低,降低的速率与脉冲边沿的陡度有关,脉冲越陡即上升时间越短则频谱幅度下降越慢,反之脉冲越圆滑则下降速率越快。因为高频成分比低频成分更容易通过辐射或耦合途径传输,故从电磁兼容角度来说,不希望频谱带宽太宽,在数字电路中常用梯形脉冲来代替脉冲前沿十分陡峭的矩形脉冲,图 3-19(a)是梯形脉冲的周期信号,上升时间为 t_r,脉冲宽度为 t_p;图 3-19(b)是梯形脉冲频谱包络示意图,图中有两个转折点,一个是 $1/\pi t_p$,另一个是 $1/\pi t_r$。频谱幅度在低端是常数,经第一个

转折点 $1/\pi t_p$ 后以 -20dB/10dec 下降，经第二个转折点 $1/\pi t_r$ 后以 -40dB/10dec 下降，通常在第二个转折点的频谱幅度比第一个转折点低 10dB 左右，故从电磁兼容角度应该考虑的最高频率为时钟频率的 10 倍或者为 $1/\pi t_r$，即

$$f_{max}=\frac{1}{\pi t_r} \tag{3-9}$$

高于 f_{max} 的谐波可以认为能量很小，忽略不计，即梯形脉冲频带宽度为 $0\sim 1/\pi t_r$。如果脉冲上升时间 t_r 为 1ns，则应考虑的最高频率可由上式计算出，为 318MHz。如果不确切知道脉冲上升时间 t_r，但已知数字电路的时钟频率或脉冲的重复频率 f_{PR}，也可由 $f_{max}=20f_{PR}$ 近似估算最高频率。

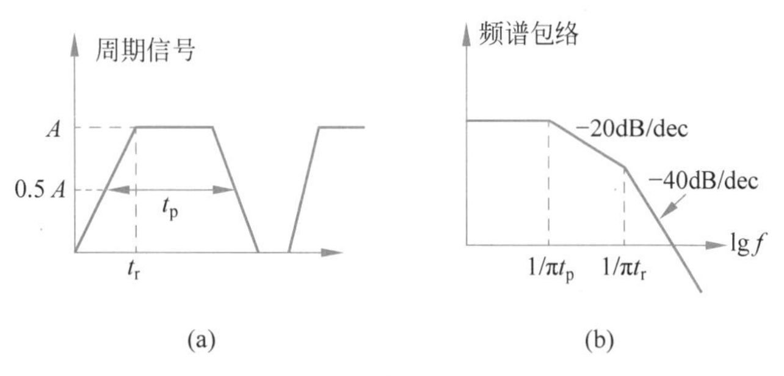

图 3-19　周期信号与频谱包络

表 3-5 给出了对应不同逻辑系列，由生产厂商提供的上升沿 t_r 或下降沿 t_f 的时间，也相应给出了 $1/\pi t_r$ 这个主要谐波分量的频率，以及观测电磁干扰典型频率——十次谐波的频率值。由于双极技术，t_r 和 t_f 的时间一般是不相等的，主要谐波分量是根据 t_r 和 t_f 中较快的时间来计算的。

表 3-5　逻辑系列列表

逻辑系列	提供的上升/下降时间 t_r/t_f	主要谐波分量 $F=1/\pi t_r$	EMI 的典型频率 $F_{max}=10F$
74Lxxx	31～35ns	10MHz	100MHz
74Cxxx	25～60ns	13MHz	130MHz
74HCxxx	13～15ns	24MHz	240MHz
74xxx	10～20ns	32MHz	320MHz
Flip-flop	15～22ns	21MHz	210MHz
74LSxxx	9.5ns	34MHz	340MHz
Flip-flop	13～15ns	24MHz	240MHz
74Hxxx	4～6ns	80MHz	800MHz
74Sxxx	3～4ns	106MHz	1.1GHz
74HCTxxx	5～15ns	64MHz	640MHz
74ALSxxx	2～10ns	160MHz	1.6GHz
74ACTxxx	2～5ns	160MHz	1.6GHz
74Fxxx	1.5～1.6ns	212MHz	2.1GHz
ECL 10K	1.5ns	212MHz	2.1GHz
ECL 100K	0.75ns	424MHz	4.2GHz
BTL	1.0ns	318MHz	3.2GHz

续表

逻 辑 系 列	提供的上升/下降时间 t_r/t_f	主要谐波分量 $F=1/\pi t_r$	EMI 的典型频率 $F_{max}=10F$
LVDS	0.3ns	1.1GHz	11GHz
GaAs	0.3ns	1.1GHz	11GHz
GTL	0.3ns	1.1GHz	11GHz

在选择一种逻辑器件时,生产厂家会提供时钟频率和 I/O 引脚的边沿速率的最大值 t_{max} 或典型值 t_{type},边沿速率的最小值 t_{min} 一般不提供,而正是这项没有给出的边沿速率的最小值 t_{min},对 PCB 设计影响非常大。如驱动 74F04 驱动器的 5MHz 振荡器(边沿速率的最小值 t_{min} 是 1ns)产生的射频能量要比驱动 74LS04 驱动器的 100MHz 振荡器(边沿速率的最小值 t_{min} 是 4ns)产生的射频能量要大得多。所以在设计一个符合电磁兼容要求的产品中,应特别注意最低的边沿速率参数。综上所述,数字器件的边沿速率是大多数 PCB 中产生 RF 射频能量的主要原因。

对于高速元件,逻辑元件驱动器具有不同的驱动能力和输出阻抗,表 3-6 给出了德州仪器公司的各种逻辑器件的输出驱动电流和输出阻抗特性。

表 3-6　逻辑元件输出驱动电流和输出阻抗

逻辑元件族	最大驱动电流(mA)	输出阻抗(Ω)
ABT	120	29
ACT	220	4～25
ALS	60～120	58～29
AS	120～160	35～21
BCT	140～700	25～5
F	85～140	41～25
HCT	60～80	30～120
LS	35～70	100～50
LV	35～55	25～100
LVC	85～400	40～6
S	60～140	25～58
TTL	35～45	50～75

最常用的高速元件为 CMOS 和双极性元件。表 3-7 列出了不同逻辑器件族的输出开关电流和相应的边沿变化速度。

表 3-7　逻辑器件族的输出开关电流和相应的边沿变化速度

逻辑元件族	边沿变化速度(ns)	输出开关电流(mA)
ABT	0.7	－32～＋64
ACT	0.7	－24～＋24
AHC	0.7	－8～＋8
ALS	0.7	－15～＋48
AS	1.9	－15～＋64
AVC	1.9	－8～＋8
BCT	0.7	－15～＋64
F	1.2	－32～＋64

续表

逻辑元件族	边沿变化速度(ns)	输出开关电流(mA)
GTL	1.2	－32～＋64
GTLP	1.5	－24～＋24
HCT	1.5	－6～＋6
LS	1.5	－15～＋24
LV	1.5	－8～＋8
LVC	1.5	－24～＋24
S	2	－15～＋64
TTL	5	－40～＋40

3.3.2　元件封装

1. 元件封装技术的发展

元件封装是指安装半导体集成电路芯片用的外壳,它不仅起着安放、固定、密封、保护芯片和增强电热性能的作用,而且还是沟通芯片内部功能与外部电路的桥梁。芯片上的接点用导线连接到封装外壳的引脚上,这些引脚又通过印制板上的导线与其他器件建立连接。因此,封装对CPU和其他LSI集成电路都起着重要的作用。

元件封装技术随着LSI或IC的发展而发展,每一代IC就有与之相配合的一代封装技术。电子系统的微型化是当代技术革命的重要标志之一。元件封装技术是实现电子系统微型化和集成化的关键。芯片的封装技术已经历了几代的变迁,从DIP、QFP、PGA、BGA到CSP再到MCM,技术指标一代比一代先进,包括芯片面积与封装面积之比越来越接近于1,适用频率越来越高,耐温性能越来越好,引脚数增多,引脚间距减小,重量减小,可靠性提高,使用更加方便等。

20世纪六七十年代,中、小型规模的IC采用传统的通孔封装(Through Hole Technology,THT)技术,大量使用TO型封装,以及后来新开发出DIP(Dual In-line Package)、PDIP,这些封装成为这个时期的主导产品。但是,由于通孔元件线度已达到极限,不可能进一步缩小,阻碍电子系统向高集成、微型化、轻型化发展。20世纪70年代起,电子行业人士不断探索,在材料科学技术、微电子技术、半导体元器件技术、信息技术的进步与支持下,各种片式器件应运而生,高密度、大规模集成电路的功能更加完整,体积也越来越小,在电子产品小型化的时尚引领下,表面组装技术发展起来,到了80年代已趋成熟,SMT更加促进芯片封装技术不断达到新的水平。SMT技术具有高密度、高速度、细间距、多引脚和高可靠组装设计等特点。所以,SMT优于DIP,封装大小减小40%;引线电感减小64%;元件连线长度以及环路面积都大大减小。

与SMT相应的IC封装形式开发出适于表面贴装短引线或无引线的陶瓷无引线芯片载体(Leadless Ceramic Chip Carrier,LCCC)、塑料有引线芯片载体(Plastic Leaded Chip Carrier,PLCC)、小尺寸封装(Small Outline Package,SOP)等结构。在此基础上,经10多年研制开发的QFP(Quad Flat Package,扁平封装),不但解决了LSI的封装问题,而且适于使用SMT在PCB或其他基板上表面贴装,使QFP终于成为SMT主导电子产品并延续至今。QFP四面有欧翘状引脚,I/O端子数要比两面有欧翘状引脚SOP多得多。为了适应电路组装密度的进一步提高,QFP的引脚间距目前已从1.27 mm发展到了0.3 mm。由于引脚间距不断缩小,I/O数目不断增加,封装体积也不断加大,给电路组装生产带来了许多困难,导致成品率下降和组装成本的增加。另外由于受器件引脚框架加工精度等制造技术的限制,这也制约了组装密度的提高。另一种先进的芯片封装BGA(Ball Grid Array,球栅阵列)的产生,消除QFP技术的高I/O数带来的生产成本和可靠性问题。BGA的I/O端子以圆形或柱状焊点按阵列形式分布在封装下面,引线间距大,引线长度短,BGA消除了精细间距器件中由于引线而引起的共面度和翘曲的问题。BGA技术的优点是可增加I/O数和间距。BGA的兴起和发展尽管解决了QFP面临的困难,但它仍然不能满足电子产品向更加小型化、更多功能、更高可靠性对电路组件的要求,也不能满足硅集成技术发展对进一步提高封装效率和进一步接近芯片本征传输速率的要求,所以更新的封装CSP(Chip Size Package或Chip Scale Package,芯片尺寸封装)又出现了,它的英文含义是封装尺寸与裸芯片相同或封装尺寸比裸芯片稍大。CSP与BGA结构基本一样,只是锡球直径和球中心距缩小了、更薄了,这样在相同封装尺寸时可有更多的I/O数,使组装密度进一步提高,可以说CSP是缩小了的BGA。

CSP之所以受到极大关注,是由于它提供了比BGA更高的组装密度,而比采用倒装片的板极组装密度低。但是它的组装工艺却不像倒装片那么复杂,没有倒装片的裸芯片处理问题,基本上与SMT的组装工艺相一致,并且同样可以进行预测和返工。正是由于这些无法比拟的优点,才使CSP得以迅速发展并进入实用化阶段。目前日本有多家公司生产CSP,而且正越来越多地应用于移动电话、数码录像机、笔记本电脑等产品上。从CSP近几年的发展趋势来看,CSP将取代QFP成为高I/O端子IC封装的主流。

不同的芯片封装的导线长度电感不同,具体比较如表3-8所示。

表3-8 不同逻辑包的导线长度电感

封装形式	导线长度电感	封装形式	导线长度电感
14pin DIP	2.0～10.2nH	68pin PLCC	5.3～8.9nH
20pin DIP	3.4～13.7nH	14pin SOIC	2.6～3.6nH
40pin DIP	4.4～21.7nH	20pin SOIC	4.9～8.5nH
20pin PLCC	3.5～6.3nH	40pin TAB	1.2～2.5nH
28pin PLCC	3.7～7.8nH	624pin CBGA	0.5～4.7nH
44pin PLCC	4.3～6.1nH		

为了最终接近IC本征传输速度,满足更高密度、更高功能和高可靠性的电路组装的要求,又出现了裸芯片(Bare Chip)技术。从1997年以来,裸芯片的年增长率已达到30%之多,发展较为迅速的裸芯片已应用于包括计算机的相关部件,如微处理器、高速内存和硬盘驱动器等。除此之外,一些便携式设备,如电话机和传呼机,也可望大量使用这一先进的半导体封装技术。最终所有的消费电子产品由于对高性能的要求和小型化的发展趋势,也将大量使用裸芯片技术。裸芯片技术有两种主要形式:一种是COB(Chip On Board,板载芯片)技术,另一种是Flip Chip(倒装片)技术。裸芯片技术是当今最先进的微电子封装技术,它将电路组装密度提升到了一个新高度,随着21世纪电子产品体积的进一步缩小,裸芯片的应用将会越来越广泛。

微组装技术是20世纪90年代以来在半导体集成电路技术、混合集成电路技术和表面组装技术的基础上发展起来的新一代电子组装技术。微组装技术是在高密度多层互联基板上，采用微焊接和封装工艺组装各种微型化片式元器件和半导体集成电路芯片，形成高密度、高速度、高可靠的三维立体机构的高级微电子组件的技术。多芯片组件（Multi Chip Model，MCM）就是当前微组装技术的代表产品。它将多个集成电路芯片和其他片式元器件组装在一块高密度多层互联基板上，然后封装在外壳内，是电路组件功能实现系统级的基础。在 MCM 的基础上设计与外部电路连接的扁平引线，间距为 0.5mm，把几块 MCM 借助 SMT 组装在普通的 PCB 上就实现了系统或系统的功能。当前 MCM 已发展到叠装的三维电子封装（3D），即在二维 x、y 平面电子封装（2D）MCM 的基础上，向 z 方向（空间）发展的高密度电子封装技术，不但使电子产品密度更高，也使其功能更多，传输速度更快，性能更好，可靠性更好，而电子系统相对成本却更低。由于 CSP 不但具有裸芯片的优点，还可像普通芯片一样进行测试老化筛选，使 MCM 的成品率有保证，促进了 MCM 的发展和推广应用。目前 MCM 已经成功地用于大型通用计算机和超级巨型机中，今后将用于工作站、个人计算机、医用电子设备和汽车电子设备等领域。

LSI 设计技术和工艺的进步及深亚微米技术和微细化缩小芯片尺寸等技术的使用，人们又产生了另一种想法：把多种芯片的电路集成在一个大圆片上，从而又导致了封装由单个小芯片级转向硅圆片级（Wafer Level）封装的变革，由此引出系统级芯片 SOC（System On Chip）和电脑级芯片 PCOC（PC On Chip）的出现。随着 CPU 和其他 ULSI 电路的进步，集成电路的封装形式也将有相应的发展，而封装形式的进步又将反过来促成芯片技术向前发展。元件封装，特别是 BGA、CSP、MCM 等先进封装对 SMT 的影响是积极的，当前有利于 SMT 的发展，未来随着基板技术的提高，新工艺、新材料、新技术、新方法的不断出现，将促进 SMT 向更高水平发展。常见的封装英文缩写与名称列举如下：

DIP（Dual In-line Package）：双列直插；

PLCC（Plastic Leaded Chip Carrier）：塑料引线芯片封装；

SOP（Small Outline Package）：小外形封装；

PQFP（Plastic Quad Flat Package）：塑料四方引出扁平封装；

TQFP（Thin Quad Flat Package）：薄型四方扁平封装；

VQFP（Very Thin Quad Flat Package）：非常薄型四方扁平封装；

LQFP（Low Quad Flat Package）：低四方扁平封装；

PGA（Pin Grid Array）：针栅阵列封装；

BGA（Ball Grid Array）：球栅阵列封装；

CSP（Chip Size Package 或 Chip Scale Package）：芯片尺寸封装；

MCM（Multi Chip Model）：多芯片模块封装；

Bare Die：裸芯片；

常用元件封装图可参考附录 C。

2. 元件封装与辐射

不同模式的电流产生的辐射，在第 2 章已经讨论过。在大多数的 PCB 中，主要的辐射源是元件间的电流，这样，携带干扰电流的小环就形成了环行天线，不同的元件形成的环路面积如图 3-20 所示。

典型的 14 脚双列直插封装，由于电源和接地引脚排列的不同，形成的同一元件内部的两种不同的地环路面积如图 3-21 所示。

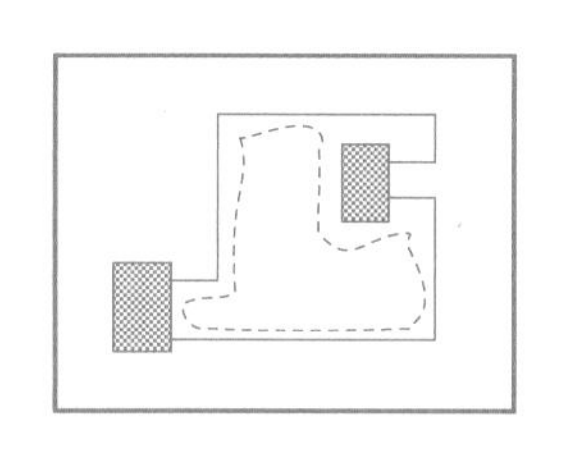

图 3-20　元件间的环路面积

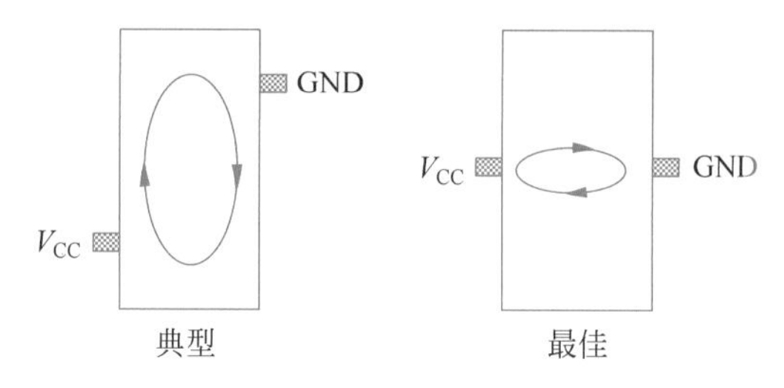

图 3-21　元件封装产生的两种地环路面积

环行天线产生的差模和共模辐射电场,可由以下两式计算

$$E = 263 \times 10^{-16} \times (f^2 A I_S) \frac{1}{r} \ (\mathrm{V/m}) \tag{3-10}$$

$$E = 4\pi \times 10^{-7} (I_{cm} f L) \frac{1}{r} \ (\mathrm{V/m}) \tag{3-11}$$

其中,E 为环行天线产生的场强(V/m),r 为发射回路与接收天线间的距离(m),f 为频率(MHz),I_S 为电流(mA),A 为环路面积(cm^2)。

3. 芯片缩小的其他影响

IC 发展的趋势是提高运行速度,增加复杂程度,提高晶片上的芯片产量以及降低芯片的成本,这些均可以通过缩小在晶片上的芯片尺寸达到。在芯片外形尺寸上的最新技术是130nm,也有几个半导体公司正在研制 90nm 和 65nm 的芯片技术。朝着更小尺寸的半导体发展技术是不会停止的。但所有这些高新芯片技术都对电磁兼容性能和信号完整性有着不可避免的影响。具体表现为以下几方面:

(1) 由于绝缘层变得更薄,IC 更容易受到过压的损坏。

(2) 由于带宽的增加和更低的电容,数据"数位"更容易形成数据的恶化。

(3) 由于更小的尺寸造成发射的增加,导致器件中有较低的电容、更快的边沿速率,以及在一个谐波频谱中具有更多的能量,并且可以延伸到更高的频率。

缩小芯片尺寸会影响到所有的数字 IC,包括"组合逻辑"。不仅会影响到 VLSI 和高速器件的应用,也会对某些模拟 IC 也有影响。所以,一个新批次的 IC 可能使得以前完全符合 EMC 性能的产品不再符合要求,并且还会在某种程度上损害信号的完整性,使产品运行不可靠。事实上,芯片的小型化是 IC 的发展趋势,不可避免地要求设计者在开发早期就应该使用高速 PCB 设计技术,从而使较小封装的 IC 能够帮助和改善产品的电磁兼容性能。

3.3.3　接地散热器

接地散热器在 PCB 抑制技术中是一个新的概念。在某些特殊应用和某些元件中都有用到。当使用内部时钟频率不小于 75MHz 的超大规模集成电路(VLSI)处理器时,有时就需要采用接地散热器。在 PCB 中的大部分元器件中,中央处理器(CPU)和超大规模集成电路需要更广泛的高频去耦及接地技术,已达到良好的散热效果。芯片制造的新工艺,可以在一块盘片上紧密安放一百万甚至更多的晶体管元件,这样一来,一些芯片的直流功率为15W 或更多,这些大功耗芯片需要单独进行冷却,可由内置散热器中的风扇提供,也可由与风扇或其他冷却器件相邻的装置提供,也可以在元件级解决电磁干扰和抑制散热的问题。

通常产生热量多的元件多用陶瓷外壳封装。但如果某些元件内部逻辑门之间的结温较大，发热率超过了陶瓷外壳的散热能力，就需要有散热器来进行冷却处理。目前射频领域广泛应用的是金属散热器。为了进行热处理，由硅化合物或云母绝缘体材料制成的热导体也是必不可少的，这种化合物是不导电的。

图 3-22 给出了接地散热器的实现，是典型的散热片与 IC 的连接实例。从图中可以看出，元件封装内部的晶片设置在更接近外壳顶部的位置，而不是更接近底部，这样晶片内产生的共模辐射电流将无法耦合到 PCB 内的 0V 参考面（镜像面），但在元件顶部放置的与 PCB 接地层相连的金属散热器提供了一个 0V 参考面，这个 0V 参考面比 PCB 内的 0V 参考面更接近晶片，这样晶片与散热器间的共模辐射电流耦合要比晶片与 PCB 0V 参考面间的共模辐射电流耦合更加严重。散热器产生的共模耦合使它变成了一个单极天线，将射频能量辐射到自由空间。通常散热器必须通过 4 个侧面的金属线与 PCB 的接地层（即 0V 参考面）相连，使用从 PCB 到散热器的防扰篱笆将处理器封装起来，从而防止封装内部的共模电流辐射到自由空间或耦合到相邻的元件、电缆以及外围设备或孔缝隙中。

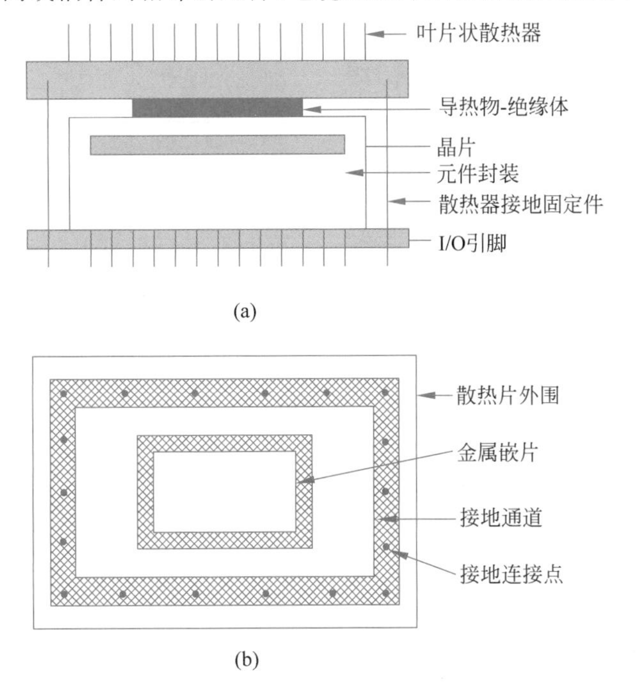

图 3-22　接地散热器的实现

通常散热器的尺寸越大，辐射效率就越高，如果散热器为金属结构，在不同频率下最大的辐射能量就取决于散热器的几何尺寸及其固有振荡频率。总而言之，使用接地散热器的作用包括以下几点：

- 可以消除封装内部产生的热量；
- 可以防止处理器内部时钟脉冲电路产生的射频能量辐射到自由空间或耦合到相邻的元件；
- 相当于一个共模去耦电容器，可以将处理器产生的射频电流分流到接地面。

接地散热器在具体电路板上的安装应用如图 3-23(a)、(b)所示。

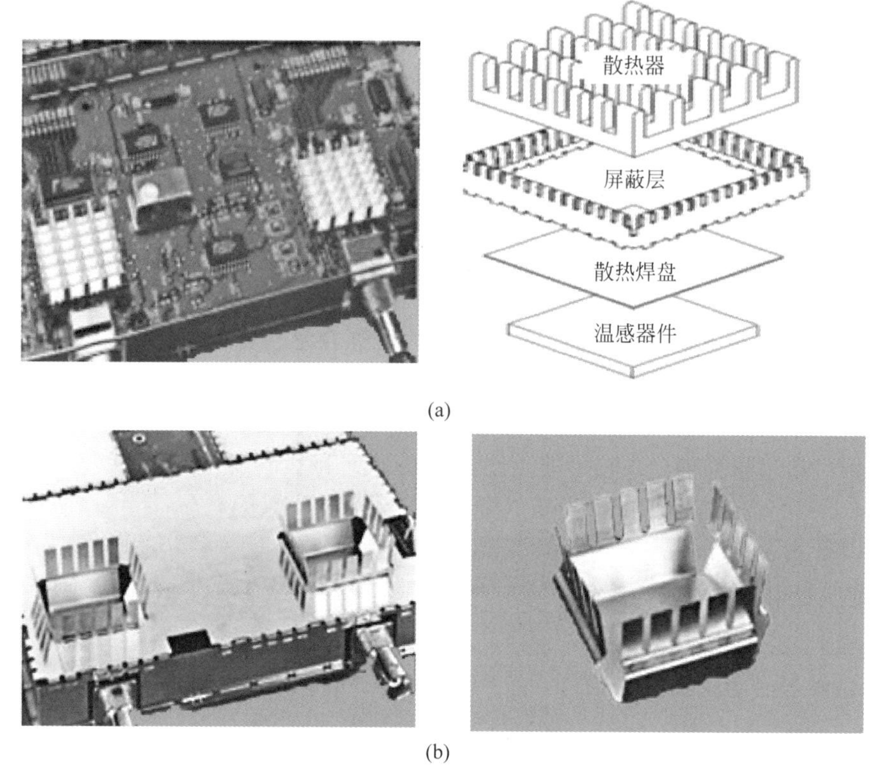

(a)

(b)

图 3-23 接地散热器实例

除了上述介绍的接地散热器外，在工程实践中，还有其他的散热技术。如增加散热区域空气的流通速度；使用较低介电常数的电气绝缘热接触材料或将它们加厚，从而降低散热器和半导体硅片以及搭接导线之间的寄生电容；使用屏蔽的热接触材料，这类材料具有两个绝缘的导热层，并在两个导热层之间加入一层金属屏蔽层，使得杂散的寄生电流不在散热器中流过；也可以使用散热管散热等。

3.3.4 时钟源的电源滤波

时钟产生电路(即振荡器)是主要的辐射源之一。其输出的周期波形沿 PCB 上的线路传递到负载。在某些情况下，振荡器会将射频电流注入 PCB 走线上。由于机械振动、电源电压波动及控制系统不稳定而导致信号波形出现小而快速的变化，这就是电源抖动。如果振荡器处于这种噪声环境中，就会出现时钟输出与理想条件下的输出相偏离的现象，这时需要对电源附加滤波器。有两种方式可以为时钟电源提供滤波，一种是 *RLC* 电路，如图 3-24 所示；另一种是由电容器和铁氧体磁环组成的电路，如图 3-25 所示。这些电路在 20MHz 以上的频率范围都可以达到 20dB 的衰减量。通常滤波器要尽可能地靠近振荡器的电源输入引线，以最大限度地减小射频环路电流，同时还要选用引线电感小的表面安装元件。

3.3.5 集成电路中的辐射

随着微处理器、数字信号处理器和 ASIC 等 IC 元件的不断发展，它们已经成为电磁噪声的主要来源，时钟频率已从 25～33MHz 增加到 200～500MHz，IC 制造商为了达到无限

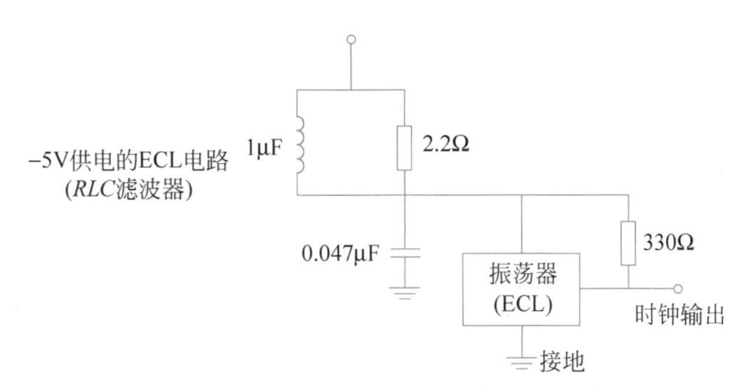

图 3-24　*RLC* 电路组成的时钟电源滤波

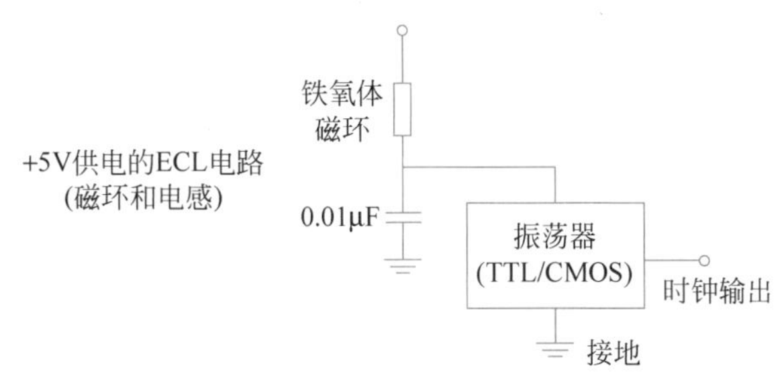

图 3-25　电容器和铁氧体磁环组成的时钟电源滤波

小的上升时间(零上升时间)和无限制的输出驱动(无限制的功率输出)的 IC 设计期望目标，并不优先考虑电磁兼容性和辐射噪声耦合问题，对于那些不兼容的 IC，需要特定的 PCB 设计技术进行设计，如保持较短的引线长度，以减小输出回路面积；为了防止耦合，时钟信号远离 I/O 电路和线路；通过串联阻抗(电阻器或铁氧体磁环)来提高时钟线路的输出阻抗。

IC 元件可采用以下几种技术来降低辐射：

- 缩小封装的外壳尺寸(减小天线的有效辐射面积)；
- 降低芯片结构中所产生的 RF 射频能量；
- 将芯片中产生的辐射噪声与 IC 中任何连接外电路的引脚相隔离。

对于数字器件，射频辐射的一个主要方面就是地电位跳跃。当集成电路块内部驱动器同时开关时，地电位跳跃将导致射频噪声的产生，这种射频噪声是差分模式，差模电压可能导致辐射，这就需要将地电位的不均匀性降到最小，一般可通过控制负载、优化布线、在元件的封装中提供一个附加的接地平面、减小电源/接地的引线电感、接地焊盘远多于信号焊盘等等措施来实现。另外，影响一个元件射频辐射性能的因素还包括器件内部相邻引线间的杂散电容，噪声电压在引线间耦合并产生串扰，当元件的边沿速率变快时，串扰就会变得严重。

3.4　元器件的选择

元器件的选择是影响 PCB 电磁兼容性能的主要因素之一。在选择元器件时，设计师考虑的第一个因素就是元器件的功能能否完成设计要求，除此以外，设计师还应考虑元件的封装、构成的材料、运行速度、边沿速率等诸多因素。对于封装就包括有引脚的通孔元件和无引脚的 SMT 表面贴元件。从前面分析可知，SMT 表面贴的元件效果最好，放射状引脚元

件(如球栅阵列封装)次之,通孔元件性能最差。但对于通孔元件来说,径向元件的特性优于轴向元件的特性。下面讨论无源元件和有源元件的选择。

1. 选择无源元件

无源元件主要包括电阻、电容、电感、开关等常见元件。选择时,也应注意元件功能、封装、材料等因素。

SMT 的电阻特性同样优于引脚电阻,SMT 的片状电阻是目前应用最广泛的电阻之一。对于有引脚的电阻,碳膜电阻特性比金属膜电阻好,金属膜电阻特性比线绕电阻的性能好。金属膜电阻是主要的辅助元件,适用于高功率密度或高准确度的电路中,即经常用在稳定性和电性能要求较高的电路中。绕线电阻具有很强的电感特性,不适合使用在 50kHz 以上频率的电路中,在对频率敏感的应用中也不能用,最适合用在大功率处理电路中,作为精密大功率电阻使用。

压敏电阻通常使用在电源电路和室外连接的控制和通信接口电路,它能取得很好的防雷击浪涌冲击效果,但在选择时需要根据电路的正常工作电压选择合适的电压等级,同时也需要根据电磁兼容防护等级选择相应的电流容量。由于压敏电阻的分布参数对传导干扰有较大的影响,当在一个传导干扰合格的电源电路中增加压敏电阻时,一定要对该项目重新测试,保证产品的性能。

在选取合适的电容时,应注意铝电解电容、钽电解电容适用于低频终端,铝电解电容在单位体积内可以得到较大的电容值,但它的内部感抗较大。钽电容的内部感抗低于铝电解电容,主要用在存储器和低频滤波器方面。陶质电容适用于中频终端(kHz~MHz),低损耗陶质电容和云母电容适用于高频和微波电路。目前常用的 Chip 片状电容大多数都是多层陶瓷电容,精度高,稳定性好。

对于电感元件来说,Chip 片状电感与引线电感性能差别不大,闭环电感优于开环电感,对于开环电感来说,绕轴式比棒式或螺线管式性能好。目前在电路中使用最多的是共模扼流圈和用作干扰抑制的铁氧体磁环和磁珠。共模扼流圈和铁氧体磁环也有片状结构,应用非常广泛。

2. 选择有源元件

有源元件的选择包括集成电路(IC)的选择和微控制器电路(MCU)的选择等。IC 的选择应考虑芯片的功能、封装、运行速度、边沿速率、输入能量消耗、时钟偏移、引线电容、接地散热器等多方面因素。在此要着重阐述元件的边沿速率。IC 制造商减小尺寸以达到在单位硅片上增加更多部件,减小尺寸会使晶体管更快,虽然 IC 运行速度没有增加,但元件的边沿速率会增加,其谐波分量使频率值上升。故为了把电磁干扰的影响减到最小并提高信号质量,在设计中不要选择比功能要求或电路实际要求更快的器件,使用运行速度尽可能低的逻辑系列。

微控制器电路(MCU)的选择同样应该注意芯片的功能、封装、运行速度、边沿速率、I/O 引脚、IRQ、复位引脚、振荡器等诸多因素。

计算机是以数字电路为主,以低电平传输信号的设备。所用的数字集成电路既是干扰源,又是干扰的敏感器件。以存储器为代表的 MOS 器件,存储器瞬间工作时能产生很大电流,加之工作频率可达百兆以上,因而易产生串扰,造成误动作或通过公共阻抗干扰其他电路,但另外,MOS 器件本身的抗扰性又很差。数字电路传送脉冲信号,产生的辐射频率范围很宽，如时钟产生器、高速逻辑电路等都会产生高频干扰和电磁泄漏，同时也会受到通信、电视等频段的电磁骚扰。

综上所述，为了减小由于使用逻辑器件不当而产生的辐射，在元器件的选用上应注意以下几点：

- 选用外形尺寸非常小的 SMT 或者 BGA 封装；
- 选用芯片内部的 PCB 具有电源层和接地层的多层设计；
- 选用在逻辑状态变换过程中输入电流消耗更小的逻辑器件；
- 尽量选用相同系列的逻辑器件；
- 使用满足功能要求的速率尽可能低的逻辑器件；
- 选用电源和接地引脚位于封装中央，并且彼此临近的逻辑器件；
- 选用多个电源引脚和地引脚成对配置的芯片；
- 选用信号返回引脚（如地）与信号引脚之间均匀分布的芯片；
- 选用对类似时钟信号的关键信号，有专门的信号返回引脚芯片；
- 选用在 IC 封装内部使用高频去耦电容的 IC 芯片；
- 使用具有金属外壳的器件，如将振荡器的金属外壳或封装尽可能多地通过低阻抗连线连接到 0V 参考面；
- 对具有金属封装和顶部金属芯的器件，提供接地散热器的芯片。

另外这里还要强调一下元件的辐射。元件的功能不同，所产生的辐射也大不相同。通常是芯片的工作频率越高，运行速度越快，则辐射越大，如 CPU 等芯片；其次是存储器，接下来是各种驱动器件，辐射最小的是 I/O 设备。图 3-26 给出了元器件种类与辐射大小的关系。

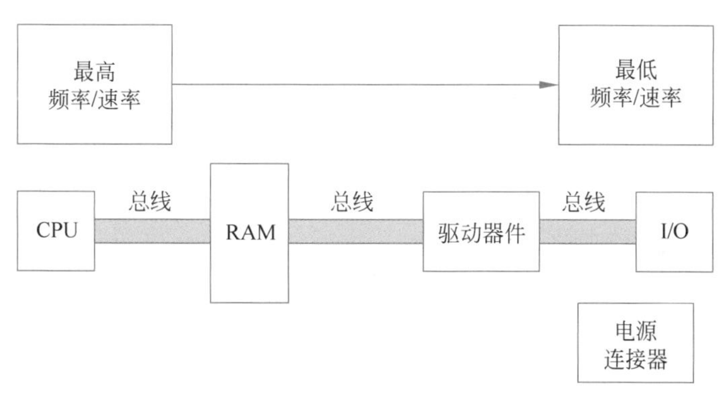

图 3-26 元器件与辐射的关系

科技简介 3 超导技术

超导现象，是指当物质的温度降到某一临界点时，其电阻突变为零，成为理想导电体。1911 年，荷兰莱顿大学的卡末林—昂内斯意外地发现，将汞冷却到 −268.98℃时，汞的电阻突变为零；后来他又发现许多金属和合金都具有与上述汞相类似的低温下失去电阻的特性。由于低温下金属电阻的消失“不是逐渐的，而是突然的”，卡末林—昂内斯称这种特殊导电性能为**超导态**。卡末林由于他的这一发现获得了 1913 年诺贝尔奖。但是由于其较低的临界温度,在某种程度上限制了它的实际应用。

1986 年 1 月,在美国国际商用机器公司设在瑞士苏黎世实验室中工作的科学家柏诺兹和缪勒,首先发现钡镧铜氧化物是高温超导体,将超导温度提高到 30K;经过一系列的努力,世界各地科学家不断发现更高临界温度的超导体,1987 年 12 月,美国休斯敦大学宣布,美籍华裔科学家朱经武将超导温度提高到 240.2K。这些高温超导体的发现,大大促进了超导技术的工程应用。

1933 年,荷兰的迈斯纳和奥森菲尔德共同发现了超导体的另一个极为重要的性质,当金属处在超导状态时,这一超导体内的磁感应强度为零,把原来存在于超导体内的磁场排挤出去了。人们将这种现象称为“迈斯纳效应”。迈斯纳效应有着重要的意义,它可以用来判别物质是否具有超导性。此外,“迈斯纳效应”使人们可以用此原理制造磁悬浮列车。

超导磁悬浮列车的最主要特征就是其超导元件在相当低的温度下所具有的完全导电性和完全抗磁性。超导磁铁是由超导材料制成的超导线圈构成,它不仅电流阻力为零,而且可以传导普通导线根本无法比拟的强大电流,这种特性使其能够制成体积小功率强大的电磁铁,从而利用磁场力对抗重力,使列车悬浮。此外,利用超导悬浮制造无磨损轴承,可以将轴承转速提高到 10^5 r/min 以上。

此外,超导材料的其他部分应用还包括:①利用材料的超导电性可制作磁体,应用于电机、高能粒子加速器、受控热核反应、储能等;②可制作一系列精密测量仪表以及辐射探测器、微波发生器、逻辑元件等;③利用超导技术制作的计算机的逻辑和存储元件,其运算速度比高性能集成电路的还要快 10~20 倍,功耗只有四分之一;④用超导体产生的磁场来研究生物体内的结构,用于对人的各种复杂疾病的治疗。下面就简要介绍超导技术的几个前景应用。

1) 托卡马克装置中的超导磁体

世界上最先进的托卡马克装置内的所有磁体均采用超导磁体,它可以用来研究等离子在磁场加速和约速下产生聚变。聚变时产生的强大能量具有很高的经济价值和广泛的应用潜力,聚变能应用在发电方面的优点尤其突出。超导磁体的能耗小,成本低,是一种理想的磁体。由于超导磁体的零电阻的特性,在处于超导状态时几乎不产生热,因此在不失超的情况下,可使电流很大而又不产生能量消耗,实现了我们所希望的“强磁场,低能耗”的要求。用这样一个能耗小的强磁场,在核聚变装置中实现聚变反应产生的巨大的聚变能,真正做到投入少、产出高。

2) 超导储能磁体的开发与应用

在军事上,聚能武器即定向能武器,在未来战争中起着举足轻重的作用,超导技术为定向能武器能源提供了可能性。聚能武器是把能量汇聚成极细的能束,沿着指定的方向,以光速向外发射能束,来摧毁目标。如何在瞬间提供大量的能量是需要解决的技术难题,也就是说,需要一个电感储能装置,但普通线圈由于存在大量的能耗,因此不能长时间储存大量的能量。超导材料的零电阻的特性和高载流能力,使超导储能线圈能长时间、大容量地储存能量,这种储存的能量可以用于军事上,并且以多种形式发射能量。

3) 超导发电机的开发

超导技术在能源方面可应用于体积小、功率大的发电机。当用一种导电的流体流过一条通道而受到横向场作用时,会产生感应电动势,若在通道壁上放置两个电极即可提取电力。由物理学中的有关原理知道,磁流体发电的输出功率与磁感应强度的平方成正比,但利用普通磁体仅能产生几千高斯的磁场,若采用超导磁体就可以产生数万甚至几十万高斯的磁场,从而使磁流体的输出功率大大提高。随着超导技术的不断突破,在不远的将来必然可产生大容量、小型化的磁流体发电机,这种发电机将会在许多领域得到应用。

4）超导电磁推进系统

超导电磁推进系统能产生很大的推力而又比常规动力系统节省能源,它可应用在潜艇上。超导电磁推进系统是在潜艇内装置一个超导磁体,它在海水中产生很强的磁场,在艇体两侧安装一对电极,使两极间的海水中产生很强的电流,由于磁场和海水中的电流互相作用,海水对艇体产生强大的推力。该系统具有速度快、推进效率高、结构简单、易于维修和噪声小等优点,且消耗能量是常规船舶推进器的一半,从而可以获得高航速、低消耗的舰艇。

5）超导计算机

超导技术在另一应用是利用超导隧道效应制成的约瑟夫逊器件进行各种探测仪器的制作。用它做成的各种探测器是普通探测仪器无法比拟的,它有很高的测量精度和稳定性。另外超导材料可应用于制造新一代的计算机——超导计算机,这种新型计算机在运算速度上比现在已有的计算机提高 1～2 个数量级。

6）超导核磁共振层析成像仪

超导核磁共振层析成像仪是根据核磁共振的原理对人体进行诊断。核磁共振是指具有核磁矩的物质在一定的恒定磁场和交变磁场同时作用下,会对变化的电磁场产生强烈的共振吸收现象。超导核磁共振层析成像仪中的超导磁体可以在一个大的空间产生一个均匀的强磁场,故这种新的成像仪的分辨率很高。从生物磁学中可以知道,不同的核和同种核在不同的微观环境中有不同的共振谱线,因此可以利用核磁共振谱线对人体的组成、状态、结构和变化过程进行分析,从而获得人体的生理和病理的信息。人们在核磁共振的原理下,进一步采用的超导核磁共振层析成像仪,可以得到人体、生物和材料内部某些核的浓度和状态的截面图像,并且可以获得三维截面图像,它可以对人体内部的结构进行精细的分析,从而对人体的状态进行合理的诊断,判断人体组织是否发生病变,这种诊断的优点是对人体无电离辐射伤害,且截面图像的分辨率很高。

习　题

3-1　有源器件和无源器件是如何区分的?

3-2　SMT 技术有何特点?

3-3　电阻元件的种类有哪些?它们分别有什么主要用途?

3-4　针对图 3-5,分析绕线电阻的高频特性。

3-5　电容元件的种类有哪些?它们分别有什么主要用途?

3-6　电容的主要参数是哪些?

3-7　NPO、Y5V、X7R 三种独石电容的特性有何不同?

3-8　ESR 是何含义?为何通常选取 ESR 较低的电容?

3-9　针对图 3-10,具体分析电容元件随频率变化的特性。

3-10　电感的主要参数是哪些?分析电感元件随频率变化的特性。

3-11　共模扼流圈的工作原理是什么?

3-12　铁氧体材料为何多在高频情况下使用?电感元件在高频情况下有何特点?

3-13　什么是边沿速率?脉冲前沿与脉冲高频能量有何关系?

3-14　与 SMT 封装相应的 IC 封装有哪些?

3-15　元器件与辐射有何关系?在元件选择上应注意什么?

第4章　信号完整性分析

本章从传输线的等效电路出发，阐述了信号完整性问题，主要包括反射、衰减振荡、地弹和串扰等。本章详细分析了产生反射、衰减振荡、地弹和串扰的各种原因以及相应的减小方法，并针对传输线效应及信号的完整性，介绍了PCB终端匹配的几种方法，最后简要介绍了目前常用的信号完整性设计工具。

4.1　信号完整性概述

随着电子技术的飞速发展，大规模及超大规模集成电路越来越多地应用到通信系统中，使得电路中信号的速度越来越快，当系统工作在50MHz时，将产生传输线效应和信号的完整性问题。信号完整性(Signal Integrity，SI)问题已经成为高速数字PCB设计中所必须考虑的重要问题，如果信号完整性问题不能很好地解决，系统设计将难于满足实际要求，甚至会使电路系统不能正常工作。如何在PCB设计中采取有效措施，抑制影响信号完整性的各个因素，已经成为高速数字PCB设计中的重要课题。

信号完整性表征了信号线上的信号质量，是信号在电路中能以正确的时序和电压做出响应的能力。如果信号不能正常地做出响应，就出现了信号完整性问题。差的信号完整性不是由某个单一因素导致的，而是由板级设计中多种因素共同引起的。主要的信号完整性问题包括反射、振荡、地弹、串扰等。信号完整性问题通常多发生在周期信号(如时钟信号)中。

反射就是传输线上的回波。当源端与负载端阻抗不匹配时，就会引起线上反射，信号功率的一部分经传输线传给负载，负载将另一部分反射回源端。布线的几何形状、不正确的线端接、经过连接器的传输以及电源平面的不连续等因素的变化均会导致此类反射。信号的振荡(Ringing)和环绕振荡(Rounding)是由线上过度的电感和电容引起，振荡属于欠阻尼状态，而环绕振荡则属于过阻尼状态。振荡和环绕振荡同反射一样也是由多种因素引起的，振荡可以通过适当的端接予以减小，但是不可能完全消除。

在电路中有大的电流涌动时会引起地弹，如大量芯片的输出同时开启时，将有一个较大的瞬态电流在芯片与板的电源平面流过，芯片封装与电源平面的电感和电阻会引发电源噪声，这样会在真正的地平面(0V)上产生电压的波动和变化，这个噪声会影响其他元器件的动作。负载电容的增大、负载电阻的减小、地电感的增大、开关器件数目的增加均会导致地弹的增大。振荡和地弹都属于信号完整性问题中单信号线的现象(伴有地平面回路)，而串扰则是由同一PCB上的两条信号线与地平面引起的，故也称为三线系统。串扰是两条信号线之间的耦合，信号线之间的互感和互容引起线上的噪声。容性耦合引发耦合电流，而感性耦合引发耦合电压。PCB层的参数、信号线间距、驱动端和接收端的电气特性及线的端接方式对串扰都有一定的影响。

随着电子系统中逻辑和系统时钟频率的提高和信号边沿不断变陡，PCB布线互连和板层特性对系统电气性能的影响也越发重要。当频率超过50MHz时，互连关系必须考虑传输线，而在评定系统性能时也必须考虑PCB的电参数。因此，信号完整性问题已经成为新一代高速产品设计中越来越值得注意的问题。故要提高信号的质量,不但要严格控制关键信号的走线长度,合理规划走线的拓扑结构,还要注意提供正确的匹配终端等一系列方法。同时,新一代 EDA 信号完整性工具可以仿真实际物理设计中的各种参数,也有利于对电路中的信号完整性问题进行深入的分析。下面就从传输线的特性出发,逐个分析与信号完整性有关的几个问题。

4.2 传　输　线

4.2.1 传输线概述

用来将电磁能从一处传输到另一处的装置叫导波系统或传输线。传输线适合在两个或多个终端间有效传输电功率或电信号。通常可分为三类:

- TEM 波传输线:如双线、同轴线、微带线(用于 PCB 走线);
- 波导传输线:如矩形波导、圆形波导;
- 表面波传输线:如介质波导(常见的光纤)。

随着高速电路的广泛应用,PCB 传输线效应已经成为电路正常工作的制约。多层 PCB 中毗邻的走线就形成了传输线。PCB 的传输线包括微带线和带状线。微带线又包括单线微带线、嵌入式微带线;带状线包括单带状线和双带状线。图 4-1(a)、(b)分别给出了微带线和带状线的结构示意图。

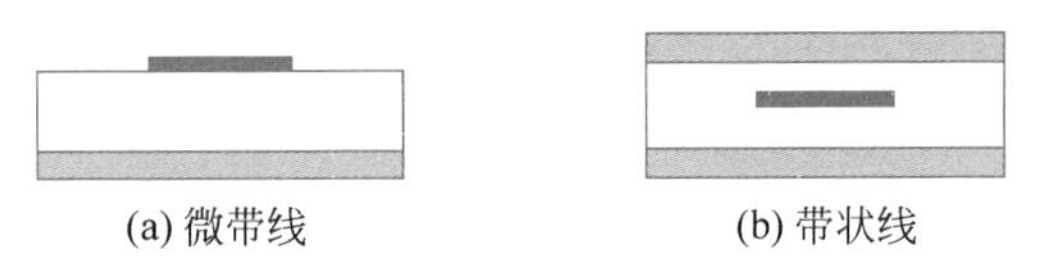

图 4-1　微带线和带状线的结构示意图

传输线的能量传输方式不同于传统意义上的电流流动,它是通过传输线的导引作用,通过传输线内部和周围存在的电磁场来传输能量的。如果传输线终端匹配不好,就会出现电磁干扰问题,会影响到信号的完整性。

4.2.2 PCB 内传输线的等效电路

当电路的频率超过 50MHz 时,有电磁能量沿 PCB 走线、电缆和同轴线等此类传输线传播。PCB 走线传输高频信号与传输直流或低频信号有很大的不同,多层 PCB 中毗邻的互连关系必须以传输线考虑。无耗传输线等效电路为并联电容和串联电感结构,电路模型如图 4-2 所示;有耗传输线的等效电路为串联的电阻和电感、并联的电导和电容结构,电路模型如图 4-3 所示。

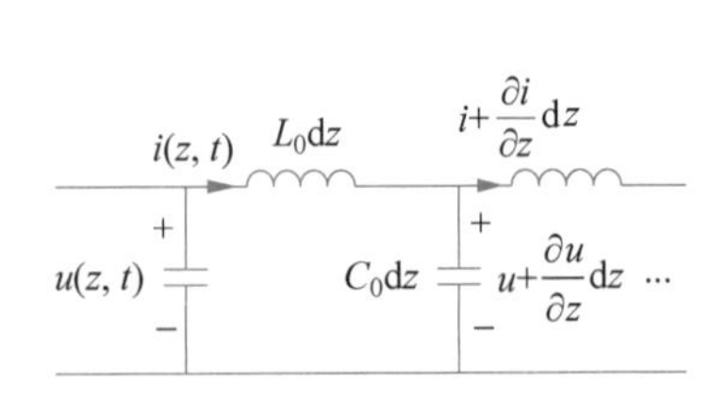

图 4-2　无耗传输线的等效电路模型

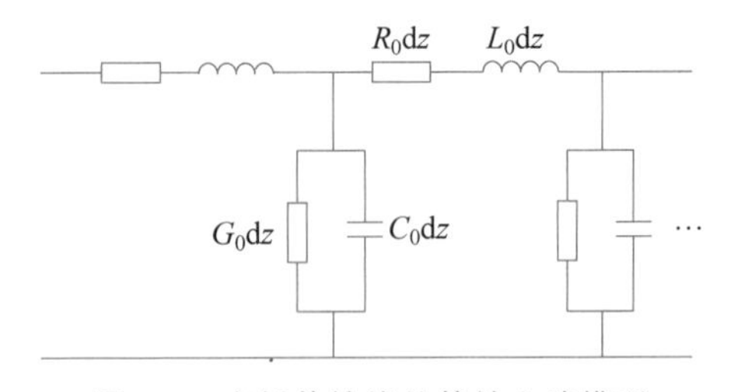

图 4-3　有耗传输线的等效电路模型

传输线由它的特性阻抗和传输时延描述,传输线的特性阻抗用 Z_0 表示。传输时延用

t_{pd} 来描述。这些参数取决于每单位长度的分布电感和分布电容、实际的互连元件、互连的物理尺寸、RF 射频回路以及它们之间绝缘体的介电常数。对于无耗传输线，即 $R_0=0$ 和 $G_0=0$，它的特性阻抗可由下式计算

$$Z_0=\frac{V(x)}{I(x)}=\sqrt{\frac{Z}{Y}}=\sqrt{\frac{R_0+j\omega L_0}{G_0+j\omega C_0}}\approx\sqrt{\frac{L_0}{C_0}} \tag{4-1}$$

其中，L_0 为每单位长度的电感，C_0 为每单位长度的电容，R_0、G_0 为损耗电阻。因为绝缘层的缘故，并联电阻阻值通常很高。线径越宽，距电源/地越近，或隔离层的介电常数越高，特征阻抗就越小。

传输时延也是走线长度和材料介电常数的函数。无损耗传输线的传输延迟可由式 $t_{pd}=\sqrt{L_0C_0}$ 计算。

典型 PCB 传输线相对介电常数为 4.6，传输时延为 143ps/in 或 1.72ns/ft。假定单向 PCB 走线上有 150ps/in 的传播时延，环路则为 300ps/in，如果一个时钟信号的边沿速率为 2ns，则很短的 PCB 走线就不用考虑传输线效应。因为在下一个触发信号产生时，反射信号早已到达源处，不会对下一个信号产生影响。在终端匹配的情况下，所有的反射信号在网络中被吸收，在负载上获得最佳功能。当时钟信号走线长为 10in 时，环线长为 20in，反射信号在下一个触发事件产生后才反射回来，如果反射信号很强，叠加的波形就有可能改变逻辑状态，在传输线上产生严重的问题，如果终端匹配不好，将会影响负载获得最佳功能。

4.2.3 传输线效应

在 3.2 节已经讨论过，当导线的长度是工作波长的 1/2 或 1/4 时，导线则成为有效辐射体。在电磁兼容领域，应严格控制 PCB 走线的长度，这就是所谓的“电气长线”，即线路长度大于信号工作波长的 1/20，或传播时延（t_{pd}）大于信号上升沿时间（t_r）的 1/4。信号线的长度与线路中传输的 1/20 波长相比，决定电路的工作参数特性是按集中参数进行分析，还是按分布参数进行分析。如果信号线长度小于信号工作波长的 1/20，或传播时延小于信号上升沿时间的 1/4（$t_{pd}\leqslant t_r/4$），信号落在安全区域，可以按低频集中参数进行分析；当信号线长度大于信号工作波长的 1/20，或传播时延大于信号上升沿时间的 1/4（$t_{pd}\geqslant t_r/4$），信号落在问题区域，信号线当作传输线，按分布参数进行分析。表 4-1 给出了信号线尺寸与 λ/20 的两种关系及相关要点。

表 4-1 信号线尺寸与 λ/20 的关系

尺寸<λ/20	尺寸>λ/20
集总电路	分布电路
不需匹配	可能要匹配
不要控制 Z_0	需控制 Z_0
电磁辐射小	可能有电磁辐射

信号在 PCB 中的传播，由于磁心或树脂材料介电常数的影响，信号的传播速度比在自由空间的传播速度要低，为光速的 60%。对于边沿速率为 1ns 的信号，传输线的长度 l 为

$$l=(t_r/2)\times V_p(\text{单程传输}) \tag{4-2}$$

因此，$l=(1\times10^{-9}\text{s}/2)\times1.8\times10^{8}\text{m/s}=0.09\text{m}$（9cm 或 3.5in）。

由此可见,一个边沿速率为1ns的信号,当传输线的长度l等于或超过9cm或3.5in时,都应视为电气长线,需要考虑阻抗匹配问题。

信号上升时间缩短即跳变加快,或电长走线(走线的长度)将会引起与信号类型和特性有关的信号完整性问题。电子元件或产品内部设施的限制和兼容措施可以掩蔽电长走线产生的反射等电磁干扰问题,在设计电长走线时,通常首先保证信号的质量,其次才是电磁干扰问题。如果系统中存在源和阻抗的失配,设备将无法工作。故在信号完整性问题分析时,应主要考虑阻抗的不连续。

综上所述,传输线对整个电路设计带来的不良效应包括:反射信号(Reflected Signals);延时和时序错误(Delay & Timing Error);多次跨越逻辑电平门限错误(False Switching);过冲与欠冲(Overshoot/Undershoot);串扰(Induced Noise or Crosstalk)。

4.3 相对介电常数与传播速度

相对介电常数(ε_r)又称为相关电容率,它可以衡量每单位电场中介质材料区域存储能量的大小,相对于真空中相同导体形成的电容来说。真空中的相对介电常数为1.0,其他材料的介电常数都大于1,相对介电常数越大,表明每单位空间存储的能量越大。相对介电常数可由时域反射计(Time Domain Reflectometer,TDR)来测量,也可通过测量已知长度传输线上的传输时延来计算,传输时延的单位是ps/in。

表4-2给出了PCB基底材料的传输时延和相对介电常数。同轴线中通常采用介质来充当绝热材料,以改善它的性能。介质材料在降低电气损耗的同时也降低了传播速度。

表4-2 不同介质中传输时延

介质材料	相对介电常数	传输时延(ps/in)
空气	1.0	85
FR-4(PCB)微带线	2.8～4.5	141～167
FR-4(PCB)带状线	4.5	180
Alumina(PCB)带状线	8～10	240～270
同轴电缆(65%速率)	2.3	129
同轴电缆(75%速率)	1.8	113

构造PCB最常用的材料是FR-4,该材料的相对介电常数会随信号频率的增加而降低,工程中一般认为在4.5～4.7。图4-4给出了频率范围在100kHz～10GHz,石硅和树脂重量比40∶60下FR-4材料的相对介电常数与信号频率的关系。从图中可以看出,当混合材料中石硅的比率增加时,相对介电常数也会减小。

电磁波的传播速度V_p取决于周围的传输媒质。传输延迟与PCB的传播速度成反比。在真空或自由空间的传播速度为光速,在介质材料中速度减慢,为光速的60%。传播速度和相对介电常数的计算公式如下

$$V_p = \frac{c}{\sqrt{\varepsilon_r}}, \quad \varepsilon_r = \left(\frac{c}{V_p}\right)^2 \tag{4-3}$$

通常采用时域反射计(TDR)测量信号在实际线路中的实际延时,就可以确定相对介电常数的精确值。时域反射计是一种用来定位传输线故障的仪器。举例来说,一条很长的地

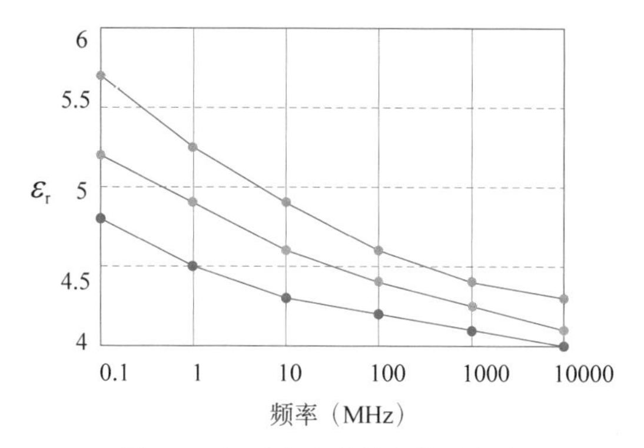

图 4-4　相对介电常数与信号频率

下或海底电缆在距离发送端 d 处受到损坏，这个损坏可能改变传输线的电特性或者形状，使其在故障位置表现出阻抗 R，时域反射计向传输线发送一个阶跃电压，通过观察发送端电压随时间的变化，就可能确定故障的位置及其严重性。

常见的 PCB 材料的相对介电常数、传播速度和传输时延如表 4-3 所示。其中相对介电常数是在 30MHz 频率处的值，这些值是通过 TDR 测得的。

表 4-3　几种材料的相对介电常数传播速度和传输延迟

介 质 材 料	相对介电常数(F/m)	传播速度(in/ns)	传输时延(ps/in)
空气	1.0	11.76	85.0
PTFE/玻璃(Teflon)	2.2	7.95	125.8
RO 2800	2.9	6.95	143.9
CE/Custom ply(Cynate Ester)	3.0	6.86	145.8
BT/Custom ply(Beta Triazine)	3.3	6.50	153.8
CE/玻璃	3.7	6.12	163.4
二氧化硅(Silicon Dioxide)	3.9	5.97	167.5
BT/玻璃	4.0	5.88	170.0
Polymide/玻璃	4.1	5.82	171.8
FR-4 玻璃	4.5	5.87	170.4
玻璃布	6.0	4.75	212.0
Alumina	9.0	3.90	256.4

4.4　反射和衰减振荡

4.4.1　反射

1. 概述

如果一根走线没有正确的匹配终端，那么来自驱动端的信号脉冲在接收端被反射，从而引发不预期效应，使信号轮廓失真。当失真变形非常显著时可导致多种错误，引起设计失败。反射是数据逻辑设计中不期望有的副产品。传输过程中的任何不均匀如阻抗的变化、直角线，都会引起信号的反射。过长的走线，未被匹配终结的传输线，过量电容或电感以及阻抗失配也会引起信号的反射。传输线产生的反射信号以及接收到的信号波形如图 4-5 所示。

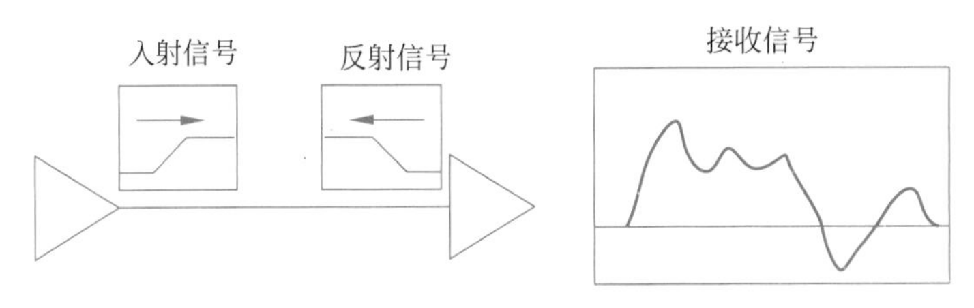

图 4-5　传输线产生的反射信号

反射的结果对模拟正弦信号形成驻波,对数字信号则表现为上升沿、下降沿的振铃、过冲(Overshoot)和欠冲(Undershoot)。过冲指信号跳变的第一个峰值(或谷值)超过规定值,对于上升沿是指最高电压,而对于下降沿是指最低电压,即在电源电平之上或地参考电平之下的额外电压效应。欠冲指信号跳变的下一个谷值(或峰值),即电位没有达到最大及最小转换电平值所期望的幅度。过冲与欠冲来源于走线过长或者信号切换速度太快两方面的原因。正确的终端、PCB设计和IC封装都可以抑制过冲和欠冲。虽然大多数元件接收端都有输入保护二极管保护,但有时这些过冲电平会远远超过元件电源电压范围,不但可以形成强烈的电磁干扰,也会对后级输入电路的保护二极管造成损坏甚至失效。图4-6为过冲和欠冲示意图。

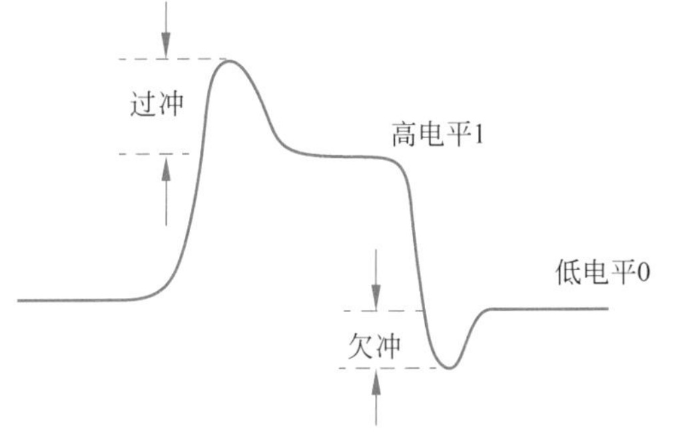

图 4-6　过冲和欠冲示意图

信号边沿速率加快,就要考虑所选走线的传播和反射时延。这就是前边讨论的电长走线问题。从频率上讲,当信号的跳边沿时间占其在传播时间很大百分比时,反射既是信号质量问题又是电磁干扰问题。反射问题的解决就要降低跳边沿速率,或减小负载设备间的距离。

走线上信号的反射是网络中RF射频噪声的来源之一。当走线上的阻抗不连续时,就会产生反射。反射和振荡通常由以下因素产生:

- 走线宽度的变化;
- 网络终端不匹配;
- 缺少终端;
- T型接线器或二分支走线;
- 布线层间的导孔;
- 变化的负载和逻辑器件;
- 大电源平面不连续;
- 转换连接器;
- 走线阻抗的变化。

2. **反射电压和反射系数**

当信号沿走线传播时,源电压的一部分最初将沿走线传播,源电压是频率、跳变沿速率和幅度的函数。理想情况下,走线将被看作传输线,传输线的传输特性由传输线的特性阻抗 Z_0 和传输延迟 t_{pd} 来描述。如果负载与传输线不匹配,电压波形将被反射回源端。传播信号被反射回源端的部分，即反射电压的大小可用反射系数来描述。设源端电压为 V_0，反射电压为 V_r，反射系数为 K_r，传输线的特性阻抗为 Z_0，传输线的负载阻抗 Z_L，反射电压 V_r 和反射系数 K_r 的计算公式如下

$$V_r = V_0\left(\frac{Z_L - Z_0}{Z_L + Z_0}\right) \tag{4-4}$$

$$K_r = \frac{Z_L - Z_0}{Z_L + Z_0} = \frac{V_r}{V_0} \tag{4-5}$$

也可推导出：$V_r = K_r V_0$。

对应于图 4-7 中不同的负载阻抗 Z_L，可以计算出不同的反射系数 K_r。

（1）当负载开路时，负载阻抗 $Z_L=\infty$，$K_r=\dfrac{\infty - Z_0}{\infty + Z_0}=1$；

（2）当负载短路时，负载阻抗 $Z_L=0$，$K_r=\dfrac{0-Z_0}{0+Z_0}=-1$；

（3）当负载匹配时，负载阻抗 $Z_L=Z_0$，$K_r=\dfrac{Z_L-Z_0}{Z_L+Z_0}=0$。

从以上分析可以看出，当负载开路或短路时，反射系数 K_r 的模值为 1，信号全反射；当负载匹配时，反射系数 K_r 为 0，即没有反射电压，故负载匹配是最佳的传输状态。

3. 典型的传输线系统

典型的传输线系统如图 4-8 所示。

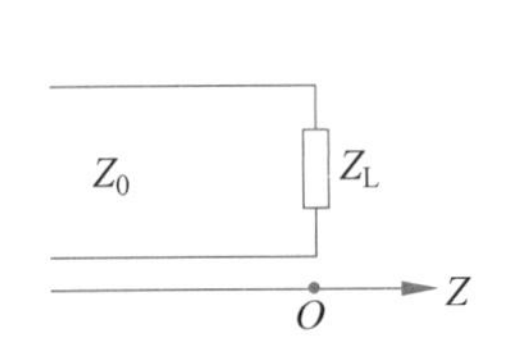

图 4-7 传输线的特性阻抗与负载阻抗的连接

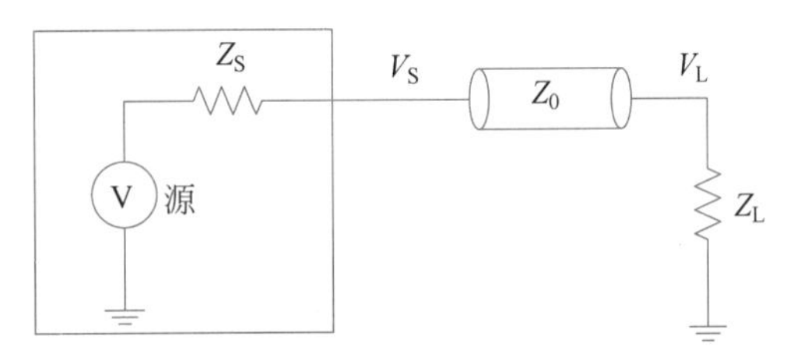

图 4-8 典型的传输线系统

由于实际源电压也有内阻 Z_S，因此除了负载端的反射系数可由前面的定义式计算外，源端的反射系数也可由下式确定

$$K_S = \frac{Z_S - Z_0}{Z_S + Z_0} \tag{4-6}$$

终端匹配究竟是源匹配（即 $Z_S = Z_0$），还是负载匹配（即 $Z_L = Z_0$），这就要考虑传输线的工作性质或传输要求。典型的传输线系统的工作方式有两种：一种是传输线获得最小反射；另一种是传输线获得最大能量传输。要满足传输线获得最小反射，传输线的特性阻抗必须等于负载阻抗，而且要保证每段阻抗相等，即 $Z_S = Z_0$ 和 $Z_0 = Z_L$；要满足传输线获得最大能量传输，电源的阻抗要等于传输线的特性阻抗，也要等于负载阻抗，保证整个线路阻抗相等，即 $Z_S = Z_0 = Z_L$。

当 Z_L 小于 Z_0，将产生负反射波；当 Z_L 大于 Z_0，将产生正反射波。如果 Z_S 不等于 Z_0，源驱动端的波形将会重复。传输信号反射回源的反射率可由下式计算

$$反射率百分点=\left(\frac{Z_L-Z_0}{Z_L+Z_0}\right)\times 100 \tag{4-7}$$

此方程适合于任何电平的任何阻抗失配的情况，为了提高预期的噪声容限和逻辑器件的需求，只要不超过接收元件的 V_{Hmax}，正反射都是可以接受的。

图 4-8 为典型的传输线系统，当源端和负载端都不匹配时，信号将在源端和负载端来回多次反射，反射信号和原信号叠加，对数字信号则会在脉冲边沿产生过冲和欠冲。一般传输线特性阻抗 Z_0 的典型值为 30～150Ω，器件的输入阻抗就是信号的负载阻抗 Z_L，从 10kΩ(双极)到 100kΩ(CMOS)，而器件的输出阻抗却很小，就相当于电源内阻 Z_S。通常情况下，K_L 多为正值，而 K_S 多为负值。下面具体讨论反射电压逐渐减小的变化过程。

如果 Z_S 是源阻抗，Z_L 是负载阻抗，Z_0 是传输线的特性阻抗，E 是电源幅度，电路如图 4-9 所示。

源端的入射信号 $V_0=EZ_0/(Z_0+Z_S)$。源端的入射信号 V_0 在 T_0 时刻从源端出发，在 T_1 时刻到达负载，由于负载不匹配而产生反射，反射电压为 $V_{r1}=K_LV_0$，负载上的电压 $V_1=V_0+V_{r1}=V_0(1+K_L)$，$V_1$ 大于 V_0；从负载反射回来的电压 V_{r1} 在 T_2 时刻重新到达源端，由于源端也不匹配也要产生新的反射，反射电压为 $V_{r2}=K_SV_{r1}=K_SK_LV_0$，这时的源端电压为 $V_2=V_0+V_{r1}+V_{r2}=V_0(1+K_L+K_SK_L)$，$V_2$ 小于 V_1，V_{r2} 在 T_3 时刻到达负载又产生新的反射。如此反复进行，反射电压越来越小，最后达到 $V_\infty=EZ_L/(Z_L+Z_S)$。多重反射示意图如图 4-10 所示。

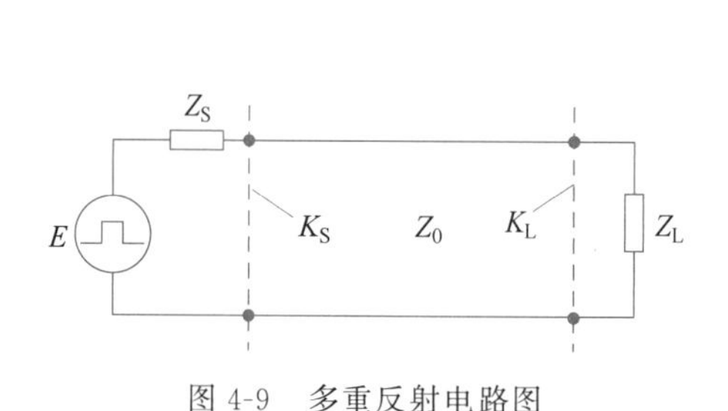

图 4-9 多重反射电路图

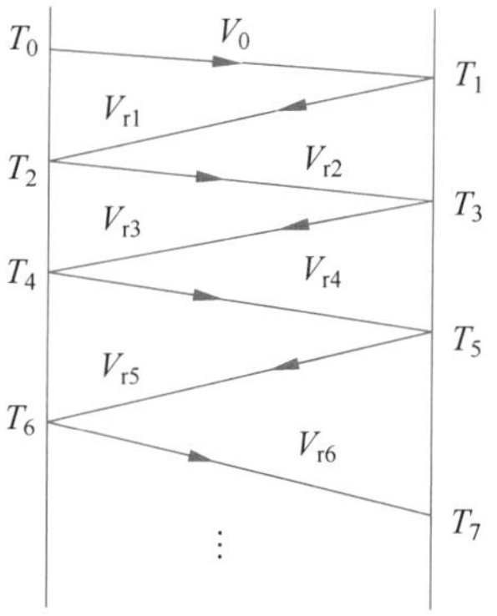

图 4-10 多重反射示意图

如果 $Z_0=150\Omega$，$Z_S=100\Omega$，$Z_L=1000\Omega$，数字脉冲的幅度 E 为 5V，则 $K_L=0.74$，$K_S=-0.2$，从源发出的信号入射电压为

$$V_0=\frac{Z_0}{Z_0+Z_S}E=3\text{V}$$

设在 $t=T_0$ 时刻入射信号 V_0 从源端出发，在 $t=T_1$ 时刻到达负载端，由于负载端不匹配将产生反射，反射电压为 $V_{r1}=K_LV_0=2.22\text{V}$，负载上的电压 $V_1=V_0+V_{r1}=V_0(1+K_L)=5.22\text{V}$，$V_1$ 大于 V_0；从负载反射回来的电压 V_{r1} 在 T_2 时刻重新到达源端，由于源端也不匹配也要产生新的反射，反射电压 $V_{r2}=K_SV_{r1}=K_SK_LV_0=-0.444$，这时的源端电压为 $V_2=V_0+V_{r1}+V_{r2}=V_0(1+K_L+K_SK_L)=4.78\text{V}$，$V_2$ 小于 V_1，V_{r2} 在 T_3 时刻到达负载又产生新的反射。如此反复进行，反射电压越来越小，最后达到 $V_\infty=EZ_L/(Z_L+Z_S)=$

4.545V。根据图 4-10，可以画出多重反射时源端和负载端的脉冲上升时的波形，如图 4-11 所示。从图 4-11 可以看出，源端上升沿出现台阶，并有过冲和欠冲出现；负载端下降沿出现台阶，也有过冲和欠冲出现，图 4-11 是理想波形，负载端的实际波形可由示波器观察到，如图 4-6 所示。

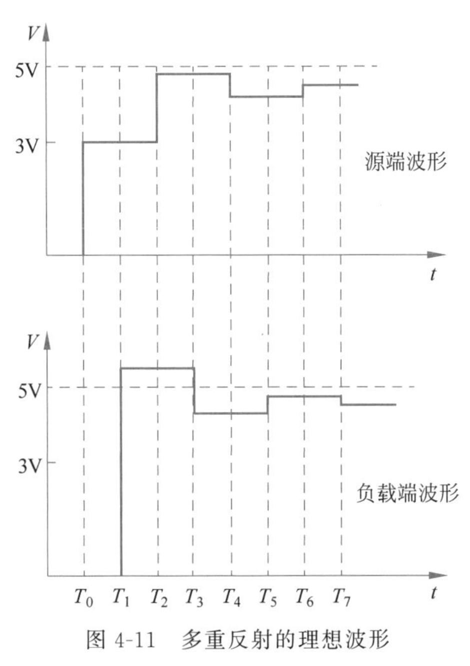

图 4-11　多重反射的理想波形

4.4.2　衰减振荡

衰减振荡是由走线上阻抗不匹配产生的反射而引起的，它将损坏信号的质量并可能导致电路的功能失效。衰减振荡是反射的等效表现形式，对于无终端的传输线，衰减振荡和反射噪声是一样的。产生振荡的因素和产生反射的因素相同，前面已经讨论过，此处不再重复。

一个电路要产生衰减振荡或振荡，电路就必须包含电感和电容。走线内的衰减振荡也就意味着传输线上出现了过度的寄生电感和寄生电容，衰减振荡是一个阻尼正弦振荡或谐振。通常振荡和环绕表现为信号反复出现过冲和欠冲，在逻辑电平的门限上下抖动，振荡呈欠阻尼状态，而环绕呈过阻尼状态。额外走线电感的欠阻尼电路能引起信号脉冲边沿的衰减振荡，即脉冲波形的开始或拖尾边沿产生了失真。额外走线电感也是产生衰减振荡的原因之一。可以通过附加串联电阻或提供正确的终端使衰减振荡最小化。如果脉冲跳边沿是钟形的，表明有额外电容存在，电路处于过阻尼状态，走线电容和负载电容并联构成了旁路电容。信号源的额外串联电阻也能引起钟形效应，在电路设计中，也应注意源、走线及负载间的阻抗比率。

4.5　地　　弹

当逻辑器件内部和 PCB 上的大量芯片的输出同时开启时，将有一个较大的瞬态电流在芯片与板的电源平面流过，电路中大的电流涌动就会引起地弹。一般来说，负载电容的增大，负载电阻的减小，地电感的增加，以及同时开关器件数目的增加，均会导致地弹增大。

地弹噪声会影响同一集成电路内部其他电路的正常工作，如果地弹电压足够大，将使门电路工作电源电压发生较大的偏移，从而使芯片工作异常；地弹也会影响其他集成电路的正常工作；地弹也会使门电路的输出波形发生扭曲变形，从而延长电路的工作时间，导致工作错误。

在 PCB 设计中，由于地平面和电源平面需要分割，相应地就会在地平面或电源平面产生回流噪声。因此，在多电源供电的 PCB 设计中，地平面和电源平面的反弹噪声和回流噪声都需要加以考虑。

在高速 PCB 设计中，在电源管脚附近放置滤波电容是为了消除电源扰动以及地弹噪声的。系统加上旁路电容以后，由于电容寄生电感的存在，环路的总电感将增加，可能产生的噪声强度也就会更大。因此，我们应该尽可能地选择寄生电感小的旁路电容，并将其合理地放置在 PCB 中。

4.6 串　扰

4.6.1 串扰及消除

串扰(Crosstalk)是信号完整性分析中的主要内容，也是 PCB 设计中的重要方面。串扰是指在一根信号线上有信号通过，在 PCB 相邻的信号线，如走线、导线、电缆束及任意其他易受电磁场干扰的电子元件上感应出不希望有的电磁耦合。串扰是由网络中的电流和电压产生的，类似于天线耦合，可观察到近场效应。串扰是电磁干扰传播的主要途径，异步信号和时钟信号容易产生串扰。串扰不仅出现在时钟或周期信号上，而且也出现在数据线、地址线、控制线和 I/O 走线上，使得电路或子系统出现功能不正常的现象。信号线距离地线越近，线间距越大，产生的串扰信号越小。串扰的干扰机理如图 4-12 所示。

图 4-12　串扰的干扰机理

串扰具有如下特性：

- 串扰是线间的信号耦合，在串扰存在的信号线中，干扰源常常也是被干扰对象，而被干扰对象同时也是干扰源；
- 串扰分为后向串扰和前向串扰两种，传输线上任意一点的串扰为二者之和；
- 串扰的大小与线间距成反比，与线平行长度成正比；
- 串扰随电路中负载的变化而变化，对于相同的拓扑结构和布线情况，负载越大，串扰越大；
- 串扰与信号频率成正比，在数字电路中，信号的边沿变化(上升沿和下降沿)对串扰的影响最大，边沿变化越快，串扰越大；
- 反向串扰在低阻抗驱动源处会向远端反射；
- 对于多条平行线的情况，其中某一线上的串扰为其他各条线分别对其串扰的综合结果，在某些情况下，串扰可以对消；

- 对于传输周期信号的信号线，串扰也是周期性的。

常见 4 种传输线的辐射大小，如图 4-13 所示，从上到下阻抗越来越小，相应的串扰越来越小，且辐射也越来越小。

信号频率变高，边沿变陡，印刷电路板尺寸变小，布线密度加大等都使得串扰成为一个更加值得关注的问题，串扰分析也就变得越来越重要。解决串扰最好的办法就是移开发生串扰的信号或屏蔽被严重干扰的信号。图 4-14 给出了上升沿分别为 1ns 和 0.5ns 的远端串扰电压波形。

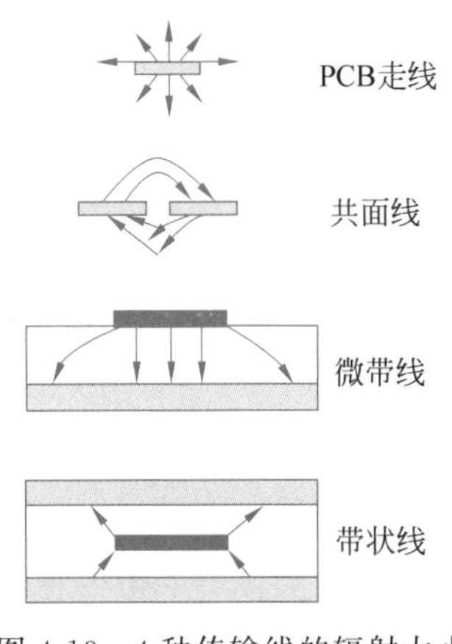

图 4-13　4 种传输线的辐射大小

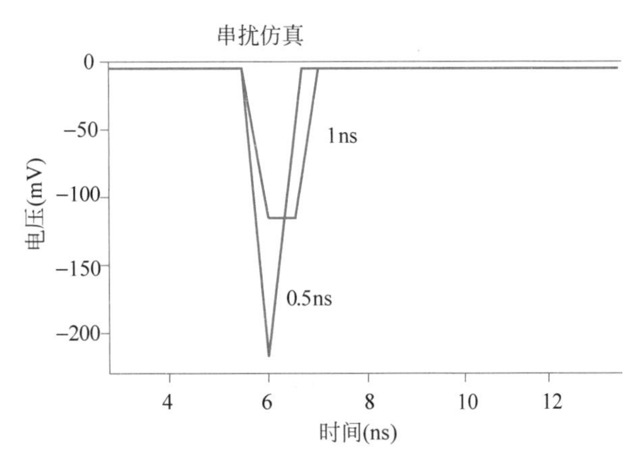

图 4-14　远端串扰电压波形

串扰中的信号耦合有容性耦合和感性耦合，相应的串扰也可分为容性串扰和感性串扰两种，通常感性串扰占的比例要比容性串扰大得多。下面就分别讨论。

1）容性串扰

容性串扰是干扰源上的电压变化在被干扰对象上引起感应电流从而导致的电磁干扰，当两个信号线之间的距离很近时，就会发生容性串扰。如图 4-15 所示电路描述了两个相距很近的信号线，其中一个为干扰线，另一个为被干扰线。

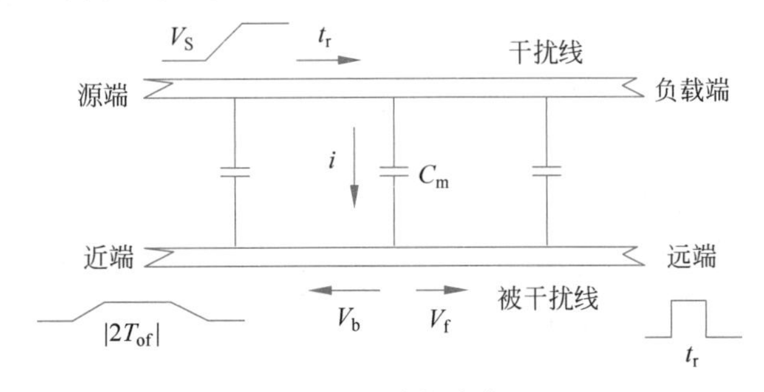

图 4-15　容性串扰

从图 4-15 可以看出，两个信号线之间的耦合电容 C_m 将在被干扰线上的串扰点注入一定的电流 i，这个电流也可称为噪声电流，它与干扰线电压 V_s 变化的斜率和互容 C_m 的大小成正比。这个噪声电流分成两部分，从串扰的位置开始分别向相反的方向传输，引起的串扰电压包括前向串扰电压 V_f（沿着原来的方向传输）和反向串扰电压 V_b（沿着反方向传输）。由于耦合电容 C_m 的影响，在被干扰线上产生一个脉冲，脉冲的宽度等于信号的上升沿（或下降沿）t_r，并且沿着串扰点分别向相反的方向传输。先看远端串扰，被干扰线上第一

次产生的 V_f 沿着与干扰源信号相同的传输方向从近端经过 T_{of}(传输线总延时)到达远端，传输速率也和干扰源的相同。随着干扰线上的脉冲信号不断向负载端传输，被干扰线上的串扰点也在不断向远端靠近，而所有 V_f 都在同一时刻到达远端。叠加的效果就是一个幅度很大的脉冲，脉冲的宽度为 t_r，幅度与信号变化斜率、耦合电容 C_m 及传输线的长度都有关系。如果干扰源信号是从低到高变化，远端串扰电压是一个正的脉冲尖峰；如果干扰源信号是从高到低变化，远端串扰电压是一个负的脉冲尖峰。近端串扰的情况有些不一样，V_b 与干扰源信号的传输方向相反，随着干扰线上的脉冲信号不断向远端传输，串扰电压最后在近端叠加，得到的是一个连续的、低电平、宽脉冲信号。当 $T_{of}>t_r/2$ 时，该脉冲的宽度为 $2T_{of}$，它与干扰源信号的脉冲沿无关。

由分析知道，噪声与信号电压 V_S 的变化斜率成正比。在高速电路中，信号的上升沿或下降沿都非常短，信号电压的变化斜率很大，因此耦合电容 C_m 引起的串扰是不可忽视的。

由于传输线之间的耦合电容与传输线之间的距离有关，信号线相距越远，耦合电容越小，相应的容性串扰也就越小，故应尽可能地增大 PCB 信号走线间的距离，也可以通过在信号线相邻处布置地线来消除容性耦合。

2）感性串扰

感性串扰是干扰源上的电流变化产生的磁场在被干扰对象上引起感应电压从而导致的电磁干扰。同样在磁场的作用下，两个导体互相耦合，这种由磁场引起的耦合在电路模型中就用互感来表示。如图 4-16 所示电路描述了两个信号线由磁场引起的耦合，其中一个为干扰线，另一个为被干扰线。

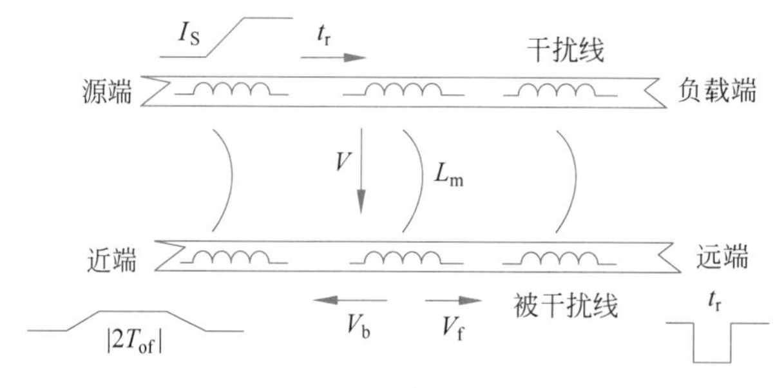

图 4-16　感性串扰

从图 4-16 可以看出，互感 L_m 将在被干扰线上的串扰点注入一定的噪声电压 V，它与干扰线的电流 i_S 变化斜率和互感 L_m 的大小成正比。这个噪声电压分成两部分：前向串扰电压 V_f 和反向串扰电压 V_b，从串扰的位置开始分别向相反的方向传输。同样地，由互感引起的噪声与信号电流 i_S 的变化斜率成正比，在高速电路设计中，互感引起的串扰也是不可忽视的。

电感耦合串扰跟电容耦合串扰的情况类似，近端串扰信号具有低电平、宽脉冲的特点；远端串扰信号是一个脉冲宽度为 t_r 的脉冲尖峰，不过其极性与电容耦合的远端串扰信号的极性相反。

实际上，电感串扰和电容串扰是同时存在的，两种串扰的叠加在近端仍然是一个低电平、宽脉冲信号；在远端，由于两种串扰电压的极性相反，最终串扰的极性要由它们的相对大小来决定。因此在被干扰线的远端，串扰表现为一个窄脉冲，脉冲宽度为 t_r。如果两种串扰的大小相等，串扰则被完全抵消，远端串扰为 0。

1. PCB 中避免串扰的设计和布线技术

为了在 PCB 中避免串扰，依据串绕的特性，在电路的设计和 PCB 布线时应注意以下几点：

（1）根据功能分类逻辑器件系列，保持总线结构被严格控制。

（2）元件间的物理距离最小化。

（3）最小化并行布线走线长度，必要时可采用 jog 方式布线，即对于平行长度很长的两根信号线，在布线时可以间断式地将间距拉开，这样既可以节省布线资源，也可以有效地抑制串扰，jog 布线方式如图 4-17 所示。

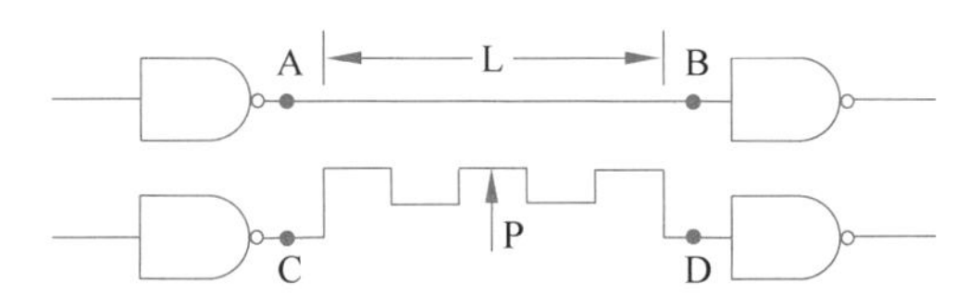

图 4-17 减小串扰的 jog 走线方式

（4）元件要远离 I/O 互连接口及其他易受数据干扰及耦合影响的区域。

（5）对阻抗受控走线或频谱能量丰富的走线提供正确的终端。

（6）避免互相平行的走线布线，提供走线间足够的间隔(最小化电感耦合)。

（7）相邻层上的布线要互相垂直(防止层间电容耦合)。

（8）降低信号到地的参考距离间隔。

（9）降低走线阻抗和信号驱动电平。

（10）隔离布线层(背板层叠设计)。

（11）将高噪声发射体(时钟、I/O、高速互连)分割或隔离在不同的布线层上。

（12）高速信号线在满足条件的情况下，提供正确的终端匹配。

（13）将长时钟走线和高速并行走线更接近参考层。

（14）对于微带线和带状线，走线高度限制在高于地平面 10mil 以内。

（15）在布线空间允许的条件下，在串扰严重的两条线之间插入一条地线。图 4-18 为增加地线减小串扰的走线布局。在图(a)中，走线 1 和走线 2 都以地层做回流面，环路 1 和 2 之间存在一定的场耦合；图(b)中走线 1 和走线 2 上方又加了一层地，走线 1 和走线 2 的去流分别被各自的回流包围，环路 1 和 2 之间的场耦合将减小；图(c)中走线 1 和走线 2 中间再加一条与上下地层相连的走线，这样会使环路 1 和 2 之间的场耦合进一步减小，可以有效地减小串扰。

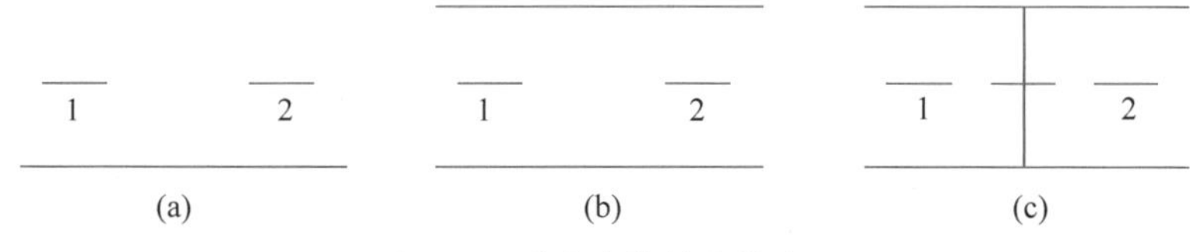

图 4-18 减小串扰的走线布局

2. 串扰的测量单位与近似计算

串扰是以 dB 为测量单位的。假定从干扰电路到受损电路的损失是 90dB。串扰的测量单位将代表 90dB 上的串扰耦合损失了多少值。可用下式来表示

$$\text{dB} = 90 - \text{串扰耦合损失(以 dB 为单位)} \tag{4-8}$$

如电路 A 到电路 B 的耦合,电路 A 的功率电平为 58dB,从 A 到 B 的串扰即为 32dB。如果用源和受干扰电路的电压比计算串扰,串扰可由下式确定

$$X_{\text{串扰}}(\text{dB}) = 20\log \frac{V_{\text{敏感设备}}}{V_{\text{干扰源}}} \tag{4-9}$$

避免或最小化平行走线间串扰的最佳方法就是最大化走线间的距离或使走线更接近参考层。对于如图 4-19 所示的微带线中的串扰,可用下式近似计算。其中 K 与电流上升时间以及干扰走线的长度有关。

$$\text{串扰} \approx \frac{K}{1+\left(\frac{D}{H}\right)^2} \approx \frac{KH^2}{H^2+D^2} \tag{4-10}$$

对于如图 4-20 所示的嵌入式微带线中的串扰,如果平行走线在不同的高度,H^2 项将是 H_1 和 H_2 的乘积,D 是走线中心线间的直接距离。串扰可用下式近似计算

$$\text{串扰} \approx \frac{1}{1+\left(\frac{D}{H_1 \times H_2}\right)^2} \tag{4-11}$$

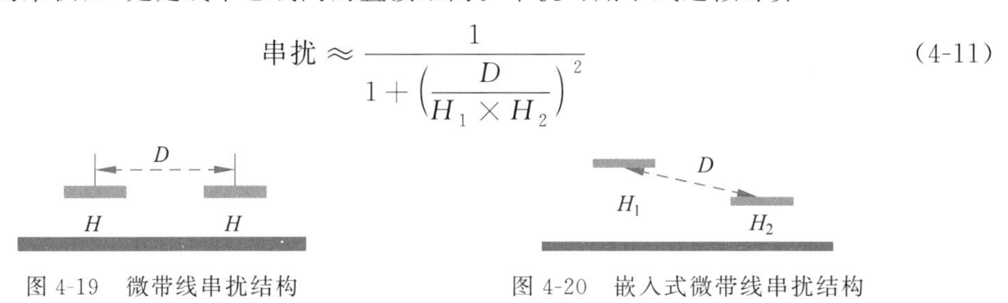

图 4-19 微带线串扰结构

图 4-20 嵌入式微带线串扰结构

从以上两种串扰计算公式可以看出,要最小化串扰,就必须最小化 H 最大化 D。对于其他种类的串扰结构,此处不再具体分析。

4.6.2 3-W 原则

使用 3-W 原则的基本出发点是使走线间的耦合最小。但这种设计方法需要占用很多面积,可能会使布线更加困难。3-W 原则可陈述为:走线间距离间隔(走线中心间的距离)必须是单一走线宽度的 3 倍。另一种陈述是:两个走线间的距离间隔必须大于单一走线宽度的 2 倍。图 4-21 为 3-W 原则示意图。对走线宽度为 6mil 的时钟走线,3-W 原则的设计实例如图 4-22 所示。

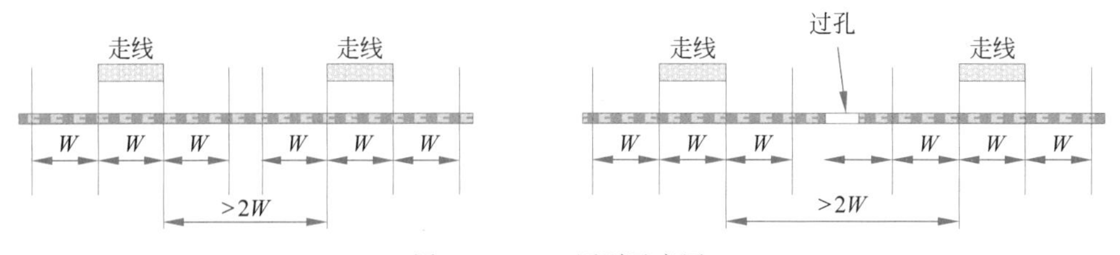

图 4-21 3-W 原则示意图

3-W 原则代表逻辑电流中近似 70%的通量边界,如果要得到近似 98%的通量边界,则应该采用 10-W 原则。

由于 PCB 的大小及使用面积有限,不是所有的 PCB 走线都必须遵照 3-W 布线原则。3-W 原则主要针对那些易产生干扰的高危信号,如时钟线、差分对、视频、音频、复位线或其

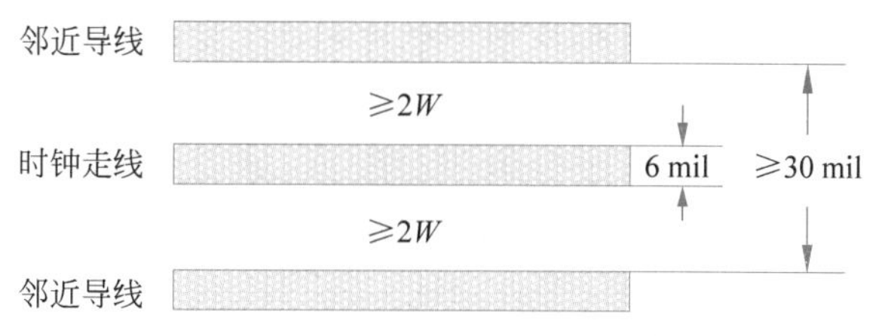

图 4-22 3-W 原则设计实例

他关键的系统走线。在 PCB 布线前，确定哪些走线必须使用 3-W 原则是非常重要的。对差分对走线来说，走线的距离应为 1-W，并行差分对的 3-W 原则布线如图 4-23 所示。

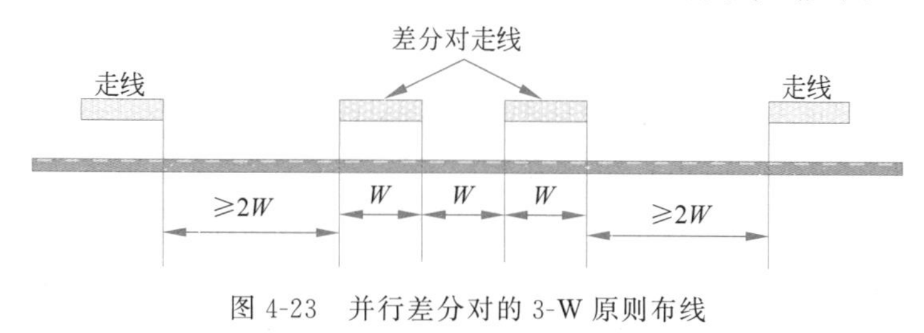

图 4-23 并行差分对的 3-W 原则布线

4.7 PCB 终端匹配的方法

在数字电路设计中使用高速、快速跳边沿的信号时，当走线长度为电气长线时，会出现传输线效应。由前边分析的传输线效应可知，只有当终端的负载阻抗等于走线的特性阻抗时，信号无反射，可获得最佳传输效应。终端匹配不仅使走线阻抗匹配，并且可以消除或减少衰减振荡以及反射现象。否则，如果 PCB 上的走线没有终端匹配，会发生以下情形：其一，可能会产生 100％的正信号反射，导致在源驱动器处信号幅度加倍，这种过压可能会引起元件损坏；其二，在源驱动器端信号可能有 78％～80％变为负值，将影响电路的功能和电路的噪声限值；其三，离驱动器一定距离处的负载可能会被具有触发门限电平的衰减振荡误信号触发；其四，负载敏感元件应置于网络的末端以减小这些敏感元件之间的反射，并防止误触发；最后也应避免使用上升沿敏感的信号。总之，以上各种情形均可能会降低信号幅值及完整性，甚至电路无法正常工作。故正确的 PCB 终端匹配是非常必要的。常用的终端匹配的方法包括以下几种：

- 串联终端；
- 并联终端；
- 戴维南网络终端；
- *RC* 网络终端；
- 二极管网络终端；
- 时钟走线的终端；
- 分叉线路走线的终端。

4.7.1 串联终端

当在走线终端有集中负载或单一元件时，串联终端是最佳选择。当源驱动设备的输出

阻抗 R_0 小于走线的特性阻抗 Z_0 时,应用串联电阻。此电阻应直接接在驱动器的输出端。如图 4-24 所示。通常串联电阻 $R_S=Z_0-R_0$。如当 $R_0=22\Omega$,$Z_0=55\Omega$ 时,则:$R_S=55-22=33\Omega$。串联电阻 R_S 的典型值为 15～75Ω,在当今高技术产品中,33Ω 用得非常普遍。

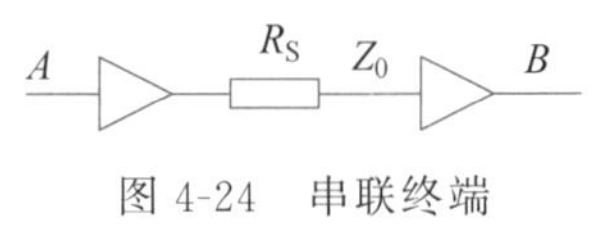

图 4-24　串联终端

串联终端可以提供较慢的上升时间,引起更小的剩余反射及更小的电磁干扰,可以减小过冲,增强信号质量和信号完整性,也可以极小化功率耗散。串联电阻不但有助于减小射频能量的谱分布,还可减小地电位波动。串联终端也使得从公用源来的多个端接负载的分布容易实施,减少板上器件的使用数量和连线密度。串联终端虽然不会产生额外的功率消耗,但会减慢信号的传输。这种方式用于时间延迟影响不大的总线驱动电路。

当驱动器件在低及高状态下具有不同的输出阻抗值时,就会发现串联终端的问题,这一问题会影响 TTL 逻辑以及一些 CMOS 驱动。TTL 及 CMOS 在逻辑高及低状态时均具有不同的输出阻抗。输出阻抗以及串联电阻的这种区别,允许走线阻抗根据逻辑状态在 10～55Ω 变化。这种阻抗失配可能会引起信号质量变差及可能的功能失效。此外,一些负载阻抗可能具有不同的输入输出阻抗,不能直观得知。因此,在具有变化的输入/输出阻抗时,或 TTL 与 CMOS 器件在相同的网络上同时出现,串联终端可能不是最佳选择。

4.7.2　并联终端

当走线终端有分布负载、有快速时钟/脉冲的总线或点对点的网络时,并联终端是最佳选择。简单的并联终端,由在走线路径的终端连接单个电阻 R_S 构成,如图 4-25 所示。

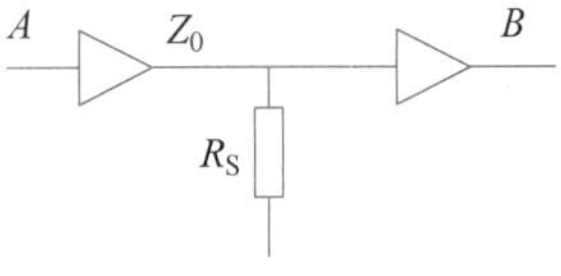

接电源或地

图 4-25　并联终端

电阻 R_S 必须等于走线或传输线的特性阻抗 Z_0,即 $R_S=Z_0$,而且 R_S 的另一端必须与参考源共地,或接电源,究竟接在何处,取决于逻辑电路系列。

并联终端多用于分布负载,可以全部吸收传输波以消除反射。另外,因为并联电阻一般在 10～150Ω,并联终端会消耗 DC 功率。在要求比较高的器件负载或在功率消耗要求高的场合,如用电池供电的产品,驱动器将电流送到负载上,驱动电流的增加将使电源所提供的直流功率消耗增加,所以对电池供电的产品,如笔记本电脑,并联终端是最坏的选择。

具有电阻性的简单并联终端,也很少用到 TTL 或 CMOS 设计中。这是因为在高逻辑状态,要求较大的驱动电流,一般几乎没有驱动器可以提供所要求的大电流。

4.7.3　戴维南网络终端

戴维南网络终端与并联终端相比具有一个优点,戴维南网络终端可以提供一种连接,这种连接通过一个电阻接到电源端,另一个电阻接到地,如图 4-26 所示,R_1 是上拉电阻,R_2 是下拉电阻。戴维南终端允许优化逻辑高与逻辑低之间的电压变换点。R_1/R_2 的比值决定逻辑高和低驱动电流的相对比例,故在选择 R_1、R_2 电阻值时,必须考虑如何避免不合适的负载电压

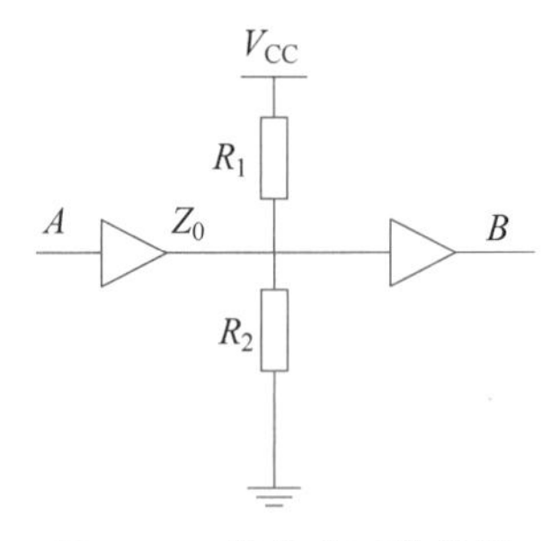

图 4-26　戴维南网络终端

参考电平,该电平用于高、低逻辑变换点。

当$R_1/R_2=220/330\Omega$时,并联终端为$R_1//R_2=132\Omega$;当$R_1/R_2=110/110$时,并联终端为$R_1//R_2=55\Omega$。戴维南等效电阻必须等于走线的特性阻抗Z_0。戴维南电阻将对走线上的信号提供电压分配,为了确定所要求的合适的电压参考V_{ref},可通过下式分压方程计算,其中V_{CC}是电源电压。

$$V_{ref}=\frac{R_2}{R_1+R_2}V_{CC} \tag{4-12}$$

戴维南终端电路中的R_1、R_2取值不同,适用的范围也有所不同。当$R_1=R_2$时,对高、低逻辑的驱动要求均相同,这种设置对一定的逻辑系列可能是不能接受的;当$R_1<R_2$时,逻辑低对电流的要求比逻辑高要大,这种设置对TTL和CMOS器件将不能工作;当$R_1>R_2$时,逻辑高对电流的要求比逻辑低要大,这种设置适合大多数设计。如果在相同的网络上既有TTL有又有CMOS器件,戴维南网络终端难以实现。当A、B均为TTL器件时,TTL电路的直流匹配可采用戴维南终端。并且V_{ref}大于2.4V。在非理想匹配条件下,可取$R_1//R_2=1.5Z_0$,这样既符合TTL电路的噪声容限,又可节省一定的功耗。当A、B均为ECL器件时,ECL电路的单端匹配之一也可采用戴维南终端。并且V_{ref}等于-2V。

戴维南网络终端可以在整个网络上与分布负载一起使用,也可完全吸收发送的波而消除反射。由于戴维南网络终端需要两个电阻,这将增加功率损耗,减小噪声容限,除非驱动器可给大电流电路供电。例如当驱动器输出5V高电压时,下拉电阻R_2为330Ω,这一电阻必须吸收5/330=15mA的电流,若驱动器不能提供这么大的电流,电压的高值V_{OH}将下降,噪声容限($V_{IH}-V_{OH}$)也将下降,在总线两端上用220/330Ω电阻,驱动器必须提供加倍的电流30mA。

4.7.4 *RC*网络终端

*RC*网络终端匹配在TTL及CMOS系统中应用得很好。具体电路如图4-27所示,电阻R与走线的特性阻抗Z_0相匹配,即$R=Z_0$,电容C通常取值很小,为20~600pF。因为源驱动器不给终端提供驱动电流,电容保持信号的直流电压。由于电容允许RF射频能量通过,AC电流在开关状态流入大地,故*RC*网络终端匹配又称为AC网络终端匹配。*RC*时间常数虽然会出现微小的传播延迟,但它所消耗的功率远远小于并联终端和戴维南网络终端。

*RC*网络终端可以在分布负载及总线布线中使用,可全吸收发送波而消除反射,而且具有低的直流功率损耗。但*RC*网络终端会使非常高速的信号速率降低。另外,由于特殊的*RC*网络的时间常数,可能会引起反射,故在对高频、快速上升沿的信号应用时要多加考虑。

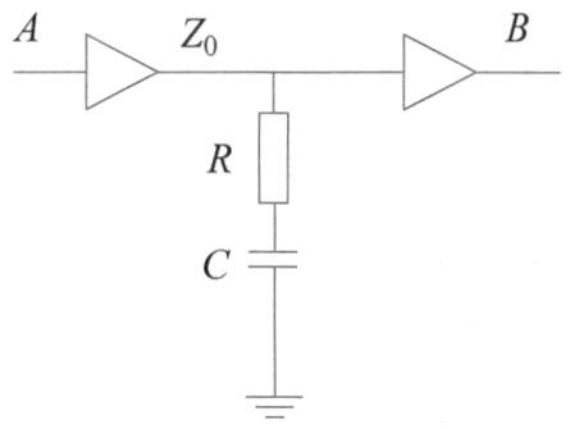

图4-27 *RC*网络终端

4.7.5 二极管网络终端

二极管网络终端用于差分或成对网络的情况中。连接电路如图4-28所示,两个二极管常用于提供低功耗散时限制走线的过冲。因为二极管不影响走线阻抗或吸收反射,这种二极管网络终端的主要缺点在于大电流反射,这种电流可以传播到地平面中,增加电磁干扰,故对高速信号的频率响应不好，二极管处会发生抖动。在选择元器件参数时要兼顾线条阻抗、消除抖动、时钟信号延迟和边沿速率的关系。

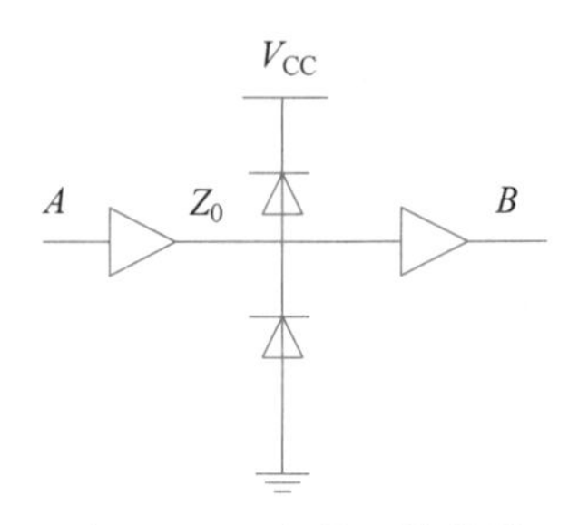

图 4-28　二极管网络终端

4.7.6　时钟走线的终端

信号完整性问题通常发生在周期信号及时钟信号中，对周期信号及时钟信号要提供正确的终端匹配，保证信号的完整性，提高信号的传输质量。当负载间的距离相对于信号上升时间传播长度比较小时，反射可能会从串联的走线中产生，故对于快速上升沿信号及时钟信号，采用辐射状连接要好于采用单个公共驱动源的网络串级链。每个元件应该具有依据其特性阻抗终端匹配所决定的走线。如图 4-29 所示。由于驱动器通常不能承受终端负载上的总电流，在走线终端使用并联及戴维南终端几乎不可能。另外，双终端会使信号功能降低，在没有完全了解其后果的情况下不应盲目使用。

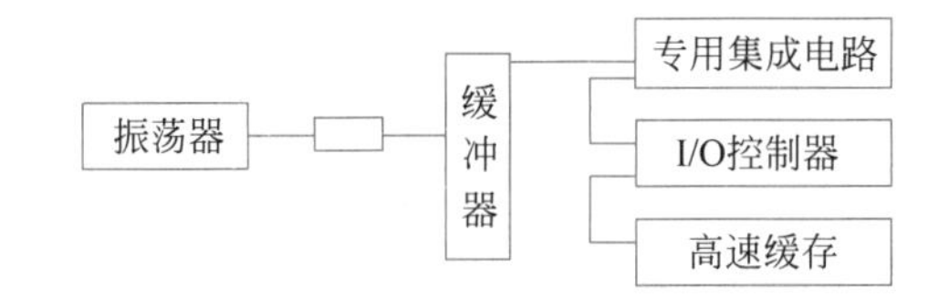

(a) 时钟信号的不良布线

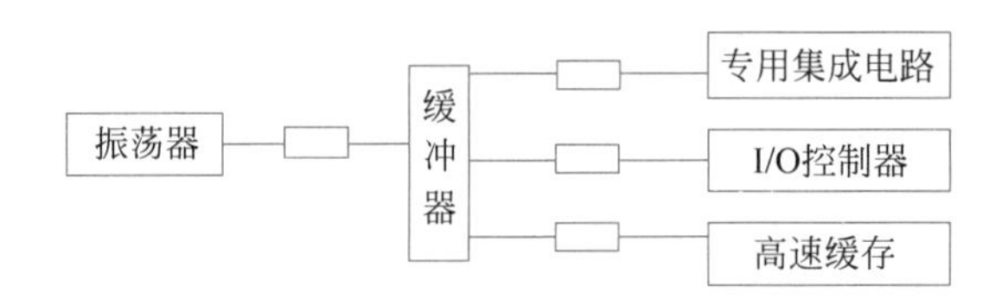

(b) 带串联负载的时钟信号最佳布线

图 4-29　时钟走线的终端

4.7.7　分叉线路走线的终端

分叉线路又称 T 型短线，二分支走线，当走线从驱动器分裂为多个分支时出现，二分支走线实例如图 4-30 所示。

从图 4-30 可以看出，分叉线路的阻抗在整个走线路径上不是常数，如果从 A 点达 X 点走线的阻抗为 50Ω，从 X 到 B 的两个并联分叉线的走线阻抗则为 100Ω，这样才能保证整个网络阻抗的匹配。另外，为了防止出现反射和衰减振荡，每一个分叉线的终端应提供合适的终端匹配，由于分叉线的阻抗为 100Ω，故终端可以采用 100Ω 的并联终端，这里值得注意的是：为了使用并联终端，驱动器必须能够对网上的多个负载提供足够的电流。如果不提供终端匹配，X 点的阻抗将不连续，这种不连续性将在 A 点引起衰减振荡。

分叉线路也存在两方面的问题：其一，对生产工艺的要求增加；其二，在网络中会产生 RF 射频环流。如果在线路设计中分叉线路必须出现，由上所述，并联分叉线的走线阻抗应为 $2Z_0$，要增加走线阻抗，必须减小走线宽度，因为 Z_0 的走线宽度已经非常小，$2Z_0$ 所要求

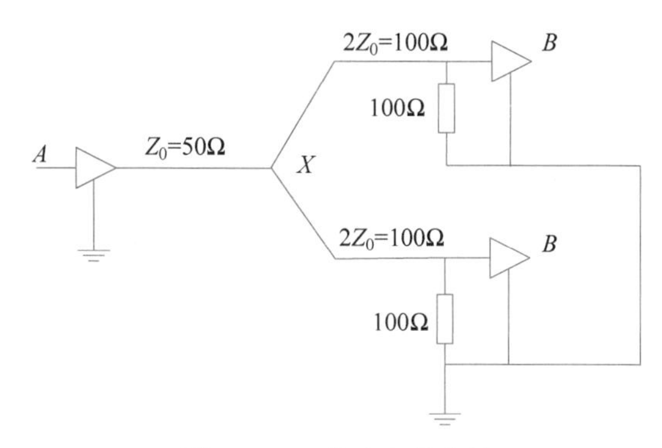

图 4-30　二分支走线实例

的走线宽度在大多数情况下已经超出 PCB 制造商所能完成的生产工艺，具体实施难度较大；如果一个分叉的走线信号设置在与其他分叉线不同的走线平面上，由于两种走线具有不同的 0V 回路平面，这就会产生 RF 环流，即产生一个潜在的大环流区域，将使回路的辐射增加。

4.8　电源完整性分析

在 PCB 设计中，给信号提供一个稳定的电压以及合适的电压分配是电源系统设计中的两个基本目标。随着信号完整性问题的出现，反射、串扰等都会影响到电源系统的稳定，再加上芯片工作电压的不断减小，电源的波动性将会影响系统的正常工作。电源完整性分析，就是为了保证 PCB 中有一个稳定可靠的电源供应。

4.8.1　电源完整性分析概述

电源完整性(Power Integrity，PI)就是指系统中电源波形的质量。随着 IC 输出开关速度的提高，信号的边沿速率即信号上升和下降的时间迅速缩减，电源线由于它的寄生电感承受着不小的电压降。对于小于 1ns 的信号边沿速率，会造成 PCB 上电源层与地层间的电压在电路板的各处不同，从而影响到芯片供电的稳定性，甚至会导致芯片的逻辑错误。

对于一个理想的电源，内阻为零，到达负载端的电压电平始终为定值，等于系统供给的电压值，是一个常数。但实际上，电源内阻并不为零；另外，器件在高速开关状态下，瞬态的交变电流过大，再加上电流回路存在电感，就会导致电源系统的不稳定，电源电压存在着很大的噪声干扰。理想电源和实际电源的波形如图 4-31 所示。

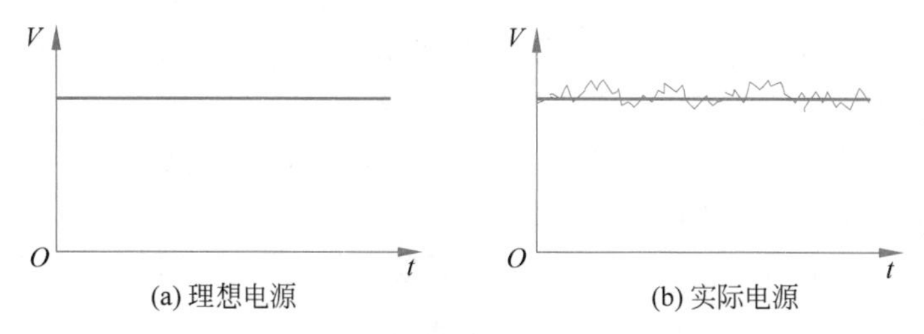

图 4-31　理想电源与实际电源的波形

造成电源系统不稳定的因素表现为同步开关噪声(Simultaneous Switch Noise，SSN)、非理想电源阻抗影响、谐振及边缘效应。一般情况下,同步开关噪声是电源噪声的主要来源。由于地引线和平面存在寄生电感,在开关电流的作用下,会造成一定的电压波动,也就是说,器件的参考地已不再是零电平,因此,驱动端要发送的地电平会出现相应的干扰波形,干扰波形的相位与地面噪声相同,对于开关信号波形来说,地噪声的影响会导致信号的下降沿变缓;在接收端,信号的波形同样会受到地噪声的干扰,但干扰波形的相位与地面噪声相反。另外,在一些存储元器件中,有可能因为电源噪声和地噪声造成数据的意外翻转。

在高频电路中,电源平面存在大量寄生参量,这些寄生参量可以看成是由很多电感和电容构成的 LC 谐振网络,或谐振腔。在某一确定的频率下,这些电容和电感将发生谐振现象,从而影响电源层的阻抗。除了谐振效应,电源平面和地平面的边缘效应也是电源设计中需要注意的问题,这里的边缘效应指边缘反射和辐射现象。电路板边缘覆铜面大小受到限制,故容易产生电磁干扰问题。工程中通常添加去耦电容,以减小边缘的辐射效应,达到抑制电源平面噪声的目的。

4.8.2 同步开关噪声

同步开关噪声(SSN)主要由伴随着器件的同步开关输出产生。开关速度越快,瞬间电流变化越显著,电流回路上的电感越大,则产生的同步开关噪声越严重。由此可见,同步开关噪声的大小取决于集成电路的I/O特性、PCB电源平面和地平面的阻抗,以及高速器件在PCB上的布局和布线方式。

根据回流路径的不同,同步开关噪声可分为芯片外(Off-Chip)开关噪声和芯片内(On-Chip)开关噪声。芯片外开关噪声是指信号开关引发的电流回流经过信号线、电源/地平面时产生的噪声;如果开关状态转变时,电流的回流路径经过电源和地,而不是信号线,此时的噪声为芯片内开关噪声。

减小芯片内开关噪声主要通过减小开关信号流经路径的电感或减缓开关信号的变化速率减小感应电压来实现。通常采取的具体措施如下:

- 降低系统供给电源的电感,在高速电路设计中,要使用单独的电源层和接地层,并且使电源层和接地层尽量靠近。
- 降低芯片内部驱动器的开关速率和同时开关的数目,以减小 $\mathrm{d}i/\mathrm{d}t$。
- 降低芯片封装中的电源和地引脚的电感,如增加电源/地引脚数目,减短引线长度,并采用大面积覆铜。
- 尽量将电源和地的引脚成对分布,并尽量靠近,以增加电源和地的耦合电感,从而减小回路总的电感。
- 为了给高频的瞬变交流信号提供低电感的旁路,设计中经常给系统电源增加旁路电容。而变化较慢的信号仍然走系统电源回路。
- 部分芯片封装内部使用了旁路电容,因此高频电流的回路电感会大大减小,在很大程度上减小了芯片内部的同步开关噪声。
- 在更高的要求下,也可以将芯片不经过封装而是直接装配到系统主板上。

减小芯片外开关噪声可以通过降低芯片内部驱动器的开关速率和同时开关的数目,采用能满足时序要求的最慢边沿速率的芯片;或通过降低封装回路电感,增加信号和电源与地的耦合电感;也可在封装内部使用旁路电容,让电源和地共同分担电流回路,减小回流路径的等效电感。

4.8.3　电源分配设计

电源噪声在很大程度上源于非理想的电源分配系统。电源分配系统就是给系统内的所有器件提供足够的电源，这些器件不但需要足够的功率损耗，同时对电源的平稳性也有一定的要求。因为实际电源平面总存在着阻抗，在有瞬间电流通过时，就会产生电压降，从而导致电源的波动。大部分器件对电源波动的要求在正常电压的±5%范围内。为了保证每个器件都能正常工作，应该尽可能地降低电源平面的阻抗。在工作频率比较高的情况下，既要计算电阻的直流阻抗，还要计算由电感引起的交流阻抗。在对电源阻抗进行控制时，可通过采用电阻率低的材料，采用短而粗厚的电源线，减小电源内阻，电源尽量靠近地，使用去耦电容等方法，以减小电源的电阻和电感，从而降低电源阻抗。

4.9　信号完整性常用设计工具介绍

常见电磁仿真软件

电磁兼容分析、仿真和预测软件在近10年内得到了快速的发展，国内外出现了一批专业的电磁兼容软件公司，电磁兼容的工作已经逐步从事后检测处理发展到预先评估、预先检验和预先设计的阶段。随着主频的提高，布线密度的增加，以及大量数模混合电路的应用，诸如反射、串扰、传输时延、地/电源层噪声均会严重影响设计的质量。为了改进信号完整性设计，设计工程师也可以借助仿真工具来选择元件、端接元件的数值及元件的布局，利用仿真工具更容易识别信号完整性问题。如果信号完整性问题在设计初期能够得到很好解决，就可避免设计反复，降低产品成本，加快产品上市步伐。下面分别简单介绍几种信号完整性分析的仿真软件。

4.9.1　APSIM 软件介绍

Apsim 是美国 Applied Simulation Technology 公司推出的全套 SI(信号完整性)、EMC/EMI(电磁兼容性)、PI(电源完整性)、SPI(一体化仿真)的高效仿真工具。它辅以齐全的建模工具，与各种常用的 CAD 系统配合，用于数字电路、模拟电路、数模混合电路的仿真。

1. Apsim 提供的仿真工具和建模工具

- ApsimRADIA：EMC/EMI 辐射噪声仿真工具；
- ApsimDELTA-I：地电平噪声仿真工具，用于评估在有去耦电容时地层/电层的电性能；
- ApsimSPICE：高性能仿真工具，是 SI/PI/EMI 仿真的核心工具；
- ApsimOMNI：信号和地平面分析；
- ApsimR-PATH：EMI 路径分析工具，分析地平面上的回流路径；
- ApsimFDTD：三维全波电磁场分布仿真器；
- ApsimFDTD-SPICE：全波非线性 SI 和 EMI 仿真，针对 1GHz 以上的应用，解决非线性器件的电磁场问题；
- ApsimFDTD-SPAR：将 S 参数转换为 SPICE 模型；

- ApsimPLANE：3D感应场求解器，是一个包括参考平面在内的结构分析工具，主要用于提取感抗和阻抗参数；
- ApsimRLGC：2D容性场求解器；
- ApsimCAP-3D：三维电容建模工具；
- ApsimSPAR：把S参数转换为ApsimSPICE模型；
- ApsimMPG：封装模型产生器；
- ApsimIBIS Translator：把IBIS模型转换为ApsimSPICE模型；
- ApsimTSG：Table SPICE产生器，用于把SPICE模型转换为IMIC模型；
- ApsimIBIS Took Kit：ApsimIBIS工具组。

2. **其他工具**

- SKETCH：布线前SI和EMI分析的原理图输入工具；
- LIF：Apsim工具与CAD工具的集成环境(含Apsim Topol)，使用户在同一环境下观测和分析PCB及信号完整性情况和电磁辐射情况；
- RADIA-3D：RADIA的选项，可以对具有电源分割和任意形状的实体进行精确的共模分析；
- ALM：RADIA的选项，实现对机箱等的快速三维评估；
- SMODEL：通过器件手册建立器件的IBIS模型；
- AAIF/AIF-Extractor：CAD数据到Apsim的接口；
- AAIF2PLANE：AAIF数据(由CAD数据和Apsim接口工具提取)到PLANE的接口；
- PGEditor：它是一个画图工具，用于输入和编辑物理结构图，可以从常用的CAD软件中读取DXF格式的文件或TIFF文件；
- IBIS LCR：IC封装的电特性化工具；
- ApsimLCD：液晶显示器(LCD)仿真工具。

3. **ApsimSI软件包**

ApsimSI是一个集成的软件环境，为设计师在布线前和布线后进行信号完整性分析和仿真。它是目前最先进的信号完整性分析工具，可以进行高速数字电路和数模混合电路的信号完整性分析。

ApsimSI特点如下：

- PCB布线的反射噪声和时延分析；
- PCB布线中平行线之间的串扰分析；
- 快速、灵活、精确的连接线仿真，并且可以和该线相连接的模拟或者数字电路一起仿真；
- 布线质量验证；
- 过线孔(VIA)质量仿真；
- 对关键线的屏蔽分析；
- 滤波电容、匹配电阻、上拉电阻、下拉电阻的优化设计；
- 噪声信号和电路功能一体化仿真；
- 详细的信号完整性报告，包括布线长度、平行线长度、过孔数、阻抗匹配、单位时延、耦合系数、线时延、过冲/欠冲、反射、串扰电压等；
- 完整的 CAD 接口；
- 和 ApsimRADIA 一起实现 EMC/EMI 辐射噪声分析；
- 和 ApsimALM 一起实现地层、电层反弹噪声和共模噪声分析。

4. ApsimPI 软件包

ApsimPI 主要用于评估在有去耦电容时地层的电性能。可以在 PCB 制作前对地平面、电源平面、电容值、电容的放置、电容的类型进行评估，对大而复杂的 PCB 模拟出随频率变化的阻抗。

ApsimPI 特点如下：
- 可快速分析带有大量过孔和切口/分割的大面积地和电源平面；
- 提取和显示电源及地平面中随频率变化的 ***Z***、***Y***、***H***、***S*** 矩阵；
- 评估去耦电容的数量、特性、容量和放置位置；
- 与 CAD 布线工具接口；
- 以图形方式显示电流分布和阻抗；
- 提取电源及地平面的 ApsimSPICE 子电路模型。

4.9.2　SPECCTRAQuest

SPECCTRAQuest 是 Cadence 公司推出的高速系统板设计工具，可以控制与 PCB Layout 相应的限制条件，通过模型的验证、预布局布线完成空间分析，拓扑建立和平面布置图、实时的规则驱动布局及后验证等。SPECCTRAQuest 的集成工具如下：
- SigXplorer：可进行走线拓扑结构的编辑功能，在工具中定义和控制延时、特性阻抗、驱动和负载类型和数量、拓扑结构以及终端负载的类型等，也可在 PCB 详细设计之前使用此工具，对互连线的不同情况进行仿真，并把仿真结果存为拓扑结构模板，在后期详细设计中可以应用这些模板进行设计；
- DF/Signoise：信号仿真分析工具，可提供复杂的信号延时和信号畸变分析、IBIS 模型库的设置开发功能；
- DF/EMC：EMC 分析工具；
- DF/Thermax：热分析工具。

4.9.3　ICX

ICX3.0 是 Mentor 公司推出的信号完整性仿真工具，这是第一种在仿真单一仿真环境下支持 SPICE、IBIS 和 VHDL-AMS 的 PCB 信号完整性工具。ICX3.0 适用于由高速数字 PCB 较高时钟频率和信号边缘速率导致的信号完整性和时序的挑战，提高仿真的效率和精度。该仿真工具允许系统设计人员缩短设计时间，并提高系统性能，也给 IC 厂家更多设备动作建模选择。

除 ICX3.0，Mentor 还发布了板级时序解决方案的最新版本——Tau3.0 产品。ICX3.0 和 Tau3.0 可用性强，有多种接口，并有多项功能改善，有着更高程度的集成，提高了高速设计性能。ICX3.0 为该公司的 PCB 设计工具 Expedition 和 Board Station 系列提供了增强型接口，包括新型的 ICX 和 Expedition 产品的双向接口，使用户可以利用 ICX 工具在信号完整性设计和验证方面的全部功能。

4.9.4 SIwave

SIwave 是 Ansoft 公司的信号完整性仿真工具。SIwave 是一种整板极电磁场全波分析工具,它采用基于混合、全波及有限元技术的方法,允许特性化同步开关噪声、电源散射、谐振、反射以及引线和电源/地平面之间的耦合。特别适合于高速 PCB 和复杂 IC 封装存在的电源输送和信号完整性问题。该工具采用一个仿真方案解决整个设计问题,缩短了设计时间。它可以分析复杂的线路设计,该设计可由多重、任意形状的电源和接地层,以及任何数量的过孔和信号引线条构成。对于复杂的 PCB 或 IC 封装,包括多层、任意形状的电源和信号线,SIwave 可仿真整个电源和地结构的谐振频率、板上放置去耦电容的作用,改变信号层或分开供电板引入的阻抗不连续性、信号线与供电板间的噪声耦合、传输延迟、过冲和欠冲、反射和振铃等时域效应,以及本征模和 S、Z、Y 参数等频域现象。其结果可以用先进的二/三维方式图形显示,并可输出 SPICE 等效电路模型,用于 SPICE 仿真。

SIwave 提供了无缝的继承设计流程,可使设计者从标准布线工具如 Cadence Allegro、APD、Zuken CR-5000、Avant Encore 等所产生的版图直接输入到 SIwave 中分析。

Ansoft 信号完整性产品已广泛应用于分析复杂的 PCB、IC 封装、高性能连接器以及各种信号完整性问题。利用该信号完整性仿真工具,工程师不仅可以在设计早期优化产品性能,而且能在昂贵的实物模型制造之前进行检验和校准设计,真正确保设计一次成功,从而节省研发时间和降低研制成本。

4.9.5 Hot-Stage 4

Hot-Stage 4 是 Zuken 公司推出的最新版虚拟原形设计工具,用于"线路板完整性"设计流程。Hot-Stage 4 通过引入一致的、约束驱动的工程环境,在高速 PCB 设计工艺方面引起了一场革命。Hot-Stage 4 包含基于电子制表软件的约束管理器、自动约束向导、"假设分析"编辑器、嵌入式布线器,具有在线仿真、验证以及 EMI 和热分析等功能。

4.9.6 SIA3000 信号完整性测试仪

SIA3000 是由北京艾姆克科技有限公司引进的专业的信号完整性测试仪,是批量生产中不可缺少的测试验证仪器。SIA3000 的特点如下:

- 采用独特的双引擎采样专利技术,让时序采样和幅度采样独立进行,既满足了高速时序的精密测定,又能满足幅度噪声的测量,故测试精度高,测试速度快,另外该仪器还采用了独特的"在规定幅度下读取时间"的逆向采样技术,确保了测试的重复性好;
- 采用 TailFit 专利噪声分离技术,能够精确地将各种影响信号完整性的噪声源及其性质分析清楚,从而使其信号完整性分析和诊断功能强大;
- 集示波器、时序测试仪、频谱分析仪、误码测试仪等多功能仪器于一体,在同一屏幕上可以进行各种分析,避免了实际测试中频繁更换仪器和探头的麻烦;
- 具有多达 10 路差分输入的完全模拟独立的信号通道,各路通道既可以进行独立测量,也可以进行互相比较和分析,实现多路信号完整性分析所必要的模拟通道技术;

- 内置专家诊断系统，将根据测试结果给出经验库数据，提示诊断信号变形的原因，可能是器件质量的离散性、PCB 布局布线、阻抗匹配、发热、电磁兼容、电源波动等，让工程师快速地根据测量结果定位和解决问题；
- 内置式单键法工业标准测试功能，如 PCI Express、Fiber Channel、PLL、LVDS、ATA、XAUI 等，用户只需执行一个按键，就可以完成标准测试；
- 采用 Windows 作为操作界面，操作非常方便，它还包括所有通用的计算机接口，如键盘、鼠标、USB、打印机、以太网等，也包括通用的仪器通信接口，如 GPIB 接口，以及可实现脱机分析和远程控制；
- 支持软件升级，频率可以延伸，通道可以增加，不会因技术升级而被用户淘汰。

科技简介 4 高功率微波

微波是电磁波谱中介于普通无线电波(长波、中波、短波、超短波)与红外线之间的波段。它是属于无线电波中波长最短，即频率最高的波段。频率范围为 300MHz～3000GHz，对应空气中波长 λ 范围为 0.1mm～1m。

家用微波炉就是高功率微波最典型的应用。当含水物质暴露在微波中时，水分子会发生转动，以使其自身的电偶极子沿着微波振荡电场的方向。这种快速的振荡运动会在物质内部产生热量，使微波能转化成热能。水的吸收系数依赖于微波频率、水的温度以及水中溶解盐和糖的浓度。如果选择合适的频率 f 使水的吸收系数有较高的值，含水物质就会吸收大部分穿过它的微波能量并将其转化为热能。然而这也意味着大部分的能量会被物质表层所吸收，使得没有较多的剩余能量来加热更深的部分。物质的穿透深度 δ_p 用来度量电磁波能量所能够穿透物质的深度。入射到物质表面的微波能量大约有 95%会被厚度为 $3\delta_p$ 的表层所吸收。微波炉常用的频率是 2.45GHz，此时，δ_p 的大小在纯水的大约 2cm 到含水量只有 20%的物质的 8cm 之间变化。这也是微波炉中所烹饪食物的一个实际变化范围。在非常低的频率，食物并不能够很好地吸收能量，此外磁控管和微波炉腔体的设计也成为问题；而在非常高的频率，微波能量大部分集中在食物表层，因此食物的加热极不均匀。尽管微波易被水、脂肪和糖吸收，但是它在穿过大多数的陶瓷，玻璃或者塑料时，没有能量耗失。所以对这些物质几乎没有加热的效果。

微波炉通过使用磁控管来产生高功率的微波(大约 700W)，这大概需要 4000V 的电压。利用高电压变压器可以将常见的家用电压升至所需要的电压。磁控管产生的微波能量被传送至烹饪腔内。烹饪腔利用金属表面及安全联锁开关将微波控制在起内部。由于微波可以被金属表面反射，因此微波在腔体内部来回反射或由食物吸收，而不会泄漏出去。如果微波炉的门是玻璃面板，则需要在其上面附上一层金属网或导电网，以确保必要的屏蔽。微波不能穿过网孔尺寸远小于微波波长(2.5GHz 的波长 λ 为 12.5cm)的金属网。在烹饪腔内部，微波能量形成驻波，这导致不均匀的能量分布。使用旋转的金属搅拌器，可以将微波能量分散到腔体内的各个部分，从而使这一问题得到改善。

在医疗设备中，微波电磁能在人体肌肉组织中会产生热效应，这种效应可以被用来杀死癌细胞，也就是微波治癌技术。

在军事对抗中，高功率微波武器也是一种破坏性非常大的武器。这种武器能够发射强大脉冲,破坏电子设备和计算机存储装置。例如,电磁脉冲炸弹,又称高能微波(High-Power Microwave,HPM)炸弹,是一种介于常规武器和核武器之间的新型大规模杀伤性炸弹。高能微波(HPM)电磁脉冲炸弹更像是巨型高能微波炉,可以产生一束高强度的微波能量。可以将 HPM 设备安装在巡航导弹上,从空中摧毁地面目标。

电磁脉冲炸弹是21世纪规模最大的破坏性武器,可以对电子信息系统、指挥控制系统和网络信息系统产生巨大威胁,被称为信息时代的"第二原子弹"。2012年,波音公司成功试验了这一武器,使整个军营的计算机陷入瘫痪状态。电磁脉冲炸弹的攻击目标主要包括电子通信和指挥中心、雷达和防空预警系统以及各类导弹和导弹防御系统。

这种炸弹爆炸后产生的高强度电磁脉冲,覆盖面积大,频谱范围宽,几乎能够攻击其杀伤半径内所有带电子部件的武器系统,专门摧毁指挥、控制和通信用电子设备以及计算机目标。炸弹上的电波发射器,可以在十亿分之一秒的瞬间放射出数十亿瓦威力的微波,威力相当于核子爆炸所放出的电磁波,可以穿透地下防御工事,沿着电缆与空调的孔道,足以使所有的地下防御工事、电力供应、电话通信、电视传播以及计算机等系统瘫痪,但是不会伤害到人的性命。在现代战争中,不同程度的电磁攻击可能完成许多重要的战斗任务,而不会造成大规模的人员伤亡。例如电磁脉冲炸弹能有效控制车辆控制系统;目标系统、地面设施、导弹和炸弹;通信系统;导航系统远程和近程传感系统。这种高强度电磁脉冲对电子设备的独特破坏力,是美国进行核试验时无意发现的。1962年7月,美军在太平洋中部的约翰斯顿岛进行了一次代号为"海盘车"的高空核试验,结果这次140万吨 TNT 当量的核试验,竟造成1400km之外的夏威夷檀香山地区的供电网发生跳闸,连高压线的避雷装置被全部烧毁。20世纪80年代后期,随着相关技术的成熟,号称"电磁杀手"的电磁脉冲炸弹终于问世。

习　题

4-1　信号完整性问题包含哪几方面?

4-2　传输线通常分为哪几类?

4-3　无耗传输线与有耗传输线等效电路模型有何不同?

4-4　无耗传输线的特性阻抗和传输延迟与哪些参数有关?

4-5　当导线尺寸多大,或传播延时与信号上升时间是什么关系时,必须考虑辐射效应?

4-6　什么是过冲和欠冲?产生反射和振荡的原因是什么?

4-7　负载端的反射系数与源端的反射系数是否相同?

4-8　满足传输线获得最小反射与传输线获得最大能量的阻抗条件是否相同?

4-9　针对图4-10,写出 V_3 和 V_4 的表达式。

4-10　串扰是如何产生的?在 PCB 设计中如何避免和减小串扰?

4-11　3-W 原则是什么?用图加以说明。

4-12　PCB 终端匹配有哪几种?在什么条件下需要用匹配终端?

4-13　阅读有关资料,学习和掌握 APSIM 软件的应用。

第5章　电磁兼容抑制的基本概念

本章从镜像面的概念出发，论述了镜像面的工作原理以及电磁兼容的抑制作用，介绍了如何在PCB设计中对元件间环路面积进行控制，并对3种常用接地方法的特点和用途进行了阐述，最后讨论了分区法和隔离法的电磁兼容抑制效果和具体的实现方法。

5.1　镜　像　面

5.1.1　概述

在任何数字系统中，特别是对于高速器件（快速边沿速率），为了实现最佳性能，必须提供低阻抗（低电感）的RF返回线路，实现闭环网络。在许多设计中，设计者通常只考虑信号电流的流经路线，常常忽略电流的回流路线，而电流回流到地的路径和方式恰恰是混合信号电路板设计的关键。由低阻抗（低电感）的RF返回线路所形成的闭环网络，在时域和频域上都要求有这种闭环网络。所有的器件和可能的走线或线路互连都必须运行在RF返回电流能返回电源（低阻抗路线）的环境中。由于RF电流必须返回它的源以形成闭环电路，因此，任何可能的线路都有机会被使用。通常用传导电路控制返回电流，如果没有提供合适的传导线路，自由空间就成为返回路径，这也是设计者最不希望发生的情形，因为这种情况会产生电磁干扰。单层板无RF返回路线，自由空间就成为返回路径，因此单层板不能通过电磁兼容测试的概率很高，实际用得很少。如果增加一个接地层，即使用双层板，或4层板甚至更多层的PCB，均会提高PCB的信号完整性以及电磁兼容的能力，如对双层板增加两个或多个电源层和接地层，可以获得10～20dB辐射性能的改进。使用多层PCB会增加费用，故有时也可通过提供金属保护层或金属化的塑料保护层来提高电磁兼容能力。

对任何数字PCB，良好的0V参考电压系统是基本的需要。不良的0V参考电压可能会导致系统出现电磁干扰。通常把PCB的0V参考点称为接地层，在ECL系统中，0V参考点指的是电源层。接地层和电源层均可以为射频返回提供低阻抗的路径。实际上任何多层的铜薄板，隔离层都可以为射频返回提供低阻抗的路径。由于器件相互之间有连接，器件也就连接在能量的分配网络中，故有可能找到无穷多个平行的射频返回路径。镜像层就是无穷多个返回路径中的一个，镜像层可以提供最优化的射频返回路径，减少串扰和电磁干扰。通常镜像层可以是电源层、接地层、铜薄板和隔离层四种。

在PCB设计中，设置镜像面已经成为一种标准的技术，由于镜像面的紧密耦合，射频电流不需要通过其他回路回到源处，因而镜像面技术不仅能够降低接地噪声，还能够防止产生接地环路耦合干扰。图5-1给出了采用镜像面的信号线布线结构。

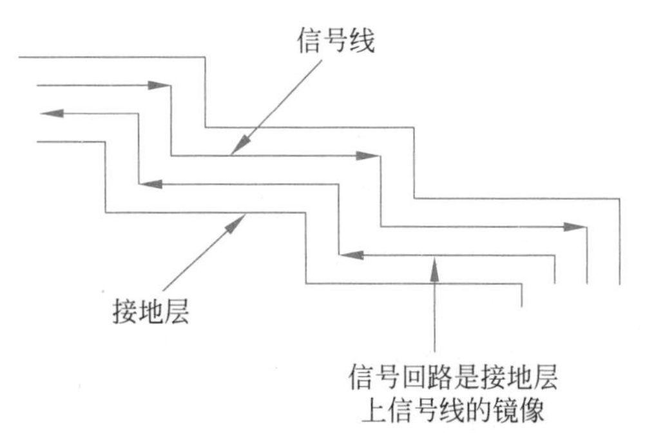

图5-1　镜像面的信号线布线结构

5.1.2 镜像面的工作原理

镜像层通过给射频返回电流提供不同于源路径的镜像返回路径,可以实现流量抵消或最小化的要求。镜像层的工作与 PCB 中的电感有关。PCB 中存在着 3 种不同的电感:局部电感、局部自感和局部互感。

局部电感就是在线路或 PCB 走线中的电感。在任何频率下,线路或 PCB 走线中可传导的元素均有电感,PCB 上的走线、孔和面的分布电感、电容、电阻,应该像所有的电路器件中的集中参数一样被考虑。如果线路在闭环电路中,电感与环路的几何大小和形状有关。

局部自感是指导体由于磁通量的存在而产生的相对于无限远的电感。闭环电路总的局部电感是所有部分之和,为了减小总的局部电感,必须减少电感值最大的那部分电感,可以通过缩短线路长度,消除通孔,增加导体的宽度等方法来实现。由于导体的趋肤效应,导体中的内部电感将减小,存在于导体中心的电感在导体的全部电感中占很小的比例。

局部互感是一段走线与另一段走线之间的电感,或两个导体之间存在的局部电感。局部互感与并行线路或导线之间的距离有关,导体间距离减小可以改变其中一个或两者的自感。局部互感是镜像层实现流量抵消的关键因素,流量抵消可以通过使产生流量的磁力线连接起来,以及为 RF 射频返回电流提供最佳返回路线来实现。

图 5-2 是两个导体间互感的示意图。线路 1 为信号线,电压为 V_1,电流为 I_1,局部自感为 L_{p1};线路 2 为射频返回线路,电压为 V_2,电流为 I_2,局部自感为 L_{p2}。M_p 为局部互感,S 为两导线之间的距离。

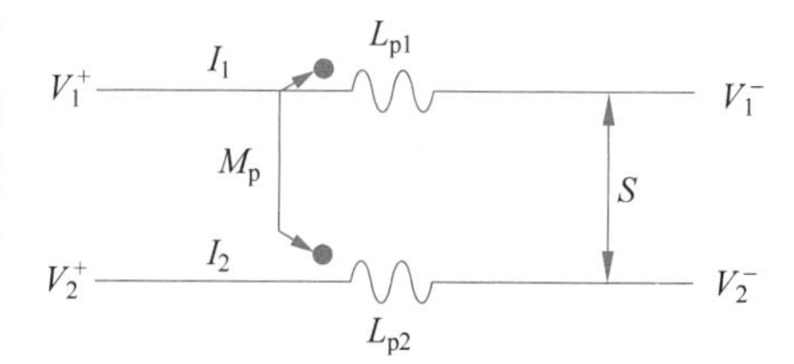

图 5-2 两个导体间互感

对应图 5-2,依据法拉第电磁感应定律和电感耦合原理,V_1、V_2 可由下式计算

$$\begin{cases} V_1 = L_{p1}\dfrac{dI_1}{dt} + M_p\dfrac{dI_2}{dt} \\ V_2 = L_{p2}\dfrac{dI_2}{dt} + M_p\dfrac{dI_1}{dt} \end{cases} \tag{5-1}$$

由于线路 1 为信号线,线路 2 为射频返回线路,因此,$I_1 = -I_2$,上式可以化为

$$\begin{cases} V_1 = (L_{p1} - M_p)\dfrac{dI_1}{dt} \\ V_2 = -(L_{p2} - M_p)\dfrac{dI_1}{dt} \end{cases} \tag{5-2}$$

从上式可以看出,要减小通过导体的电压降,必须提高两个并联导体之间的互感,而增大互感的方法就是使射频回路与信号线尽量靠近,使它们彼此之间的距离达到可以制造出的最小值。在实际的 PCB 单面板和双面板设计中,通常也是提供一条与信号线尽可能近的射频返回路径来达到增大互感的目的。由于互感存在于两条并行的导线之间,为了得到最佳互感,两条并行导线中的电流必须大小相等,方向相反,这就是镜像面起作用的原因。互感与两条并行导线之间的距离以及长度有关,两条并行导线之间的距离越小,互感越大;两条并行导线的长度越长,互感越大。表 5-1 给出了两条并行导线之间的互感。

表 5-1 两条并行导线之间的互感

导体之间距离	一般长度		
	1in	10in	20in
1/2in(1.25cm)	3.23nH	137.9nH	344.9nH
1/4in(0.63cm)	6.12nH	172.4nH	414.7nH
1/8in(0.32cm)	9.32nH	207.3nH	484.8nH
1/16in(0.16cm)	12.7nH	242.2nH	555.0nH

使用镜像层可以大大减小共模电流和差模电流。当流过信号线的电流与射频返回路线中的电流大小相等且方向相反时，差模电流就抵消了。实际上，很难达到100%的抵消，不能够抵消的那部分剩余电流就是共模电流，它将成为激励源，而且较小的共模电流会产生强度很高的辐射，共模电流是电磁干扰的主要来源，共模辐射也很难抑制。虽然采用镜像面或保护线可抵消差模电流辐射，但也不能做到完全消除。

多层PCB中的电源层或接地层可以作为邻近电路或信号层的镜像面，多层结构采用镜像面更加有效，可以提高电路板的电磁兼容性，但多层板会增加产品费用，在某些情况下是不可行的，在这种情况下，可以使用网格接地系统、接地线路或其他方法来提供有效的RF返回路径。对于单面和双面PCB，则多用网格接地系统。网格接地系统或地线网格实际上是平行地线的延伸，可以使信号回流的平行地线数目大大增加。网格接地系统是减小走线电感的有效方法，可以提供RF射频电流返回，特别适用于数字电路。在进行布线时，应首先将地线网格布好，然后再进行信号线和电源线的布线。对于双面布线时，如果过孔的阻抗可以忽略，则可以在线路板的一面走横线，另一面走竖线，即网格接地系统在PCB上包括水平和垂直接地路径。高速信号应尽量靠近地线，以减小环路面积。

网格大小通常为0.5in(1.27cm)，设计中应尽可能宽；网格尺寸准则为最高频率对应波长的1/20。对于双面板，电源和地走线以90°分布，通常地的走线以垂直方向在顶层布线，而电源以水平方向在底层布线。水平和垂直走线在相交处可通过连接孔连接。网格状接地结构如图5-3所示。

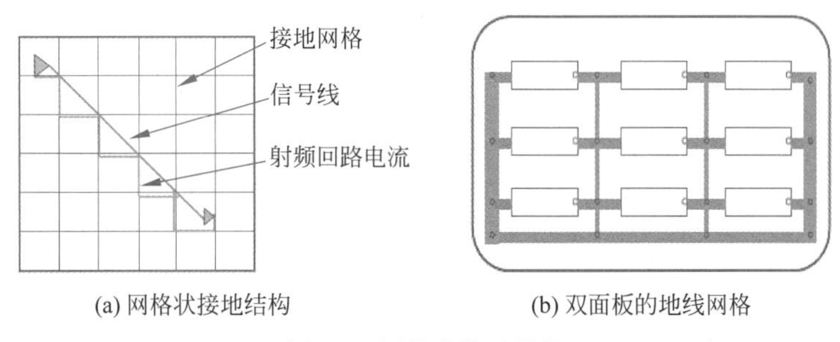

(a) 网格状接地结构　　(b) 双面板的地线网格

图 5-3 网格状接地结构

从图5-3(a)可以看出，如果网格的尺寸比规定的要小，RF射频返回电流将以更近的镜像返回，这样会产生一个旋绕的环路面积，增加了产生的RF射频能量，因此在设计中，更大的网格尺寸可以接受，但过于小的网格也应尽量避免。另外，网格走线的宽度要尽可能地宽，但实际很难实现，通常的网格都是使用窄导线制作的，设计时只要保证走线的宽度可以提供0V返回电流。另外，在使用网格状接地和电源结构时，要尽可能多地将网格连接在一起,从而使得 RF 回流总可以找到一个可靠的低阻抗返回通路。

在某些情况下,不合理的布线会使镜像面失去作用。如信号线存在于镜像面上,镜像面就会被隔离成许多小的部分,在信号层上是与之对应的信号走线,射频电流必须绕过镜像平面上的走线,经过长路径返回,形成射频环路天线,产生射频场。过多地使用通孔器件或过孔,同样会导致电源层或接地层大面积的不连续,回路电流只能围绕孔或槽流动,返回路径出现额外长度,这个长度也可以引起反射,影响信号的完整性和功能。一般来说,在通孔器件之间布线时,必须在走线和没有孔的区域保持使用 3-W 原则。另外,电容也可以为流过孔或槽的射频电流提供交流并联回路。

5.2 元件间环路面积的控制

在 PCB 设计中,为了抑制电磁干扰,必须严格控制元件间的环路面积。回路是射频能量的主要传播者,如果在设计中没有提供良好的射频回流系统,那么射频电流就有可能通过任何路径或媒质返回它的源,如自由空间、器件、地层、相邻的线路或其他路径。射频能量辐射的大小就与射频电流形成的回路面积成正比,即回路面积越大,射频能量辐射得也就越大。那么在 PCB 设计中,就要采取措施控制回路面积。5.1 节讨论的镜像面,实际也是无穷多个平行的射频返回路径中的一个。镜像层可以提供最优化的射频返回路径,减小回路面积,从而减少串扰和电磁干扰。根据差模辐射和共模辐射的机理,差模辐射与环路面积大小有关,环路面积越大,差模辐射越大。故要减小差模辐射,也必须减小环路面积。

对于低频信号,$R \gg wL$,回流电流流经电阻最小的路径;对于高频信号,$R \ll wL$,回流路径的电感远比其电阻重要,电感起主要作用,高频电流流经电感最小的路径,而不是电阻最小的路径,或几何上最短的路径,如图 5-4 所示。最小电感回流路径正好在信号导线的下面,这样可以减小流出和流入电流通路间的环路面积,从而降低辐射。

最大信号回流密度如图 5-5 所示。从图 5-5 可以得出,信号电流密度 $i(D)$ 与信号电流 I_0、走线高度 H、距信号的垂直距离 D 之间的关系近似为

$$i(D) = \frac{I_0}{\pi H} \cdot \frac{I}{1+(D/H)^2} \tag{5-3}$$

其中,$i(D)$ 为信号回流密度,单位为 A/in;I_0 为总信号电流,单位为 A;H 为走线距地层或地线的高度,单位为 in;D 为回流密度距信号线中心的距离,单位为 in。

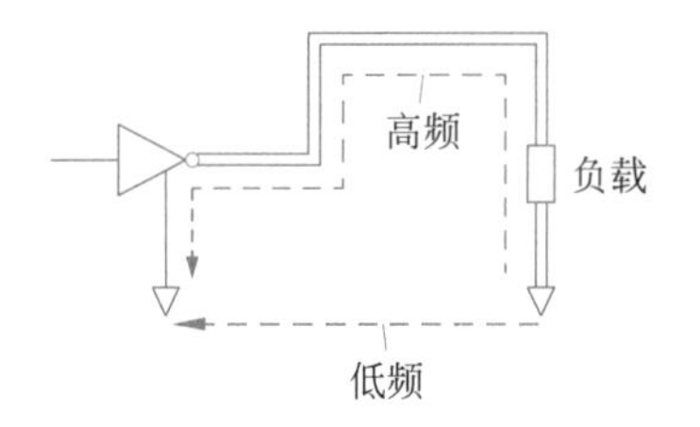

图 5-4 高频和低频回流路径

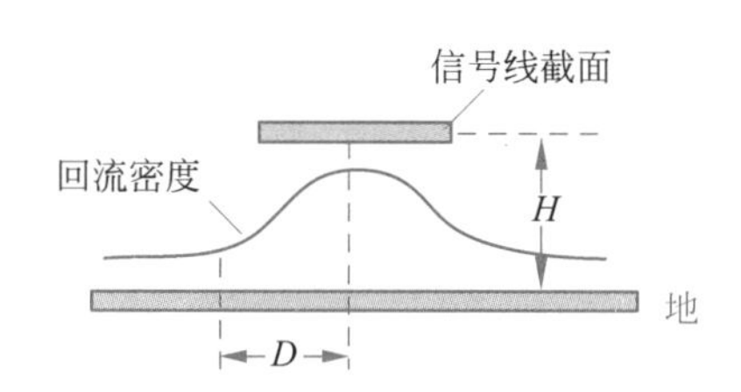

图 5-5 最大信号回流密度

图 5-6(a)和(b)示意了单面板和双面板中由于元件的不同放置所产生的不同回路面积,图 5-6(c)示意了多层板产生的回路面积。由于回路感应电磁场与回路区域的大小有关,

回路区域越大,感应的电磁场越大,而且大的回路面积也非常容易产生 ESD 感应场,故应尽可能地减小回路面积。图 5-6(a)存在一个最大的回路面积,(b)次之,(c)最好。由于多层板使用了电源层和接地层,而电源层和接地层可减小电源分配系统的电感,降低电源分配系统特性阻抗,从而减小板上电压降,使得地电位跳跃减小。多层板结构可以减小潜在的 ESD 感应场,即有效减小向空间辐射的电磁能量。

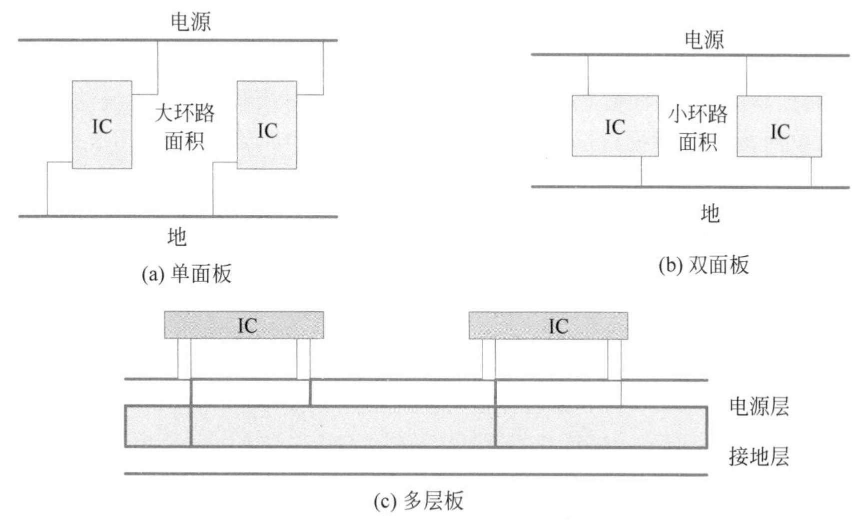

图 5-6　PCB 上的环路面积

以上讨论了环路面积与辐射的比例关系以及不同的 PCB 设计所产生的不同环路面积。那么,要减小电磁辐射,就必须尽可能地减小环路面积。一般来说,环路面积大小与元件的封装、元器件的放置、引线以及 PCB 的连接方式等几个因素有关。

元器件的封装与环路面积有着非常密切的关系。在第 3 章已经阐述过,元器件的封装目前有两种:传统的通孔安装和新型表面安装。对于传统的通孔安装,因为走线的环路与引入到器件内的整体呈感性的连线相比要小,连接导线可以成为有效天线,特别是高频或逻辑器件工作在亚纳秒范围内的元器件。在这种情况下,DIP(双重封装)的应用会产生大量的射频场。随着表面安装技术的发展,元件的封装已经具备组装密度高、体积小、重量轻;可靠性高、抗震能力强和高频特性好等许多优点。无引线或短引线使得 SMT 元器件在高频线路中减小了分布参数的影响,减少了电磁和射频干扰。与通孔安装元器件相比,表面安装元器件也可以使环路面积大大减小,特别是对多层板的设计。另外,元器件的引脚配置,特别是电源和地的位置也影响着环路的面积。

在 PCB 设计原则中,元器件的放置直接影响 PCB 布线的效果,合理的布局是 PCB 设计成功的基础。元器件放置的好坏也会影响环路面积。同样地,元器件间的引线(即布线)也会影响到环路面积,如将高速信号线尽量接近地线,即在那些能产生较强辐射的信号线,如本振信号、时钟信号或地址的低位信号线、模拟电路信号的旁边布一条地线,就可以形成小的环路面积。如果是单面板,就在这些信号线旁边布一条地线;如果是双层板,则在线路板的另一面,即在靠近此类信号线下面,沿着信号线布一条地线,均可以达到减小环路面积的目的,如图 5-7 所示。

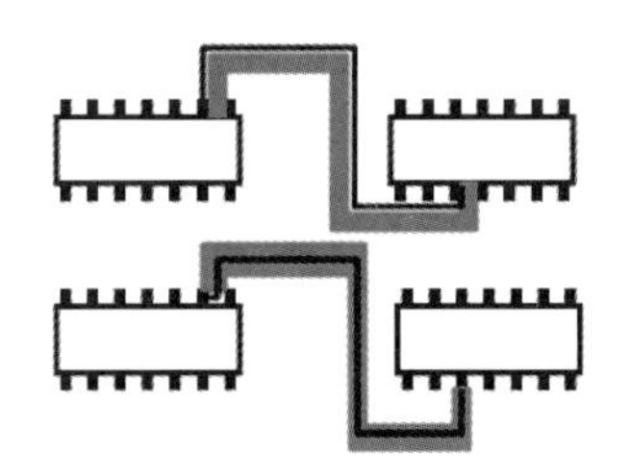

图 5-7　单层双层环路面积的减小

减小环路面积时,还应注意信号环路也不应重叠,这对高速度、大电流的信号环路尤为重要,特别是单面板和双面板,最好每条信号线都有自己的回流线,如图 5-8 所示的单面板,在某一时刻 IC＃2 的 0～6 脚输出电流瞬时升高,而 7 脚在逻辑上应该没有输出电流,但由于 IC＃1 和 IC＃2 接地引脚只有一条走线相连,因此所有信号环路都是相互重叠的,0～6 脚输出电流瞬时升高就会导致 7 脚的环路中产生感应电流,解决的办法就是将单面板换成双面板,双面板的另一面做地层就可以避免信号环路重叠。

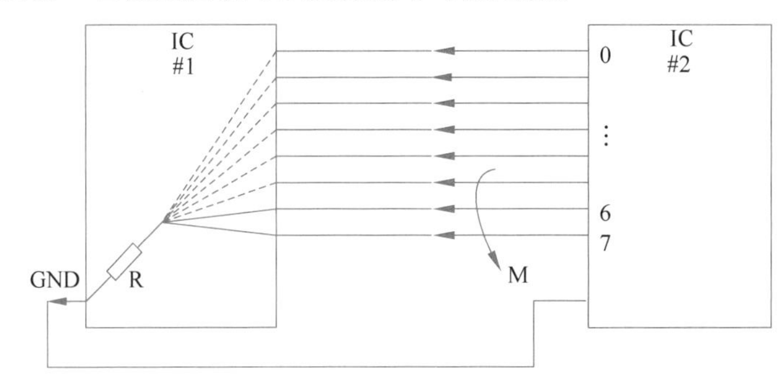

图 5-8　信号环路重叠

当地线网格的平行导线无限多时,就可以构成一个连续的导体平面,即接地面。由于在多层板中很容易实现一个或多个接地面,所以多层板可以提供更好的回流路径,提供最小的电感,减小射频电流。随着高速、高频电路的广泛应用,多层板用得越来越广泛,但在多层板中的应用中,要注意信号线特别是高速信号线不能跨越地层上的隔缝,目的也是减小信号环路的面积。如果跨越就会使信号回流线由于地层缝隙引起环路面积扩大,如图 5-9 所示。双层板上也可以使用地线面,地线面要位于需要低阻抗地线的信号线下面,不能只是在布线时,将没用的面积布上铜箔后接到地线上。

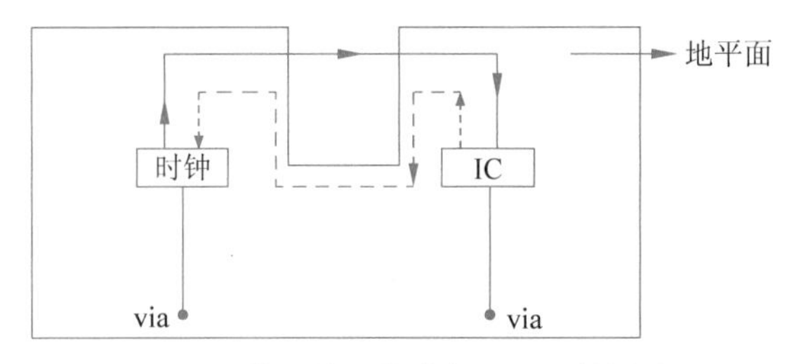

图 5-9　信号线不能跨越地层上的隔缝

表 5-2 给出了不同逻辑电路为了满足电磁干扰指标要求所允许的环路面积。

表 5-2　不同逻辑电路允许的环路面积

逻辑系列	上升时间	电　流	不同时钟频率(MHz)允许的面积(cm^2)			
			4	10	30	100
4000B	40	6	1000	400		
74HC	6	20	50	45	18	6
74LS	6	50	20	18	7.2	2.4
74AC	3.5	80	5.5	2.2	0.75	0.25
74F	3	80	5.5	2.2	0.75	0.25
74AS	1.4	120	2	0.8	3	0.15

5.3　三种主要的接地方法

5.3.1　接地基本概念

接地技术是PCB电磁兼容设计中一项非常重要的内容，是抑制电磁噪声和防止干扰的重要手段之一。“接地”从字面上来看十分简单，实际上在电磁兼容设计中，接地是最难掌握的技术。“接地”的概念首次应用在电话的设计开发中，从1881年年初开始采用单根电缆为信号通道，大地为公共回路，这就是第一个接地问题。由于接地没有一个非常系统的理论或模型，设计师很难提出一个绝对正确的接地方案，多少会遗留一些问题。另外，接地也是一个十分复杂的问题，对于不同的场合都有不同的设计方案，一个很好的方案不能适应所有的设计。接地设计在很大程度上取决于设计师对接地的理解程度和具体的设计经验。

“地”可以是大地。陆地使用的电子设备通常以地球的电位作为基准，并以大地作为零电位。“地”也可以是电路系统中某一电位基准点，并设该点电位为相对零电位，但不是大地零电位。例如，电子电路往往以设备的金属底座、机架、机箱等作为零电位或“地”电位，但金属底座、机架、机箱却不一定和大地相连，即设备内部的“地”与大地不一定同电位。一般情况下，为了防止雷击对设备和人员造成危害，将金属底座、机架、机箱与大地相连。一般来说，接地的目的有以下三点：

(1) 使整个电路系统中的所有单元电路有一个参考零电位，从而保证电路系统能稳定地工作。

(2) 防止外界电磁场的干扰。机壳接地可以使得由于静电感应积累在机壳上的大量电荷通过大地泄放，否则火花放电会对设备造成干扰。另外，接地也可以达到良好的屏蔽效果。

(3) 保证人身安全。

由于大多数的产品都要求接地，虽然接地可以是真正接地、隔离或浮地，但接地结构必须存在。接地可以使不希望的噪声干扰极小化，并对电路进行划分。根据接地所达到的不同效果，接地包括安全接地和信号电压参考地两种。安全接地是为了保证人身安全和电气设备安全的，通过一条低阻抗的电流通路连接到大地的接地方式。当电流流过人体时，会发生电击，毫安级的电流在健康人身上可能引起导致间接危险，所以提供安全接地主要是为了防止人、动物及其他生物触电。在正常情况下，在PCB上可能存在的任何绝对值高于42.4V的交流峰值电压或60V直流电压，均认为是危险的。接地的好坏取决于接地电阻的大小,通常要求接地电阻越小越好,接地电阻大小与接地装置、接地土壤状况、环境条件等因素有关。安全接地的连接越多,对人身的伤害越小。安全接地也包括对雷电及静电放电的保护。通常情况下,安全接地对电磁兼容性没有要求。

安全接地作用实例如图 5-10 所示。如果机壳未接地,当外部导线接触不好时,会造成机壳与安全地之间有 220V 电压,如果此时人手触摸机壳,对人会造成伤害;但机壳如果接地,当外部导线接触不好时,机壳与安全地之间将没有电压降,外界导线即使有漏电,也会通过机壳流入安全地。

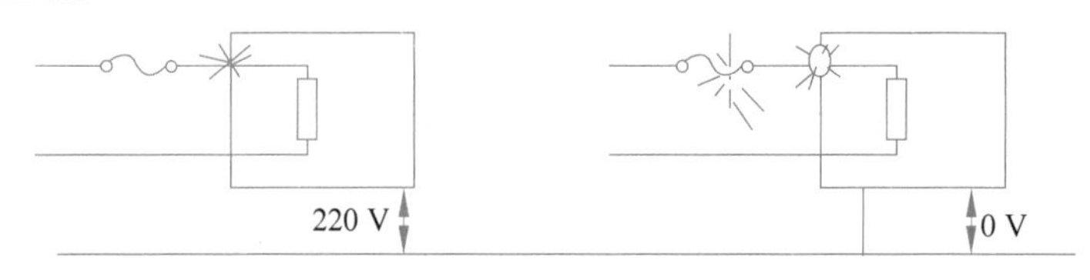

图 5-10 安全接地

信号电压参考地是在系统和设备之间,为各种电路提供一个具有公共参考电位的信号返回通路,即信号电流流回信号源的低阻抗路径,如图 5-11 所示。信号地可以不连接到大地电位上。

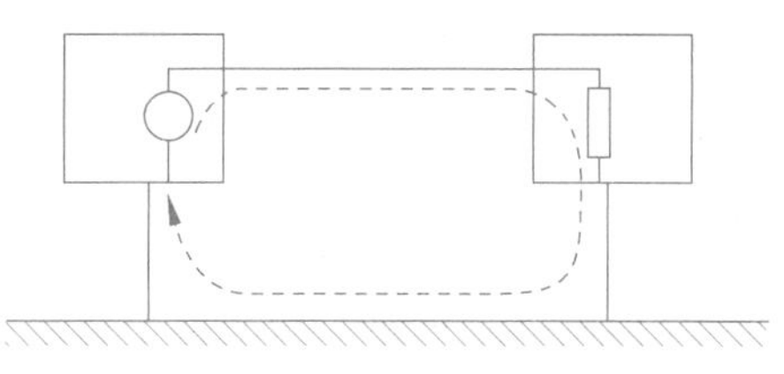

图 5-11 信号电压参考地

为了实现良好的电路功能,电源和负载必须有相同的电压参考电平。逻辑电路以 0V 电平为电压跃迁的参考电平,如果两个电路的参考电平不一致,就会发生如噪声容限和逻辑开关门限电平的紊乱,而这个接地噪声就会导致共模电流的产生,从而引起共模辐射及共模干扰,这是不希望发生的。"地"被定义为一个等位点,用来作为两个或更多系统的参考电平。但实际应用并不总是这样,如数字地也许和模拟地完全不同,模拟地也许和机壳地完全不同,这个定义也没有强调 RF 射频电流的返回路径。前边已经讨论过,在电路中提供一个良好的 RF 射频电流的返回路径的重要性,它会减小环路面积,降低辐射噪声。信号地的较好定义是一个低阻抗的路径。信号地通常由以下因素决定:

- 产品设计类型;
- 运行时的频率;
- 所使用的逻辑设备;
- 输入输出互连;
- 模拟和数字电路;
- 产品安全性。

从信号地的分析可知,电流要走最小阻抗路径,而地电流流动的确切路径并不知道,这样地电流就会失去控制。根据欧姆定律,在地线上就会产生地线电压,那么,地线是等电位的假设将不成立,就会导致地平面中某些区域的电位不等于零,如图 5-12 所示。

根据地作用的不同,地可分为信号地、共用地、模拟地、数字地、安全地、噪声地、纯净地、大地、硬件地、单点地、多点地、屏蔽地以及射频 RF 地等。在设计产品时,必须明确接地方法,以上几种地不能随意乱用。PCB 设计只与部分接地问题有关,主要包括以下两个问题:

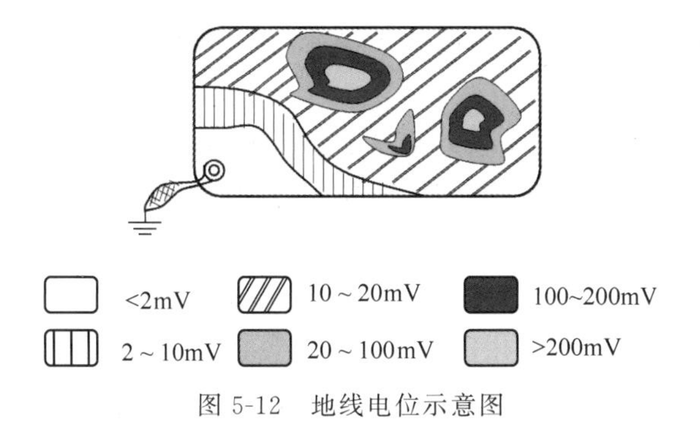

图 5-12　地线电位示意图

- 模拟地和数字地之间的参考连接；
- PCB 的地层和金属壳之间的高频连接。

5.3.2　接地方法

接地的方法很多，具体使用哪一种方法取决于系统的结构和功能。现在存在的许多接地方法都是来源于过去成功的经验，这些方法包括浮地、单点接地、多点接地以及混合接地。接地方法如图 5-13 所示。

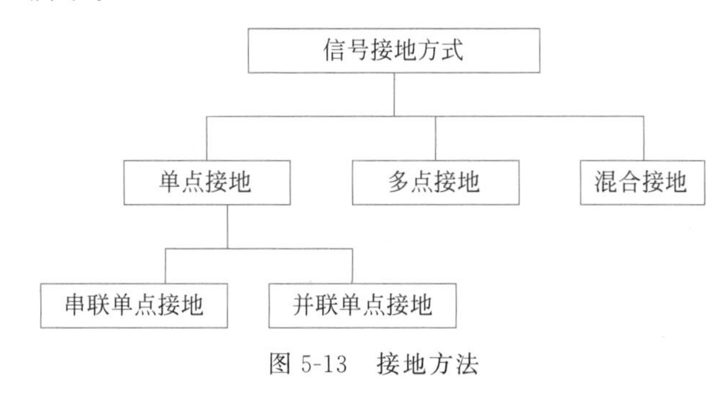

图 5-13　接地方法

1. 浮地

设备内部工作地与外部隔离绝缘，系统的任何地线不通过任何形式最终接到大地上，这种接地方式就是浮地方式。浮地多采用变压器隔离、光隔离和继电器隔离等方式，它可以避免干扰信号进入信号电路，但缺点是容易产生静电荷堆积和静电放电。在有些电子系统与设备中，为了防止机箱上的干扰电流直接耦合到信号电路中，有意使电路单元的信号地与设备机箱绝缘，采用这种浮地接地法，如图 5-14 所示。这种接地方式通常用于具有塑料外壳，使用安全电压的小型设备，如移动终端、MP3、收音机等。

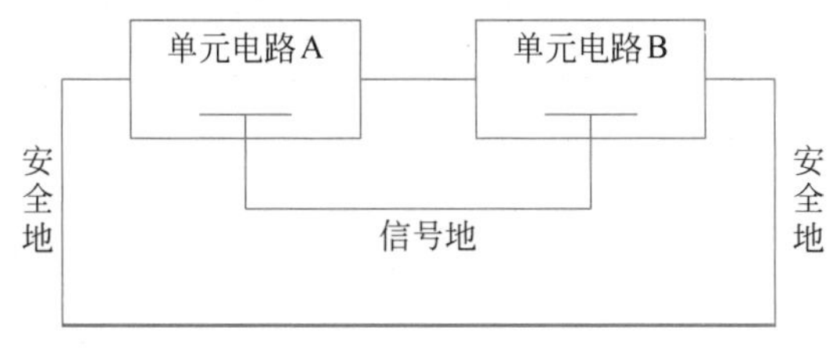

图 5-14　电子系统与设备的浮地

由于浮地容易产生静电荷堆积和静电放电，在雷电环境下，还会在机箱和单元电路之间产生飞弧,甚至使操作人员遭到电击,因此浮地不宜用于通信系统和一般电子产品。

2. 单点接地

单点接地是为许多在一起工作的电路提供公共电位参考点,系统或设备上仅有一点接地,信号可以在不同的电路之间传输。若没有唯一的公共参考点,就会出现错误信号传输,具有不同参考电平的两个不同系统中的电流与射频电流将会经过同样的返回路径,导致共阻抗耦合。单点接地要求每个电路只接地一次,并且接在同一点。该点常常以大地为参考。由于只存在一个参考点,因此可以相信没有地回路存在,可以消除信号地系统中的干扰电流闭合回路,使干扰电流的磁影响最小,但它的缺点是容易产生天线接收或发射效应。图 5-15 为单点接地实例。

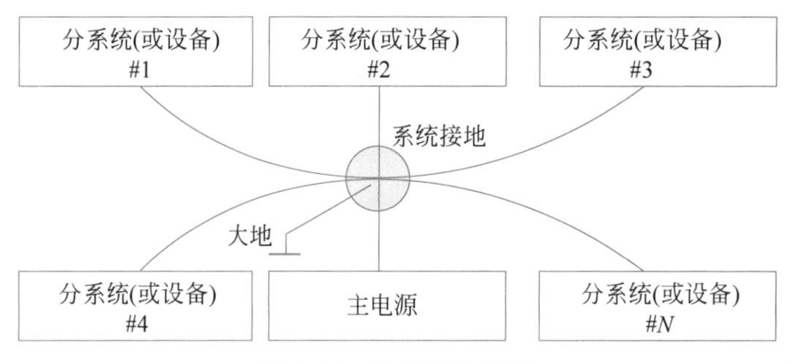

图 5-15　单点接地实例

单点接地适用于工作频率低于 1MHz 的低频电路,如音频电路、模拟设备、工频或直流电源系统。单点接地不适合于高频电路。因为在高频电路中,返回路径的电感不可忽视,使得返回路径的阻抗变得非常大,随之产生电压降,产生不希望有的射频电流。

单点接地包括串联接地和并联接地两种方式。串联接地是一个串级链结构,如图 5-16(a)所示,(b)为单点串联接地的等效电路。

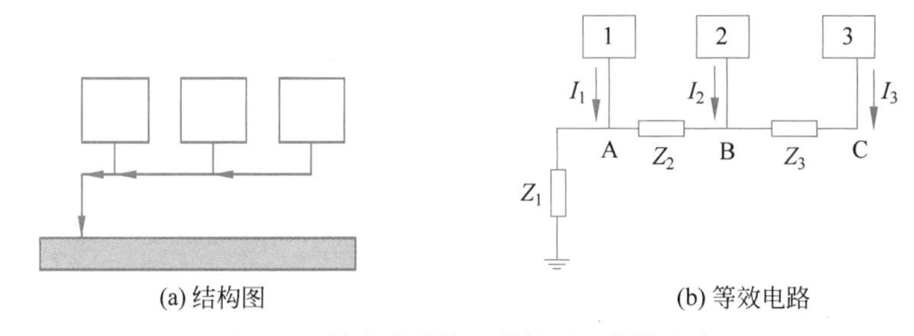

图 5-16　单点串联接地结构图和等效电路

单点串联接地的优点是结构简单。在这种广泛采用的接地方法中,最后返回路径的总电流是每个路径电流之和,此大电流在即使有限的阻抗上也会产生电压降,使电路达不到预期的效果,从等效电路可以计算出 A、B、C 三点的电位分别为

$$U_A = (I_1 + I_2 + I_3)Z_1 \tag{5-4a}$$

$$U_B = U_A + (I_2 + I_3)Z_2 \tag{5-4b}$$

$$U_C = U_B + I_3 Z_3 \tag{5-4c}$$

由此可见,$U_A < U_B < U_C$,地线不再是等电位线,也会产生公共阻抗耦合,图 5-17(a)为单点串联接地的共阻抗耦合干扰,(b)为改进的电路图。

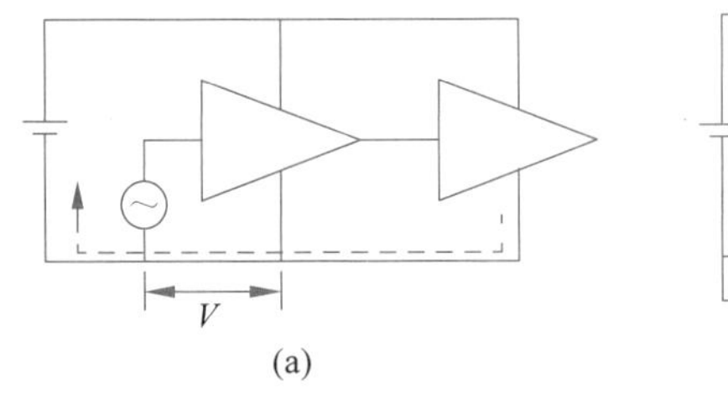

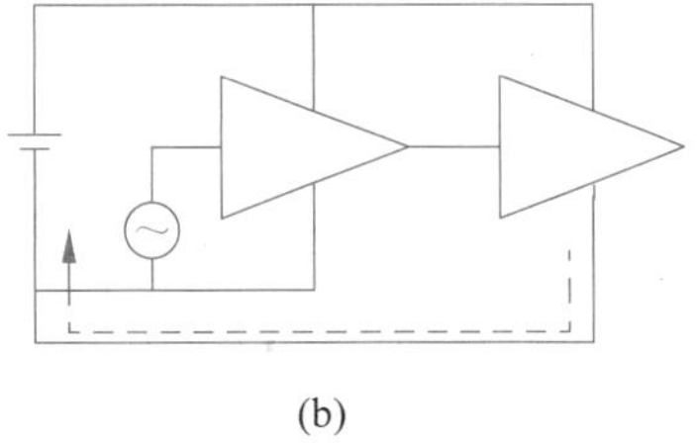

图 5-17 单点串联接地的共阻抗耦合干扰和改进电路图

并联接地是一种比较好的单点接地方法，如图 5-18 所示。

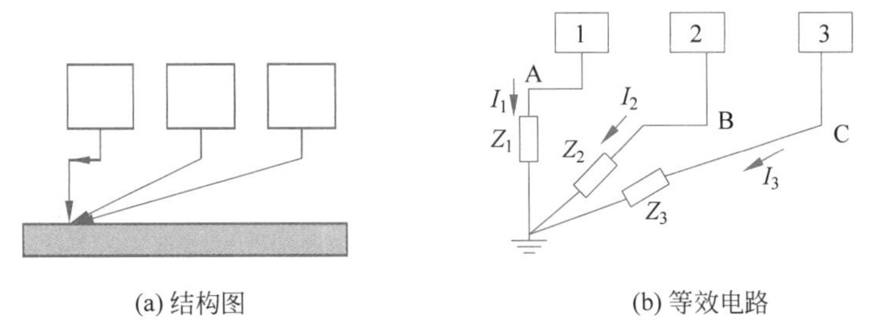

图 5-18 单点并联接地结构图和等效电路

从等效电路可以计算出 A、B、C 三点的电位分别为

$$U_A = I_1 Z_1 \tag{5-5a}$$

$$U_B = I_2 Z_2 \tag{5-5b}$$

$$U_C = I_3 Z_3 \tag{5-5c}$$

由上式可见，电路的地电位只与本电路的地电流及地线阻抗有关，不受其他电路的影响，无共阻抗耦合，这就是单点并联接地的优点，它的应用非常广泛。

并联接地也有它的缺点，如果多个 PCB 组合使用，或一个最终产品使用多个组合体，其中某一条回路也许很长，地线也许会存在一个很大的阻抗，与希望的低阻抗返回路径相抵触。并联接地的另一个缺点就是接地线过多，会产生明显的接地导线间的电磁耦合。

3. 多点接地

图 5-19 为多点接地的实例。从图中可以看出，设备内电路都以机壳为参考点，而各个设备的机壳又都以地为参考点。这种接地结构能够提供较低的接地阻抗，这是因为多点接地时，每条地线可以很短；并且多根导线并联能够降低接地导体的总电感。在高频电路中必须使用多点接地，并且要求每根接地线的长度小于信号波长的 1/20。

多点接地适用于工作频率大于 1MHz 的电路，由于很多低阻抗路径并联，多点接地可以减小射频电流返回路径；电源和接地面的低电感特性，可以提供低的平面阻抗，消除地线上的高频驻波现象，在 PCB 上提供最大的电磁干扰抑制。此方法虽然在 0 参考点上有许多并联接地线，但它仍然可能会在两个接地引线之间产生接地环路，这个接地环路会感应 ESD 磁场能量或电磁干扰辐射能量。为了防止这种接地环路，要特别注意接地引线之间的距离，保持两个接地引线之间的物理距离不能超过被接地的电路最高频率信号波长的 1/20，另外保证元件接地引线的长度尽可能短。图 5-20 为多点接地结构图，图 5-21 给出了产生地环路的具体电路。

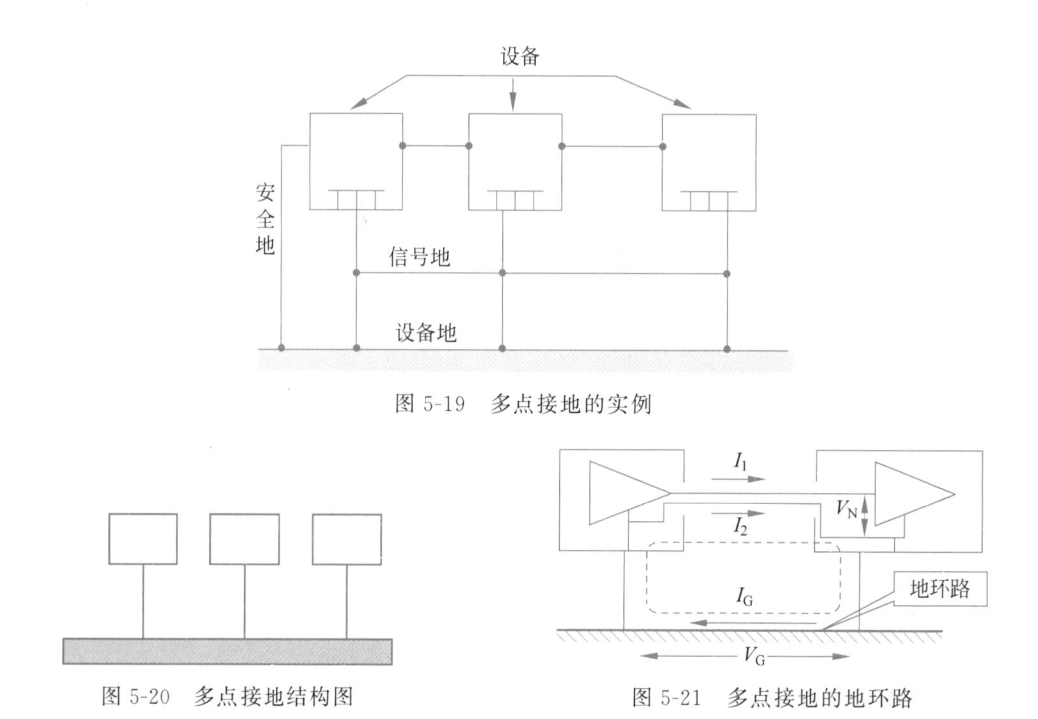

图 5-19　多点接地的实例

图 5-20　多点接地结构图

图 5-21　多点接地的地环路

在多点接地的具体应用中,通常利用隔离变压器或光隔离器切断地环路,如图 5-22 所示。

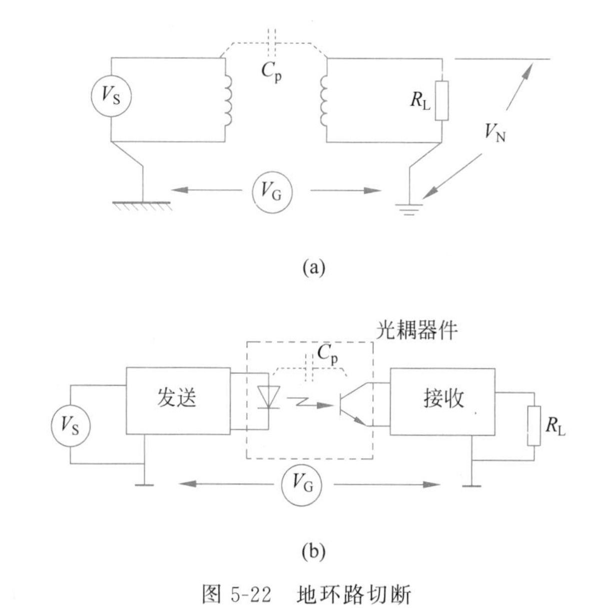

图 5-22　地环路切断

在 PCB 中采用多点接地也容易出现谐振,这种谐振发生在接地引线与交流参考平面或机座平板之间,谐振的产生取决于接地引线位置之间的距离和激励信号的频谱。由于除了接地机架及接地引线的电容和电感外,在电源和接地平板之间也存在着寄生电容和电感,这个阻抗就可能产生谐振。如图 5-23 所示。电源和接地平板装置的自谐振频率可由 $f=1/2\pi\sqrt{LC}$ 计算。其中 L、C 的大小很难确定和应用。

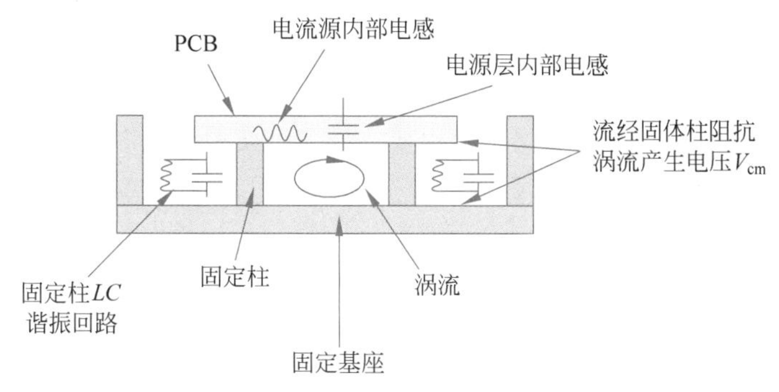

图 5-23 机壳地板多点接地的谐振

综上所述，在电路设计中，对于模拟电路，多数工作在低频情况下，应优先选用单点接地；而对于数字电路，多数工作在高速情况下，应优先选用多点接地；对于模拟数字电路，应设置各自独立的参考地，避免二者之间相互干扰。

4. 混合接地

混合接地既包含了单点接地的特性，又包含了多点接地的特性，是单点接地和多点接地的复合，适用于工作频率高低混合的电路。例如，系统内的电源需要单点接地，而射频信号又要求多点接地，这时就可以采用如图 5-24 所示的混合接地。对于直流，电容是开路的，电路是单点接地；对于射频，电容是导通的，电路是多点接地。

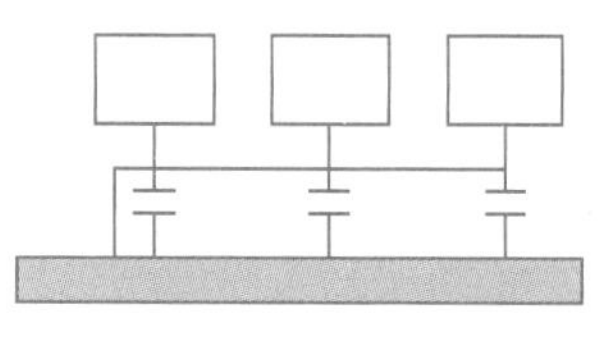

图 5-24 混合接地

图 5-25 为串联单点、并联单点混合接地实例。它将电路按照特性分组，相互之间不易发生干扰的电路放在同一组，易发生干扰的电路放在不同的组。每个组内采用串联单点接地，获得最简单的地线结构，而不同组的接地则采用并联单点接地，以避免相互之间的干扰。

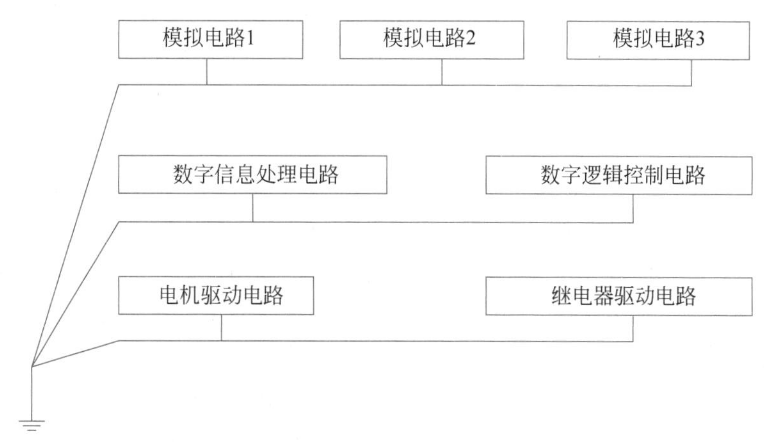

图 5-25 混合接地实例

5. 多层板的接地方法

多层板的接地方法要注意以下几点：

（1）接地层与电源层相邻，最好在上。

（2）多个接地层要多处相连接。

（3）局部接地层铜板要用螺钉直接与机架相接。

(4) 模拟地和数字地要分开。

(5) I/O 地与内部地要分开。

(6) 保护地线、分流地线、静电保护线也要直接与机架相接或多处接地。

(7) 不要破坏接地层的完整性。

6. PCB 地线设计原则

PCB 地线设计原则包括以下六点:

(1) 分地原则。

- 低频电路地应尽量采用单点接地,或采用部分串联后再并联接地;
- 高频电路应采用多点接地,地线应短而粗;
- 高频元件周围尽量用栅格状大面积地箔。

(2) 地层板上的隔缝不要阻挡高频回流的通路。

(3) 避免把连接器装在地层隔缝上。

(4) 数字电路应视为高频模拟电路。

(5) 接地线应尽可能粗。

(6) 消除高频接地环路。

5.4 分区法和隔离法

5.4.1 分区法

大多数的电子系统与设备总是包含有多个功能子模块电路,一个功能子模块电路都是由一组器件以及它们各自的支持电路构成,由于不同功能子模块具有不同的频谱带宽,为了防止不同带宽区域之间的相互耦合,在 PCB 设计时都必须采用功能划分对 PCB 进行分区。分区的主要目的是要把有干扰的电源、接地层和其他功能区与无干扰的或静态的区域分开,故分区包含两个区域,即功能子系统和静态区域。

1. 功能子系统

功能子系统由一组元器件和它们各自的支持电路组成。为了得到最短的布线长度和优化的功能特性,放置元件时应彼此靠近。各功能区的布局要根据实现功能的需要、频率接近、电平接近以及节省空间等几方面来决定。进行分区和布局时,也要处理好各功能区的接地和电源及公共地和电源的连接。在具体设计中,没有统一的基准地是经常发生的错误,统一的基准地是以系统的零为基准,不一定是 PCB 上的接地平面。

在 PCB 的布局中,元件的放置位置非常关键,直接影响分区的效果。在 PCB 分区时应注意以下几点:

- 按逻辑功能划分为小的区域,减小信号线的长度和减少反射;
- 保持信号完整性使布线更容易;
- 避免产生孔通路,每条孔通路将增加线路电感 1～3nH;
- 高速设计大量使用接地点,使接地层与机壳的地相接。

图 5-26 为 CPU 主板功能分区的例子。

从图 5-26 可以看出,不同的 RF 能量带宽元件应当放置到不同的位置,不要混合放置;

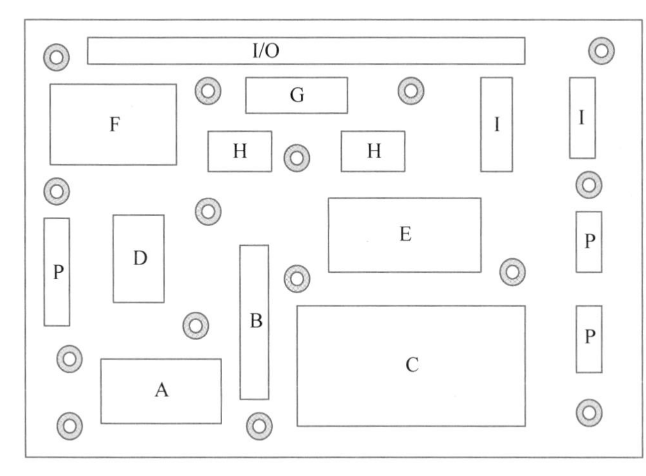

图 5-26 CPU 主板功能分区

CPU 的工作频率高，边沿速率快，会导致非常高的频谱频率，故采用了多接地点。每个小部分都有 4 个接地点围绕，利用多点接地接到机壳地，接地点通过螺丝钉、弹簧片、垫圈接到机壳地；如果是高频电路，还可以接入并行去耦电容，提供可靠的 RF 返回路径。

功能分割实际上是将一个功能区域从另一个功能区分离出来，以便使功能不同的电路隔离开来，如图 5-27 所示。在 PCB 设计中进行功能分割主要是把与特性子区域相关的电磁场限制在需要这部分能量的区域，如限制时钟区域的能量使其不能传递到 I/O 电路或相互连接中。故适当地分割可以优化信号的质量，并且可以简化布线。分割也可以使 RF 环路面积更小。

<table>
<tr><td rowspan="2">适配卡</td><td>慢速的I/O相互连接</td><td rowspan="2">视频</td><td rowspan="2">音频</td></tr>
<tr><td>逻辑单元</td></tr>
<tr><td>模拟信号处理</td><td rowspan="2">CPU和时钟逻辑</td><td rowspan="2" colspan="2">电源</td></tr>
<tr><td>存储单元</td></tr>
</table>

图 5-27 功能分割实例

电源线和地线的耦合也多通过功能分割来减少它们之间的耦合。图 5-28 给出了用功能分割技术将四个不同类型的电路分割开的例子。在地线面，非金属的沟用来隔离四个地线面。L 和 C 作为板子上每部分的过滤器，减少不同电路电源面间的耦合。高速数字电路由于其更高的瞬时功率需求而要求放在靠近电源入口处。接口电路可能会需要抗静电放电和暂态抑制的器件或电路来提高其电磁抗扰性，应独立分割区域。对于 L 和 C 来说，不同分割区域最好使用各自的 L 和 C，而不是用一个大的 L 和 C，因为这样它可以为不同的电路提供不同的滤波特性。

在图 5-28 中还应注意，由于数字地和模拟地必须分开，以避免两者之间的耦合，但必须注意数字地和模拟地之间的任何连线都不要跨过地线缝隙，而要从两者的连接点上跨过。

2. 静态区域

静态区域是物理上独立于数字电路和电源与接地层的部分。这种隔离避免了 PCB 上的其他区域的噪声源干扰其他敏感电路。如从数字电路的电源层噪声进入到模拟器件的电源引脚，或音频元件、I/O 滤波器、互连等元件的电源引脚。静态区域的布局可以根据需要来定，一般来说，数字电路与模拟电路之间，敏感电路功能区，每一个 I/O 端口处都应该设

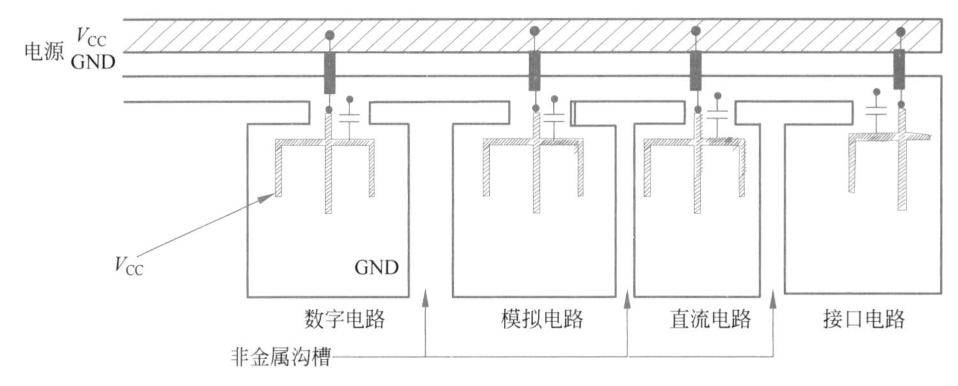

图 5-28　功能分割模块

计一个特选的静态区。在低频 I/O 端口处应放置高频旁路电容(470～1000pF)。图 5-29 为静态区域的示意图。

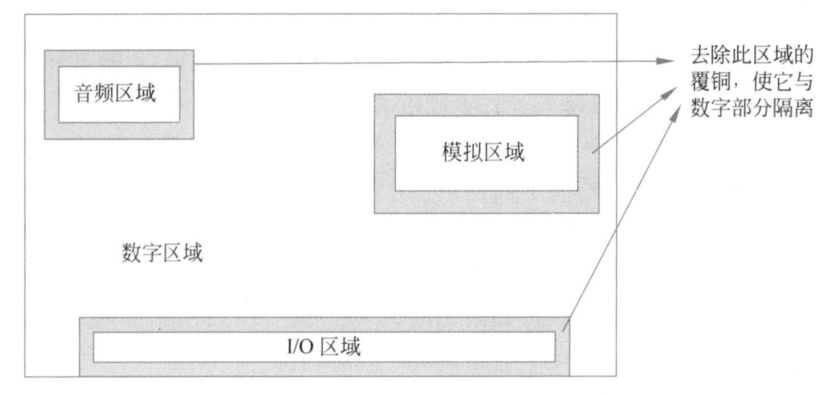

图 5-29　静态区域

为了实现静态区域,主要采用分区及开沟技术,静态区域可以是:

- I/O 信号进出完全隔离的变压器或光器件连接,可实现 100%隔离;
- 具有滤波功能的数据线;
- 通过高阻抗的共模或差模电感滤波器;
- 由铁氧体环(ferrite bead-on-lead)保护。

如果只经单点实现电源或接地连接,这种单点连接就称为桥。如果静态区是由护沟包围的孤岛,所有的连接都应当经过一个桥或隔离变压器等方式跨越护沟进入该静态区。

3. 局部化的接地层

将振荡器、晶振和所有时钟支撑电路安装在一个单独的局部接地层上,就是局部化的接地层,它也是分区的一部分。局部化的接地层与 PCB 上主要的内部接地层直接相连,安装在接近接地引线的地方,振荡器的接地引脚和最少两个附加接地转孔与局部接地层相连。

振荡器内部电路决定了 RF 射频电流,振荡器的封装多为金属壳,DC 电源引脚为 RF 电流从振荡器电路流入地中提供了一个通道,而振荡器电路下安装的局部接地层就为此 RF 射频电流提供了一个高效的返回路径——镜像层,从而减小了 RF 辐射能量。另外还要注意,振荡器的逻辑支持电路,如时钟激励器,储存器等必须要靠近振荡器放置,避免产生共模和差模 RF 电流,这些均会影响到电路的电磁兼容性。

5.4.2　隔离法

隔离是要把器件、电路和电源层和其他功能设备、区域和子系统从物理上隔离。隔离有以下几种常用方法：

（1）隔离可通过使用壕在所有层上形成没有铜片的空白区来实现；

（2）无铜片区可通过最小宽度为0.05in(50mil)间隔产生。

有两个方法可将线路、电源和接地层连到此区域：

（1）使用独立变压器、光隔离器、共模数据线滤波器；

（2）搭桥。

科技简介5　地线与接地电阻

无论哪里存在着电，都会有电击的危险。尤其是对于那些在高压电线附近工作的人们。

人类通常不是电的最好的导体，当人的皮肤干燥时，会对电流产生很强的阻力。由欧姆定律可知，电阻越高，电流强度越低。正是电流（即带电微粒的流动）会对人体造成伤害。由于电流可以产生很大热量，它可以造成人体烧伤，也很有可能同时造成心率的紊乱。

但如果电压足够高，由欧姆定律可知，即使电路电阻很大，电流也会很高。所以，在电力和电力设备周围必须要注意安全，尤其是在电线周围。

电力设备的一个共同的安全标志是电源线上的第三条插线，通常人们称为地线，它比其他两条拆线伸出得更远。它并非是为设备提供能量，很多设备包括许多老式的模型，在电源线上都没有地线。地线的功能是将可能寄居在电力设备上的所有带电粒子都带走。例如，如果带有很强电流的电线偶然与设备的外表面接触，那么这种现象就会发生。设备的外表面一般是金属材料，即导体，那么它将携带和电线上相同的电动势。将能量传入设备的电线一般都会携带很高的电压，如果发生短路，设备的外表面就会带有很高的电动势，这种情况极其危险。如果有通路，电流就会流过。如果一个人触摸设备，或仅仅是擦拭设备，那么他就会成为通路中的一部分或者全部，就会受到电击，电流就会流进他的身体。

但是，如果带电粒子还有另外一条更加适合它流经的通路，即存在另外一条电阻很小的通路，那么电流就会选择另一条通路。人类是导体，但是一般不是很好的导体，而金属是更好的导体。这就是地线的功能，因为它能与设备的金属外表面相接触。

地线通常与所谓的电接地相连。电接地的电动势为零，地球是最大的也是最好的电接地，几乎所有的建筑物都有可能在不经意间累积带电粒子，这样，它们就会产生危险。如果将它们与地面连接起来，正如地线设备外表面和地面相连接一样，它们就不会造成危险了。安装在高层建筑物顶部的避雷针也需要接地。

电器商店的地板上通常会铺有一层厚厚的、绝缘的垫子，这是为了使员工们与地面隔离。当然，另一条通路也存在，电器设备都是接地的。

埋在地下的金属导体或导体系统称为**接地器**，连接接地体和电气设备的导线称为**接地线**。接地电阻是指导体和无限远电位零点之间的电阻，包括接地器电阻、接地器与土壤之间的接触电阻以及土壤电阻。接地电阻通常就是指电流由接地装置流入大地，再经大地流向另一接地体或向远处扩散时所遇到的电阻，接地电阻应该越小越好。

如果球形接地器深埋地下，在计算这种深埋球形接地器的接地电阻时，一般不考虑地面的影响，可将它看成孤立导体球放在无限大的均匀导电媒质中，其电流场与无限大区域中孤立导体圆球的电流场相似。如图 5-30(a)和(b)所示。

接地电阻的大小可以通过电流场计算出来。如果流入大地的电流为 I，土壤的电导率为 σ，深埋球形接地器的半径为 a，则电流密度 J 为

$$J=\frac{I}{4\pi r^2}$$

电场强度 E 的大小

$$E=\frac{J}{\sigma}=\frac{I}{4\pi\sigma r^2}$$

接地球的电位为

$$U=\int_a^{+\infty}\frac{I}{4\pi\sigma r^2}\mathrm{d}r=\frac{I}{4\pi\sigma a}$$

那么，深埋球形接地器的接地电阻的大小为

$$R=\frac{1}{4\pi\sigma a}$$

如果半径为 a 的半球形接地器浅埋地下，如图 5-31 所示，经该浅埋半球形接地器流向大地的电流场与同样形状电极的静电场相似，考虑到地面的影响，该半球形接地器的接地电阻为

$$R=\frac{1}{2\pi\sigma a}$$

(a) 放在无限大均匀导电媒质中

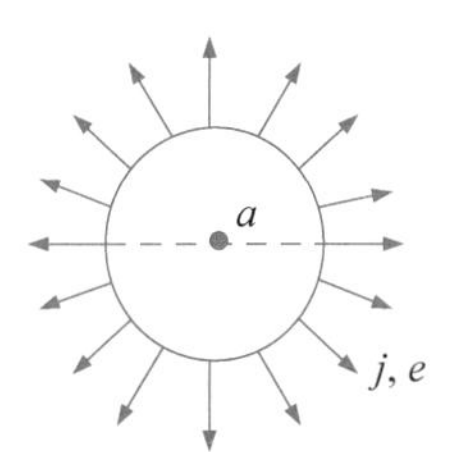

(b) 放在无限大区域中

图 5-30 深埋球形接地器

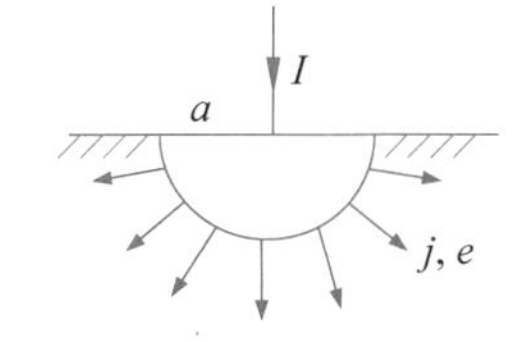

图 5-31 浅埋半球形接地器

习 题

5-1 什么是镜像面？

5-2 PCB 中存在哪几种电感？它们有何不同？

5-3 分析镜像面的工作原理。

5-4 高频和低频信号的回流电流路径是否相同？为什么？

5-5 在 PCB 设计中，如何减小元件间环路面积？

5-6 接地的目的是什么？信号地与安全地有哪些不同？

5-7 三种主要的接地方法是什么？它们的适用的频率范围是多少？

5-8 在 PCB 设计中，如何将功能区分割？

5-9 什么是静态区域？

第6章　旁路和去耦

本章阐述了电容器去耦、旁路、体电容三方面的主要用途。从谐振的基本概念出发，介绍了电容的物理特性及电容的谐振特性，并讨论了并联电容器、电源层和接地层电容、20-H原则的工作特性及计算。最后针对常用电容、去耦电容和大电容的选择和放置给出了具体计算公式及要求。

6.1　电容的3个用途

电容是电路设计中减少电磁干扰的非常重要的元件，在第3章中有过一些介绍，本章将进一步讨论。在PCB设计中如果没有很好地进行电磁兼容设计，唯一补救的方法就是在电路板上外加电容来进行降噪处理，即通过外加电容来实现。在电磁兼容方面，电容的3个主要用途是去耦、旁路和体电容。旁路和去耦可以防止能量从一个电路传到另一个电路，提高配电系统的质量，它主要涉及电源和接地层、器件、内部电源三部分。体电容用于保持器件DC电压和电流恒定，也可防止由器件产生的冲击电流 dI/dt 引起的电压击穿。除此之外，电容也可以用于其他方面，如可用作计时、波成形、积分和滤波等。

6.1.1　去耦电容

去耦(Decoupling)是克服由于数字电路的开关逻辑产生的物理和时间约束的方法。数字电路通常具有“0”和“1”两种逻辑状态，可以通过元器件内部的开关来实现设置和检测这两个状态是“低电平”还是“高电平”。这些器件确定某一状态需要一定的时间，为了防止误触发，就必须有一段保护时间。如果高频干扰增大，在触发水平附近改变逻辑状态将可能产生误触发。在最大电容负载情形下，当全部器件的信号引脚同步转换时，为了在时钟和数据转换之间完成适当的操作，也需要去耦合提供充足的动态电压和电流，通过在电路走线和电源层上确保一个低阻抗电压源来实现去耦合。去耦电容就可以提供这样的低阻抗回路。特别是对于高频干扰，去耦电容有一个不断增加的低阻抗，将高频干扰从信号路径中转移出来。去耦电容的主要作用如下：

- 滤除高速器件在电源板上引起的骚扰电流；
- 为器件和元件提供局部化的DC；
- 减低PCB电流冲击的峰值。

利用去耦电容消除电源线上噪声的电路如图6-1(b)所示。如果未加去耦电容(见图6-1(a))，则高频噪声电流将会形成一个大的回路面积，造成RF射频能量的辐射。而在图6-1(b)中，在靠近元件处放置去耦电容，提供一个低阻抗回路，高频噪声电流形成的回路面积将大大减小，从而减小了RF射频能量的辐射。

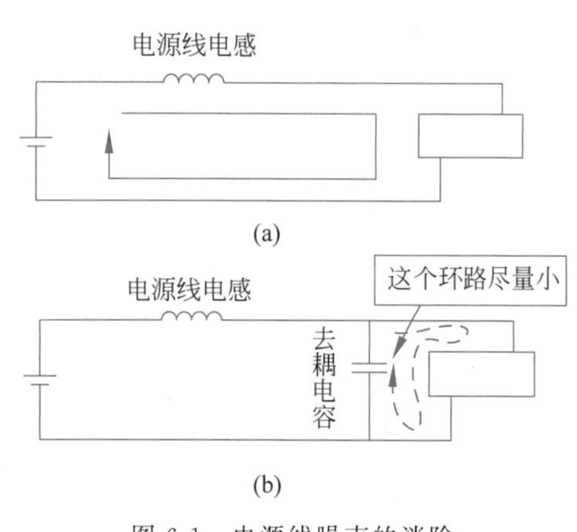

图6-1　电源线噪声的消除

6.1.2 旁路电容

旁路(Bypassing)电容可以将元件和电缆中的RF能量移除,即去除PCB中的高频辐射噪声——共模干扰。它是通过构造一个交流旁路消除无意的干扰能量进入敏感的部分,另外也提供基带滤波功能,虽然带宽受到一定的限制。

旁路电容一般作为高频旁路器件来减小对电源模块的瞬态电流需求,一般在10～470μF范围内。若PCB上有许多集成电路、高速开关和具有长引线的电源,则应该选择大容量的电容或采用多个电容。

6.1.3 体电容

当信号引脚在最大电容负载状态下同步切换时,体(Bulk)电容用于保持器件DC电压和电流恒定,也可防止由器件产生的冲击电流$\mathrm{d}I/\mathrm{d}t$引起的电压击穿,配合去耦电容抑制转换电流ΔI噪声。

电容设计的关键在于确定电容的大小和放置,实际的电容器都有自谐振频率,电容器的自谐振频率决定电容设计,下面就分别讨论。

6.2 电容与谐振

6.2.1 谐振电路

当一个电路总的电抗值为零,即感抗值和容抗值相同时,电路就会发生谐振,电路表现为纯电阻,电路称为**谐振电路**。通常的谐振电路有RLC串联谐振、RLC并联谐振、并联C-串联R、L谐振三种形式。谐振电路在特定的频率比在其他频率通过更多或更少的RF电流,故谐振电路是有频率选择性的。

在RLC串联电路发生谐振时,电路总阻抗最小,且阻抗值就是电阻值,电压电流相位差为零,电流值达到最大值,输出功率也达到最大;在RLC并联电路发生谐振时,电路总阻抗最大,且阻抗值就是电阻值,电压电流相位差为零,电流值达到最小值,输出功率也达到最小。实际谐振电路通常由一个电感器和一个可变电容器并联构成,由于电感元件有一定的电阻,电感支路实际上相当于一个RL串联电路。在谐振时,电感和电容在不同的半个周期中交换能量,在反谐振频率时,该储能电路中的电流很高,但相对于主电路电流表现为高阻抗,功率仅消耗在电路网络的电阻上。反谐振电路相当于一个并联RLC电路,其阻值为Q^2R。

6.2.2 电容的物理特性

实际的电容器就含有一个RLC电路,其中R_s为导线中的电阻,L为电感,它与导线长度有关,C为电容。电容器的原理图如图6-2所示。

对应图6-2,电容器的阻抗为

$$|Z|=\sqrt{R_s^2+\left(2\pi fL-\frac{1}{2\pi fC}\right)^2} \tag{6-1}$$

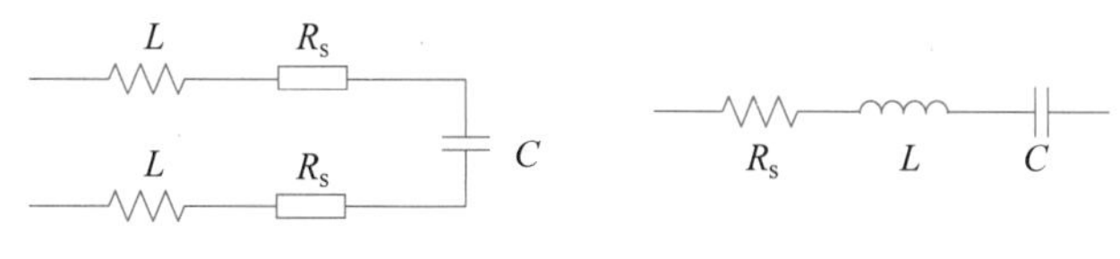

图 6-2 电容器原理图

其中,Z 为阻抗(Ω),R_s 为等效串联电阻 ESR(Ω),L 为等效串联电感 ESL(H),C 为电容器的电容(F),f 为频率(Hz)。

当电容器发生谐振时,$|Z|$具有最小值,且谐振频率 f_0 可由下式计算

$$f_0 = 1/2\pi\sqrt{LC} \tag{6-2}$$

上述阻抗公式反映了电容器的内在参数。ESR 表示电容器的寄生电阻损耗,这个损耗包括金属电极分布电阻,内部电极间的接触电阻以及外部端接点电阻。由于高频下的趋肤效应增加了器件的引线电阻值,因此高频下的等效串联电阻 ESR 大于 DC 直流下的等效串联电阻 ESR。等效串联电感 ESL 是一个损耗单元,当限制电流在部件封装内流动时,必须要克服这个因素。限制越严,对电流密度要求越高,对等效串联电感 ESL 要求也越高。为了减少寄生参数,应考虑电容长宽比例。可以将电容器的阻抗用 ESR、ESL 表示为

$$|Z| = \sqrt{(\mathrm{ESR})^2 + (X_{\mathrm{ESL}} - X_C)^2} \tag{6-3}$$

$$X_{\mathrm{ESL}} = 2\pi fL = 2\pi f(\mathrm{ESL}) \tag{6-4}$$

$$X_C = \frac{1}{2\pi fC} \tag{6-5}$$

对于某些电容器,电容值随温度和直流偏置而变化。等效串联电阻 ESR 随温度、直流偏置和频率而变化,而此时等效串联电感 ESL 则保持相对不变。对于平板电容器,当电流单一地从一侧流入另一侧时,电感实际为零,那么高频下的 Z 将等于 R_s,不存在固有谐振,这也是 PCB 中电源层和接地层的结构特性。

为了满足等效串联电感 ESL 的高要求,减少寄生参数,目前广泛采用的 SMT 电容长宽比例基本相同,如 MLCC 的 Chip 电容,1206(3.2×1.6)mm,0805(2×1.25)mm,0603(1.6×0.8)mm,0402(1×0.5)mm,0210(0.6×0.3)mm;对于钽电容,(Cap-polarized,Tant):TAJA(3.2×1.6)mm,TAJB(3.5×2.8)mm,TAJC(6.0×3.2)mm,TAJD(7.3×4.3)mm。

使矩形芯片纵长地端接,可以有效降低矩形芯片的电感量。如两个 0.1μF、大小不同的 SMD 电容,1206 为纵短地端接,0612 为纵长地端接,由于芯片纵横比改变,其杂散电感约降低 50%,由 1200pH 减小到 600pH,最大衰减点也随之发生移动,两个电容阻抗曲线比较如图 6-3 所示。

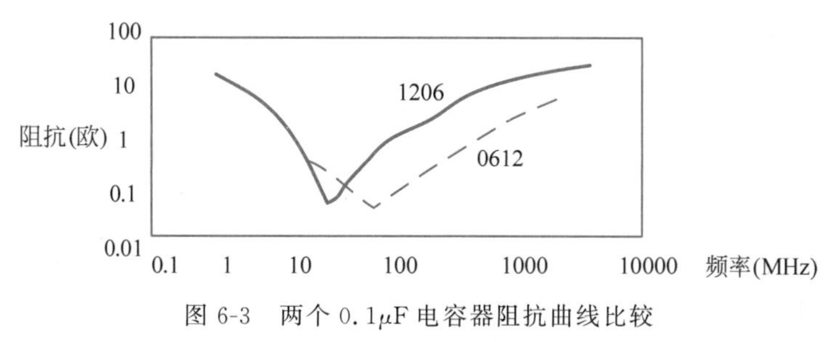

图 6-3 两个 0.1μF 电容器阻抗曲线比较

6.2.3 电容的谐振特性

实际电容器在可计算的频率上相当于一个谐振回路,均有自谐振频率。在谐振状态下,电容将有非常小的阻抗和有效的RF旁路。在自谐振频率以下,电容器呈容性,高于自谐振频率,电容器呈感性,阻抗随频率增加而增大,旁路和去耦效果下降。这就是电容器的谐振特性,谐振频率 f_0 为

$$f_0 = \frac{1}{2\pi\sqrt{LC}} = \frac{1}{2\pi\sqrt{C \cdot \mathrm{ESL}}} \tag{6-6}$$

谐振频率 f_0 与等效串联电感ESL成反比,小电感电容器将会提高谐振频率,而电路板上每2.5mm引线长度的电感量为2.5nH,引线电感将会降低谐振频率。表6-1为几种电容的谐振频率与ESR和ESL大小的关系。

表6-1 电容的谐振频率与ESR和ESL的关系

型号	封装	Capacitance(μF)	ESL(nH)	ESR(Ω)	SRF(MHz)
C0603C103K5RAC,Kemet	EIA 0603	0.01	1.8	0.25	38
C0805C104K5RAC,Kemet	EIA 0805	0.10	1.9	0.10	12
T491B685K010AS,Kemet	EIA 3528-21	6.8	1.9	0.3	1.4
T494C476K010AS,Kemet	EIA 6032-28	47	2.2	0.2	0.5

下面讨论两种陶瓷电容器的自谐振频率,包括通孔电容器和表面贴电容器。一般情况下,通孔的引线电感 L 为3.75nH(15nH/in),SMT引线电感 L 为1nH。由于SMT封装尺寸小,没有长的径向或轴向引线,故引线电感更低,SMT电容的ESR为0.5Ω或更小,所以SMT自谐振频率更高,性能在高频时比通孔电容好。表6-2给出这两种电容的自谐振频率约值。

表6-2 陶瓷电容器自谐振频率

电容值	通孔,0.2in引线	SMD(0805)
1.0μF	2.6MHz	5MHz
0.1μF	8.2MHz	16MHz
0.01μF	26MHz	50MHz
1000pF	82MHz	159MHz
500pF	116MHz	225MHz
100pF	260MHz	503MHz
10pF	821MHz	1.6GHz

电容器的谐振频率 f_0 与电容值的大小有关,电容值越小,谐振频率越高。如0.001μF的电容更适合高边沿速率(min:0.8~2.0ns)的逻辑器件。图6-4给出了SMT陶瓷电容器在相同引线电感的自谐振频率。

对于不同封装尺寸的SMT电容器,如1206、0805、0603、0402、0201,如果它们的电容值大小相同,当其他测试参数相同时,不同封装尺寸的自谐振频率仅有±2~5MHz的改变。电介质材料的改变对自谐振频率作用不大,因为SMT电容器之间只是引线电感有所不同。

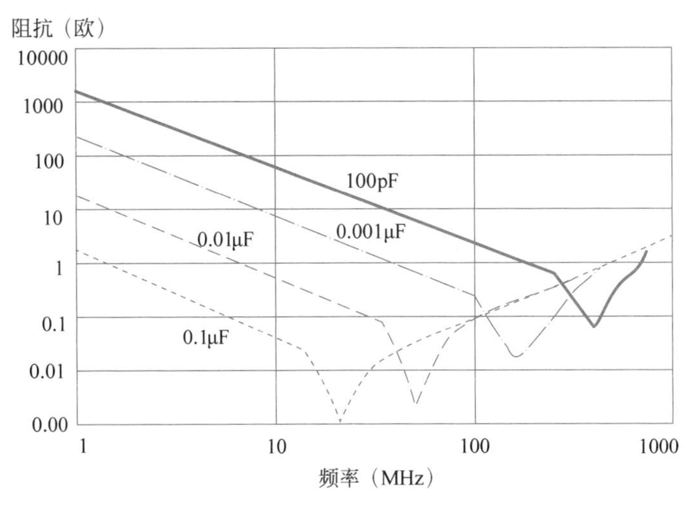

图 6-4 SMT 陶瓷电容器的自谐振频率

但如果对大量样品进行测量，会发现它们的自谐振频率变化比较大，这主要源于电容器的公差率。通常电容器的生产公差率为±10%，价格贵一些的电容器公差率可达到±2%～5%，故实际电容器的自谐振频率与器件的公差比率有关。设计中如果需要严格地去耦，就应该选择公差率小的电容器，即购买价格贵的精确的电容器。

综上所述，可以得出以下结论：

- 引线电感是设计去耦电容时必须考虑的；
- 不同频率，相同引线电感得到的阻抗不同，频率越高，阻抗越大；
- 逻辑器件不同，自谐振频率也不同(CMOS＜TTL＜ECL)；
- 逻辑器件不同，选择的去耦电容值也不同；
- 高速逻辑器件，选择的去耦电容值越小；
- 具体测量电容器的自谐振频率不同于理论分析值。

在设计时应选择自谐振频率高的电容器。陶瓷电容器的自谐振频率高，故应用非常广泛；电源板和接地板构成的平板电容器的自谐振频率可达 200～400MHz，如采用 20-H，可使自谐振频率提高 2～3 倍，故应用也较多；采用大电容器和小电容器并联，也可有效改善自谐振频率。对于 CMOS 逻辑器件，在电源和接地引脚并联一个 0.1μF 和 0.001μF 或 0.1μF 和 10μF 的电容(数量级相差 100 倍)，能够对旁路或去耦起改善作用。

在电容器中，介质材料决定了自谐振频率的零点值，所有的介质材料都是温度敏感的，电容器的值将随温度的变化而变化。在特定的温度下，电容值的改变会导致非适合的运行性能，或失去部分运行性能。故介质材料的温度特性越稳定，电容器的工作特性就越好。

6.3 并联电容器

6.3.1 并联电容器的工作特性

电容器适当地安装在 PCB 上时，可以得到有效的容性去耦，但随意安装或过量使用也是一种浪费，要求合理地减少电容器的安装。在产品设计中，通常采用并联去耦电容来增加工作频带，减少接地不平衡。因此，并联去耦电容可以抑制 RF 射频电流。

两个大小不同的电容并联在一起时，由于实际电容器均有自谐振频率。低于自谐振频率时，电容器呈容性；高于自谐振频率时，电容器呈感性。当大电容达到谐振点时，大电容阻抗开始增加，而小电容尚未达到谐振点，阻抗仍然随频率增加而减小。当高于自谐振频率，大电容值的电容器阻抗随频率增加而增加，呈感性，小电容值的电容器阻抗随频率增加而减小，呈容性。高于自谐振频率，小电容值的电容器阻抗小于大电容值的电容器阻抗，起支配作用，它可以比大电容值的电容器单独存在时提供更小的净阻抗。

试验表明，并联电容在高频情况下效果不明显，比使用单个大电容仅改善 6dB，虽然 6dB 对抑制 RF 射频电流是一个小数，但对于国际电磁兼容规范，6dB 却是一个不小的改进，它可将一个不合格的产品变为合格的产品。这 6dB 的改善主要是并联电容提供了更小的引线电感和器件体电感，并联引出的两条平行导线比一条提供了更宽的通道。

为了消除部件同时转换全部信号引脚时产生的射频电流，两个并联电容值要相差两个数量级，如 0.01μF 和 100pF 两个电容并联在一起。0.01μF 自谐振频率为 14.85MHz，100pF 的自谐振频率为 148.5MHz。在 110MHz，由于存在并联组合，并联阻抗大幅增加，此时 0.01μF 电容器是感性的，100pF 电容器是容性的；在 0.01μF 与 100pF 自谐振频率之间，0.01μF 为感性，100pF 为容性，构成并联共振 *LC* 电路，在共振点周围，并联阻抗大于其他孤立电容器的阻抗。当频率大于 500MHz 时，两个孤立电容阻抗近似相同，并联阻抗只是 6dB，故此 6dB 的改善仅在有限频段 120～160MHz 范围内有效。0.01μF 和 100pF 电容并联的谐振特性如图 6-5 所示。

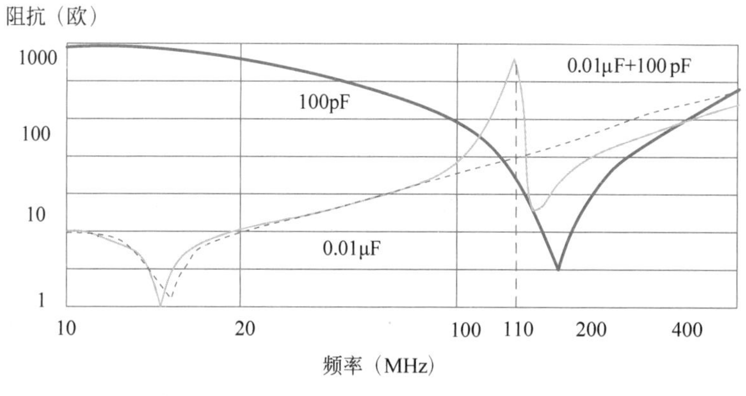

图 6-5　0.01μF 和 100pF 电容并联的谐振

在 PCB 上安装电容器时，一定要注意连接电容器到 PCB 的走线长度，尽量减少引线长度，可以相应地减小引线电感，这样会使去耦或旁路效果变得更好。

一个 100MHz 的逻辑器件，有 100mA 到 150mA 负载变化，在负载端分别接一个、两个、三个去耦电容时，负载纹波电压的曲线如图 6-6 所示。其中(a)为只有一个 6.8μF，没有并联电容，负载波纹电压的峰峰值为 1V；(b)为一个 6.8μF 和一个 0.1μF 并联，负载波纹电压的峰峰值为 0.3V；(c)为一个 6.8μF、一个 0.1μF 和一个 0.01μF 并联，负载波纹电压的峰峰值为 0.1V。

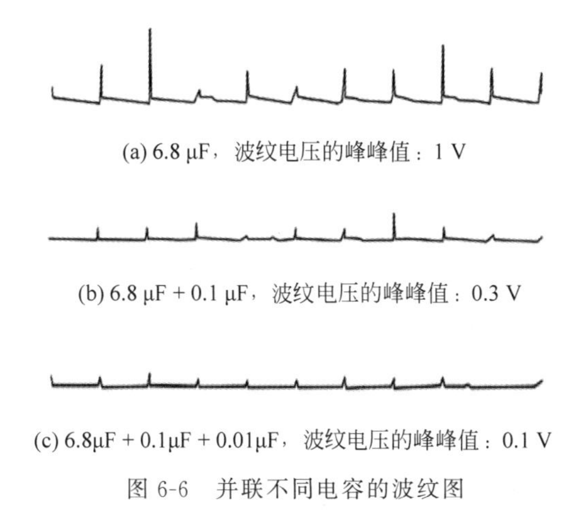

(a) 6.8 μF，波纹电压的峰峰值：1 V

(b) 6.8 μF + 0.1 μF，波纹电压的峰峰值：0.3 V

(c) 6.8μF + 0.1μF + 0.01μF，波纹电压的峰峰值：0.1 V

图 6-6　并联不同电容的波纹图

6.3.2　并联电容器的计算

根据阻抗的计算公式，电容值为 C_1、C_2 的两个电容的阻抗可由下式计算

$$X_{C_1}=\frac{1}{2\pi fC_1} \tag{6-7}$$

$$X_{C_2}=\frac{1}{2\pi fC_2} \tag{6-8}$$

0.01μF 和 100pF 两个电容并联后的总电容值为

$$\frac{1}{X_C}=\frac{1}{X_{C_{0.01\mu F}}}+\frac{1}{X_{C_{100pF}}}=2\pi fC_{0.01}+2\pi fC_{100}=2\pi f(C_{0.01}+C_{100})$$

$$X_C=\frac{1}{2\pi f(C_{0.01}+C_{100})}$$

6.4　三端电容与穿心电容

6.4.1　三端电容的工作特性

三端电容是一种特殊结构的电容器，它有三根引线，其中一个电极上有两根引线。三端电容的结构如图 6-7 所示。

普通电容的引线电感对于电容的高频滤波的作用是有害的，而三端电容却利用引线电感，与电容一起构成了一个 T 型低通滤波器，这样一个微小的改变，使得三端电容器的高频滤波效果比普通电容改善了很多。如果在三端电容的两根连在一起的引线上分别安装一个铁氧体磁珠，则会大大增加 T 型滤波器的滤波效果，这就是片状滤波器。

对于三端电容器，如果接地引线过长，引线的电感也是十分有害的，会使滤波性能大打折扣，三端电容的等效结构如图 6-8 所示。

对于滤除差模干扰的滤波器，在布线时要保证等效成电容的引线的走线尽量短；对于滤除共模干扰的滤波器，不但在布线时要保证等效成电容的引线的走线尽量短，还要保证线路板与机箱之间有良好的接地，一般可以通过簧片或导电布衬垫接地。

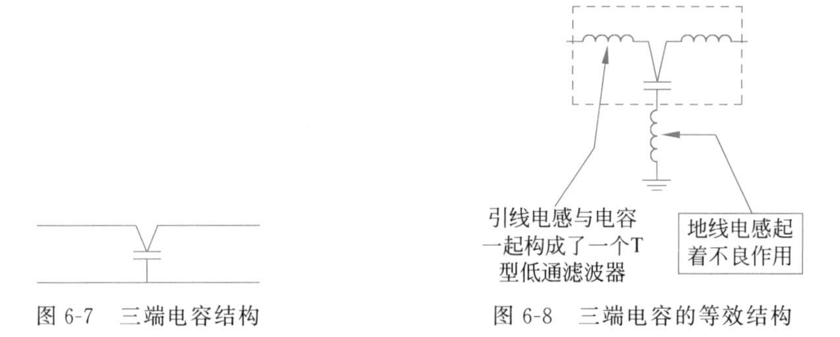

图 6-7　三端电容结构

图 6-8　三端电容的等效结构

6.4.2　穿心电容的工作特性

穿心电容,又称为馈通滤波器、低通滤波器或 EMI 滤波器,是近年来推广应用的一种新型元器件。它能有效地抑制电网噪声,提高电子设备的抗干扰能力及系统的可靠性,可广泛用于电子测量仪器、计算机机房设备。

穿心电容也是一种三端电容,但与普通的三端电容相比,由于它直接安装在金属面板上,因此它的接地电感更小,几乎没有引线电感的影响,穿心电容的结构如图 6-9 所示。另外,它的输入/输出端被金属板隔离,消除了高频耦合,这两个特点决定了穿心电容具有接近理想电容的滤波效果,穿心电容的插入损耗与频率的关系如图 6-10 所示。

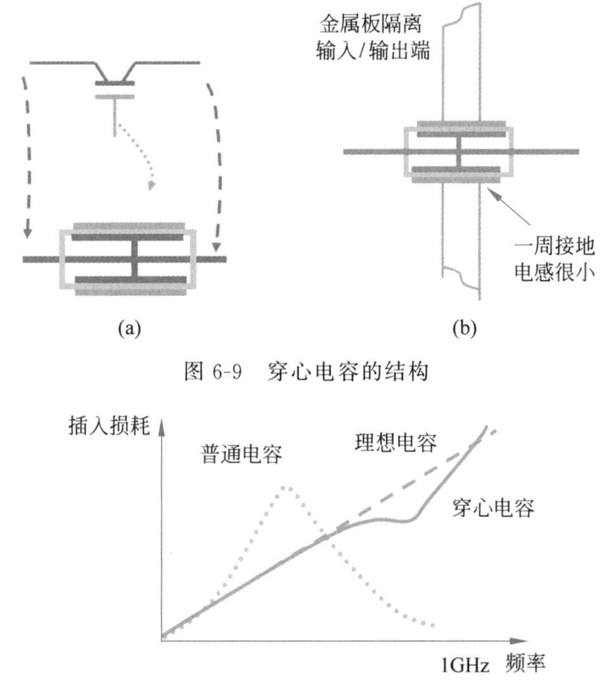

图 6-9　穿心电容的结构

图 6-10　穿心电容的插入损耗与频率的关系

穿心电容由于其特殊的物理结构,它的自电感比普通电容小得多,因而自谐振频率也很高。同时,穿心式设计也有效地防止了高频信号从输入端直接耦合到输出端。这种低通高阻的组合,在 1GHz 频率范围内提供了极好的抑制效果。最简单的穿心结构是由内外电极和陶瓷构成的一个(C 型)或两个电容(π 型)。管式穿心电容因为其同轴性,即使频率为10GHz,也不会产生明显的自谐振。穿心电容的介质为陶瓷介质,而陶瓷电容的容量会随环境温度变化而变化,这种容量变化会影响滤波器的滤波截止率。陶瓷电容的容量温度变化率是由陶瓷介质本身决定的,因此,选择适当的陶瓷介质非常重要。

常见的穿心电容或馈通滤波器如图 6-11 所示。

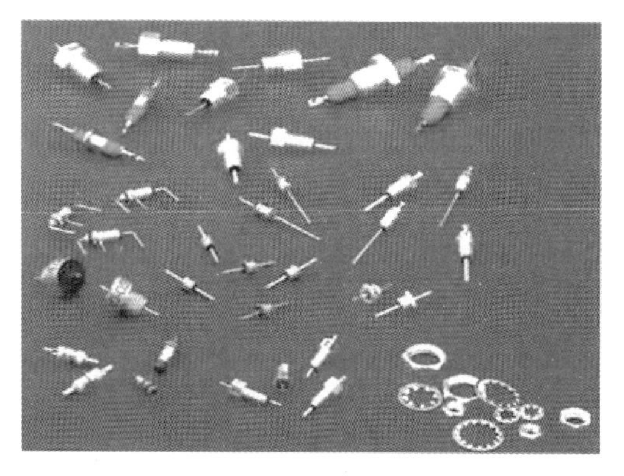

图 6-11　常见的穿心电容或馈通滤波器

6.5　电源层和接地层电容

6.5.1　电源层和接地层的电容

电源层和接地层彼此靠近安装,产生一个大的去耦电容器,当信号边沿速率小于 10ns,如标准的 TTL 逻辑时,这个大的电容器为低速率设计提供了足量的去耦。而且电源层和接地层具有非常小的等效引线长度电感,没有等效串联电阻 ESR。如果电源层和接地层之间的自谐振频率与安装在 PCB 上的集中去耦电容的自谐振频率相同时,将会产生尖锐的共振,不会有宽的去耦谱段分布,存在很少的去耦。如果发生这种情况,就需要使用具有不同自谐振频率的附加去耦电容,才可以避免发生与 PCB 电源和接地层的尖峰共振。

在多层板中,两部件间的最大板间电感远远小于 1nH,引线长度电感为 2.5～10nH。对应图 6-12,电源层和接地层平板电容器之间的电容与芯的厚度、填充的介质、叠层板中的位置和大小有关,可通过式(6-9)计算

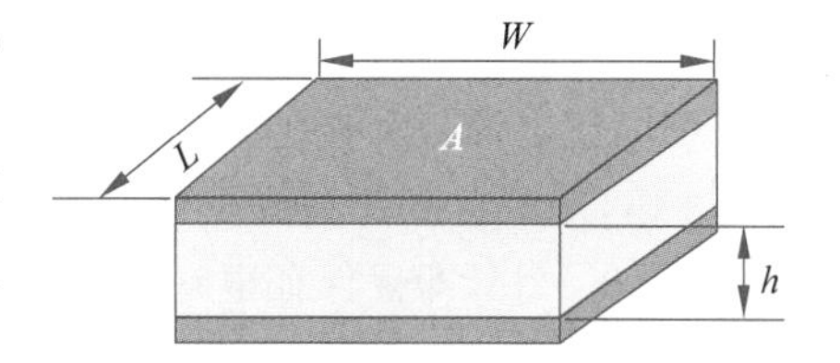

图 6-12　电源层和接地层之间的电容

$$C=\frac{Q}{V}=\frac{\varepsilon A}{h}\text{pF}=8.85\,\frac{\varepsilon_r A}{h}\text{pF} \qquad (6\text{-}9)$$

这个近似法仅用于估算层间的电容,由于层是有限的,其上有多个孔、通孔和类似的东西,实际的电容值通常小于这个计算值。

在式(6-9)中,A 为平板电容器的面积(m^2),$A=LW$,h 为两个平板之间的距离(m),ε 为介质的介电常数(F/m),ε_r 为相对介电常数,对于 FR4 介质取值为 4.5,对一般的线性材料值为 1～10。一个相距 0.04in 的介质,其电容值为 100pF/in^2。

电源层和接地层的电容值也可用下式计算

$$C = K\frac{\varepsilon_r A}{h}\text{pF} \tag{6-10}$$

其中,A 单位为 cm^2 或 in^2,h 单位为 cm 或 in,相对介电常数 ε_r 对于 FR4 介质取值为 4.1～4.7,K 为转换系数,A 单位为 in^2 时取 0.2249,A 单位为 cm^2 时取 0.884。

使用电源层和接地层结构时,存在好的分布电容,特别是在 TTL 或低速逻辑中,根本就不需要使用外接高自谐振频率的去耦电容。由上述电源层和接地层的电容值计算公式可以看出,电源层和接地层之间的距离越小,或减少电介质的厚度,就可以有效地增加高频去耦电容值,去耦效果越好。如对高速应用,电源层和接地层间的距离为 0.005in 效果会更好。如果多层 PCB 部件中存在两套电源和接地层,就有可能导致板中存在多个自带的内部去耦电容,如果合理选择叠层,不用任何独立电容器就可以得到高频和低频去耦电容,这就是所谓的隐藏电容。在这种隐藏电容制造时,通常电源层和接地层被 0.001in(0.25mm)的介质材料分开,由于介质空间非常小,它们的自谐振频率可达 200～400MHz,高于这个频段,就需要使用独立的电容器来实现去耦。虽然隐藏电容可以减少外接独立电容的数量,但隐藏电容的使用技术费用也是非常惊人的。

6.5.2 20-H 原则

20-H 原则是由 W. Michael King 提出的。具体表述如下：所有具有一定电压的 PCB 都会向空间辐射能量,为了减小辐射效应,PCB 的物理尺寸都应该比靠近的接地板的物理尺寸小 20H,其中 H 是两层印制板的距离。在一定的频率下,两个金属板的边缘场会产生辐射。减小一块金属板的尺寸使其比另一个接地板小,辐射将会减小,当尺寸小至 10H 时,辐射强度就开始下降,当尺寸小至 20H 时,辐射强度下降 70%。根据 20-H 原则,按照一般典型的 PCB 尺寸,20H 一般为 3mm。图 6-13 给出了常用的电源板和接地板的 20-H 原则。图(a)为没有按照 20-H 原则制板,图(b)为 10-H、20-H、100-H 三种不同的接地板的辐射效应。当电源板比接地板尺寸小 10H 时,平面的阻抗变化可以观察到 RF 辐射；当电源板比接地板尺寸小 20H 时,辐射强度下降,有近似 70%的通量边界；当电源板比接地板尺寸小 100H 时,辐射强度进一步下降,近似 98%的通量边界。100-H 虽然辐射强度下降 98%,但其制造成本将会大幅度地增加,故在一般 PCB 设计中,通常多采用 20-H 原则。而且采用 20-H,可以使电源板和接地板构成的平板电容器的自谐振频率从原来的 200～400MHz 提高 2～3 倍,从而提高旁路或去耦电容滤除 RF 能量的作用。假设层间距离为 0.006in,那么 20H 就是 0.12in,即要保证电源层的物理尺寸比地层小 0.12in。

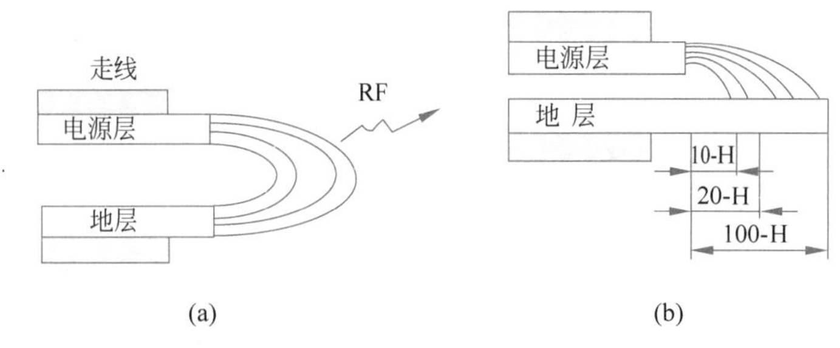

图 6-13 电源板和接地板的 20-H 原则

为了有效地使用 20-H 原则，必须首先确定电源层与相邻地层之间的距离，这个距离包括芯层距离、填充介质的厚度以及 PCB 制造中的绝缘隔离距离。如果两层之间的距离为 0.006in，那么 20-H 的距离即为 0.12in，即设计中电源层的物理尺寸比地层小 0.12in。如果电源引脚要在该区域中连接，可以将电源层凸出提供电源引脚以便连接元件，如图 6-14 所示。

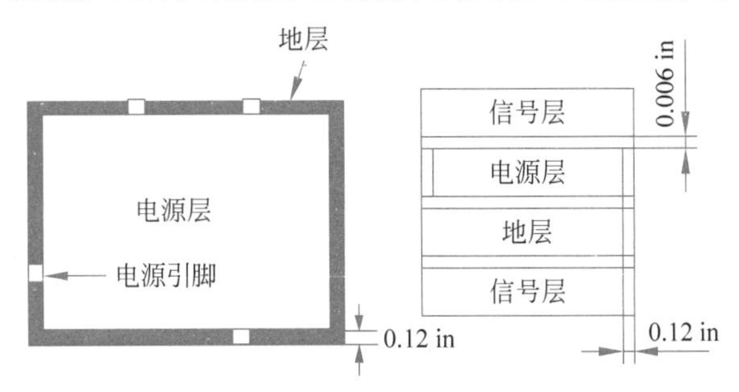

图 6-14　20-H 规则的实例

如果 PCB 上有多个功能子系统，也需要在高频系统内（如 CPU、时钟信号、总线信号、网络和 SCSI 信号区）采用 20-H 原则。当对数字、模拟电路部分进行隔离或滤波时，可以按如图 6-15 所示来使用 20-H 原则。

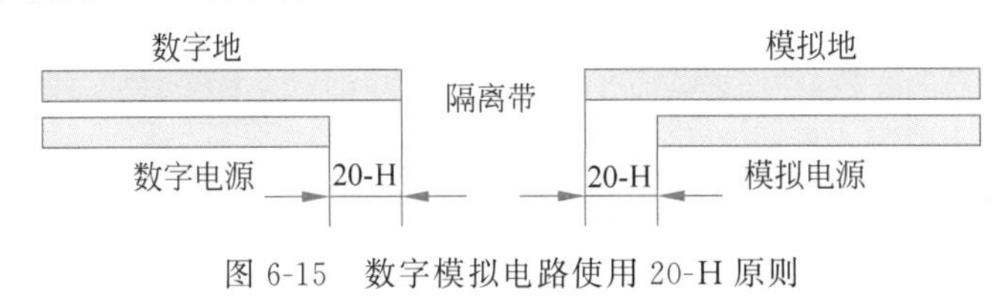

图 6-15　数字模拟电路使用 20-H 原则

6.6　电容的选择与放置

6.6.1　电容选择

在第 3 章已经介绍过电容的种类非常多，包括纸介电容、云母电容、陶瓷电容、薄膜电容、金属化纸介电容、油浸纸介电容、铝电解电容、钽电解电容等，电容的应用也非常广泛。故在选择电容时，应考虑电容的制作材料，电容的封装类型以及电容的取值大小。对于不同的应用，可能需要使用不同容量的电容器。表 6-3 列出了一些常用电容器的基本特性。

表 6-3　常用电容器的基本特性

电容种类	容量范围	直流工作电压(V)	适用频率(MHz)	漏电电阻(MΩ)
中小型纸介电容	470pF～0.22μF	63～630	<8	>5000
金属壳密封纸介电容	0.01～10μF	250～1600	直流，脉动直流	>1000～5000
云母电容	10pF～0.51μF	100～7000	75～250	>10000
陶瓷电容	1pF～100μF	63～630	低频、高频 50～3000	>10000
薄膜电容	3pF～0.1μF	63～500	高频、低频	>10000
铝电解电容	1～10000μF	4～500	直流，脉动直流	
钽、铌电解电容	0.47～1000μF	6.3～160	直流，脉动直流	

由于电容材料对温度很敏感，故选择电容时首先应选用温度系数好的电容。通过第 3

章的介绍了解到，NPO(COG)是最常用的具有温度补偿特性的单片陶瓷电容器，它是电容量和介质损耗最稳定的电容器之一；X7R电容器称为温度稳定型的陶瓷电容器，当温度在－55℃到＋125℃时其容量变化为15%；Y5V电容器是一种有一定温度限制的通用电容器，在－30℃～85℃范围内其容量变化可达－82%～＋22%。所以在以上三种常用的陶瓷电容器中，NPO性能最好，X7R次之，Y5V最差。

电容的等效串联电感ESL和等效串联电阻ESR反映了电容器的内在参数，设计时也应选用等效串联电感ESL和等效串联电阻ESR小的电容器。通常取ESL要小于10nH，ESR要小于0.5Ω。

为了减小电容的引线长度即引线电感，电容的封装类型应该优先选择SMT电容元件。由于SMT电容元件的自谐振频率更高，性能在高频时比通孔电容好，故在高频设计时被广泛应用。为了满足性能要求，一般情况下，电容值的选择应该不要大于设计值。

表6-4提供了三种SMT陶瓷电容器的不同封装大小与ESL的ESR关系。

表6-4 SMT陶瓷电容器典型值

介质材料	封装	ESL(nH)	ESR(100MHz)/MΩ
NPO	0603	0.6	60
	0805	1	70
	1206	1	90
X7R	0603	0.6	90
	0805	1	110
	1206	1.2	120
Y5V	0603	2.5	80
	0805	3.1	90
	1206	3.2	100

6.6.2 去耦电容的选择

在PCB上放置元器件时，必须提供对高频RF电流的去耦。对VLSI及高速元件，如F、ACT、BCT、CMOS、ECL逻辑门器件，都需要并接去耦电容，元器件的转换速率越陡峭，产生的RF电流频谱就越大，并接去耦电容不但能够过滤RF能量，也能够对电源板噪声产生旁路作用。去耦电容器也应合理安装，如多个成对电容围绕VLSI四周放置在电源和接地引脚之间。

对时钟电路元器件，尤其要注意RF去耦问题。这是因为元件的转换能量注入电源、接地分配系统中。这些能量以共模或差模RF的形式传送到其他电路或子系统中。根据不同的需要选择相应的大电容，如钽、高频陶瓷电容。进一步来说，陶瓷片电容需要具备比时钟电路要求的自激频率更高的频率。对于任何部件，去耦电容器必须限定边沿速率，一般选择一个自激频率在10～30MHz，边沿速率为2ns或更小的电容。许多PCB的自激范围是200～400MHz，根据PCB结构的自激频率，选择适当的去耦电容，可以增强对电磁干扰的抑制。由于引线中存在的电感较小，故SMT电容具有更高的自激频率，大约要高两个数量级。而钽电容的大小一般在0.1～100μF，又有极性，故钽电容不适用于高频去耦，它多用于电源子系统或电力线系统滤波。

去耦电容的选择应根据不同的情况来定，通常是根据时钟或处理器的第一谐波来选择。不过有时由于 RF 电流是由三次或五次谐波产生的，此时就应该考虑相应的谐波，需要许多大的分立电容去耦。在 200～300MHz 以上频率的电流，0.1μF 与 0.01μF 并联的去耦电容由于感性太强且转换速度缓慢，不能提供满足需要的充电电流。在 50MHz 系统下，最典型的高频去耦电容是 0.1μF 与 0.001μF 并联，在更高的频率下则为 0.01μF 与 100pF 并联。

对高频 RF 电流的去耦必须确保所选的去耦电容能够满足可能的要求，这点对时钟产生电路尤为重要。考虑自激频率的时候需要考虑对重要谐波的抑制，一般考虑到时钟的五次谐波。去耦电容的计算公式为

$$X_C = 1/2\pi f C \tag{6-11}$$

其中，X_C 是容抗(Ω)，f 是谐振频率(Hz)，C 是电容器的电容。

对信号进行从时域到频域的傅里叶分析，在 RF 频谱分布中，RF 能量随频率下降而减少，因而改善了电磁干扰性能。在设计时要注意，必须确保最慢的边缘变化率不会影响其工作性能。

去耦电容值是在某一特定的谐振频率、安装、引线长度、走线长度以及其他改变电容器谐振频率的寄生参数下，以最佳滤波特性为基础获得的。去耦电容的计算方法有两种：一是已知时钟信号的边沿速率，二是已知所要滤除的最高频率，然后分别利用相应的公式计算，计算出的电容值一般都能满足实际的需要。下面分别介绍。

在计算去耦电容之前，首先要确定电路的戴维南等效电路的等效电阻 Z_S。假如电路的负载阻抗为 Z_L，那么电路总的阻抗值 Z_t 等于 Z_S 和 Z_L 的并联。假定 $Z_S=150\Omega$，$Z_L=2.0\text{k}\Omega$，则

$$Z_t = \frac{Z_S \times Z_L}{Z_S + Z_L} = \frac{150 \times 2000}{2150} \approx 140\Omega = R_t \tag{6-12}$$

(1) 已知时钟信号的边沿速率 t_r。

$$t_r = kR_t C_{\max} = 3.3 \times R_t \times C_{\max} \tag{6-13}$$

则去耦电容的最大值 $C_{\max}$ 可用下式计算

$$C_{\max} = \frac{0.3t_r}{R_t} \tag{6-14}$$

其中，t_r 是信号的边沿速率，R_t 是网络总阻抗，$C_{\max}$ 是去耦电容的最大值，k 是时间常数。当 t_r 单位为 ns 时，$C_{\max}$ 单位为 nF；当 t_r 单位为 ps 时，$C_{\max}$ 单位为 pF。

选择适当的电容值可使 $t_r=3.3RC$ 时满足信号上升/下降沿的需要。选择不当会引起基线漂移。**基线**指的是判断某个逻辑门器件高或低的稳态电平。

如果边沿速率 t_r 是 5ns，电路的等效总阻抗 R_t 是 140Ω，可以计算出去耦电容的最大值 $C_{\max}$

$$C_{\max} = \frac{0.3t_r}{R_t} = \frac{0.3 \times 5}{140} \approx 0.01\text{nF} = 10\text{pF}$$

如果一个上下沿均是 8.33ns，60MHz 频率，R_t 是 33Ω(典型的 TTL 参数)，则 t_r、t_f 等于上下沿值的 25%，即 $t_r = t_f = 8.33 \times 25\% \approx 2\text{ns}$，因此

$$C_{\max} = \frac{0.3t_r}{R_t} = \frac{0.3 \times 2}{33} \approx 0.018\text{nF} = 18\text{pF}$$

(2) 已知所要滤出的最高频率 f_{max}。

如已知所要滤出的最高频率 f_{max},对于差分对走线,可用下式计算最小信号畸变情况下的最小电容值

$$C_{min}=\frac{100}{f_{max}\times R_t} \tag{6-15}$$

$$\frac{1}{2\pi f_{max}\times\frac{C}{2}}\geqslant 3\times R_t \tag{6-16}$$

其中,C 为 nF,f 为 MHz。

如果 R_t 为 140Ω,为滤除 20MHz 的信号,在忽略源内阻 Z_C 时,可由上式得到 C_{min}

$$C_{min}=\frac{100}{20\times 140}\approx 0.036\text{nF}=36\text{pF}$$

当使用旁路电容时,以下几点需要注意:

- 如果边沿速率的畸变容许(一般 3 倍于 C 值),应使用大一级的电容标准值;
- 选择具有适当额定值和介电常数的电容;
- 选择稍大的误差,误差在 80%以内对供电滤波适合的,但作为高速数字信号电路的去耦电容却不合适;
- 使用电容的引线最短,线路电感最小;
- 确认装上电容后,电路的工作状态正常。太大的电容会导致信号过大的畸变。

6.6.3 大电容的选择

在最大容性负载下,大电容可给元器件提供直流电压及电流,以实现对数据、编码及同步控制信号的转换。在功率分配网络中的器件切换常会引起电流的波动,由于电压的下降,电流的扰动会导致器件的功能异常。大电容可以为电路提供能量储存,从而为电路提供稳定的最佳电压和电流。

大容量电容除了用于高自激频率电路的去耦以外,还可为元器件提供直流功率和对电源板上的 RF 电流进行调制。另外,除了在每两个 VSI 和 VLSI 器件之间要放一个大电容外,在下面的位置还要放置去耦电容:

- 供电源与 PCB 的接口处;
- 自适应卡、外围设备和子电路 I/O 接口与电源终端连接处;
- 功率损耗电路和元器件的附近;
- 输入电压连接器的最远位置;
- 远离直流电压输入连接器的高密元件布置;
- 时钟产生电路和脉动敏感器件附近。

在使用大电容时,以标称电压等于实际需要的额定电压的 50%来计算额定电压,从而避免在冲击电压下电容的毁坏。如果电压为 5V,则应该用额定电压为 10V 的电容。

在存储器阵列中,由于它的状态恢复需要额外的电流,因此同样需要大电容,该点对多引脚的 VLSI 器件同样适用。高密度 PGA 模块必须有额外的大电容,尤其是在最大容性负载情况下信号、编码和控制脚同步切换。

前边已经提过，电容的选择不能太大，电容并不是越大越好，因为过大的电容会消耗大量的电流，对输入功率有很高的要求。

根据以往在低速逻辑器件下获得的经验选择的电容并不适用于高速电路中的旁路和去耦。选择电容时要考虑到谐振、PCB的放置、引线的电感以及其他的因素。通过以下步骤，可以选择最佳的大电容。

1. **方法一**

- 假设板上所有的切换器件同时开关，获得最大的损耗电流 ΔI，包括逻辑交叉产生的电压冲击效应(交叉电流)；
- 计算保证器件正常工作情况下允许的最大电源噪声容限 ΔV；
- 判断电路允许的最大共路径阻抗 Z_{cm}

$$Z_{cm}=\Delta V/\Delta I \tag{6-17}$$

- 如果使用的是实心板，分配好连接电源和接地层的连接阻抗 Z_{cm}；
- 如果从电源到板之间连接电缆的阻抗 Z_{cable}，在电源合理布线的基础上，通过 $Z_{total}=Z_{cm}+Z_{cable}$ 来决定频率

$$f=\frac{Z_{cable}}{2\pi L_{cable}} \tag{6-18}$$

- 如果实际切换频率低于上式中的计算频率，则电源线的布线是合理的。若高于 f，则需要体电容 C_{bulk}，在频率为 f，阻抗为 Z_{total} 时，可通过下式计算出所需的体电容的值

$$C_{bulk}=\frac{1}{2\pi f Z_{total}} \tag{6-19}$$

2. **方法二**

假设一块有200个CMOS器件的PCB，在2ns时钟周期内，每个具有5pF的切换容性负载，电压源的电感为80nH，则

$$\Delta I=GC\frac{V_{max}}{\Delta t}=200\times 5\text{pF}\times\frac{5\text{V}}{2\text{ns}}=2.5\text{A}(\text{尖峰最坏的情况})$$

$$\Delta V=0.2\text{V}(\text{根据噪声预期极限值})$$

$$Z_{total}=Z_{cm}=\frac{\Delta V}{\Delta I}=\frac{0.2}{2.5}=0.08\Omega,\quad L_{cable}=80\text{nH}$$

$$f_{ps}=\frac{Z_{total}}{2\pi L_{cable}}=\frac{0.08}{2\pi 80\text{nH}}\approx 159\text{kHz}$$

$$C=\frac{1}{2\pi f_{ps}Z_{total}}\approx 12.5\mu\text{F}$$

在PCB上常用的大电容的电容值为10～100μF。

通过需要去耦的逻辑器件的谐振工作频率，可以获得器件的切换能量，从而能够计算出电压板所需的RF电流的去耦电容。但难点在于，必须已知器件引线的电感ESL才能计算谐振频率。如果ESL未知，就必须用阻抗计或网络分析仪去测量ESL。使用阻抗计的缺点是它是低频仪器，无法测量高频响应。通过已知电容值和寄生振荡频率，ESL值可以近似获得。

6.6.4 电容的放置

电容的放置必须要考虑接地环流控制,当使用有内嵌电源、接地板为多层板时,去耦电容应放在元器件的电压引脚附近。在电容的放置和数量的选择上应注意以下几点:

- 每个 LSI、VLSI 器件处要加去耦电容。原则上每个集成电路芯片都应布置一个 0.01pF 的瓷片电容,如遇 PCB 空隙不够,可每 4～8 个芯片布置一个 1～10pF 的电容;
- 电源入口处要加旁路电容,通常是直接在两个电源引脚上,安装两个并联电容(0.1μF 和 0.001μF,数量级相差 100 倍),电源输入端跨接 10～100μF 的电解电容,如 SMT 钽电容,如有可能,电容大于 100μF 更好;
- I/O 连接器、距电源输入连接器远的地方、元件密集处、时钟电路附近都要加旁路电容;
- 尽可能靠近器件;
- 去耦电容的引线不能太长。

去耦电容放置实例如图 6-16 所示。其中图(a)为低速电路去耦电容的标准放置,布线方便,但不能提供最有效的高频率波性能;图(b)的去耦电容放置,可以得到更好的高频性能,使用一个 SMT 电容,放置在元件的另一面。

图 6-17 给出了电容安装焊盘的位置及大小。

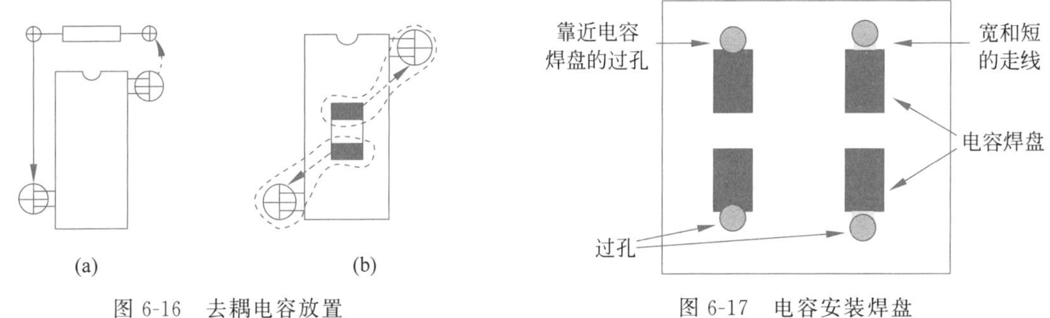

图 6-16　去耦电容放置

图 6-17　电容安装焊盘

去耦电容的引线长度和位置与引线电感大小的关系如图 6-18 所示。从图 6-18 可以看出,去耦电容的引线长和位置不同,所得到的引线电感的大小也不同。

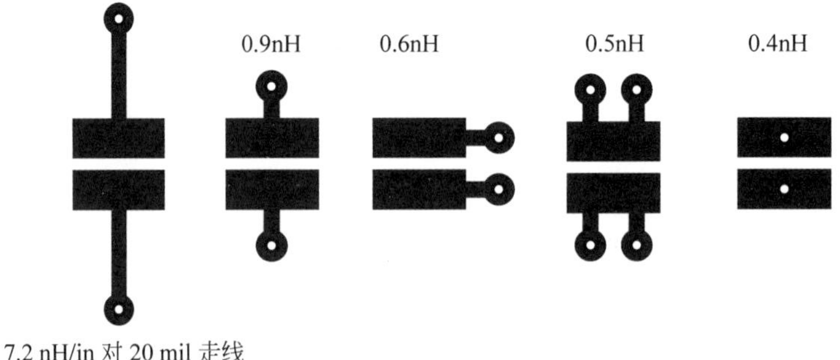

图 6-18　引线电感与引线长及位置的关系

科技简介6 吸波、透波及缩波效应

1888年赫兹用实验证明了电磁波的存在，在一百多年的时间里，电磁理论不断深化，其应用领域也在不断地扩大，电磁波作为重要的自然资源得到了广泛的应用。如今电磁波已在通信、遥感、空间探测、军事应用、科学研究等诸多方面得到广泛的应用，其中电磁波的吸波效应、透波效应及缩波效应就是它的重要应用。

1. 吸波效应的应用

电磁波在有耗介质中传播时，与介质相互作用而损失电磁能量，即为**吸波效应**。这种效应在隐身技术中显得尤为重要。飞机、导弹、坦克、舰艇等各种武器装备特殊的结构设计，以及机身上面涂敷的吸波材料，就可以突破雷达的防区，这是反雷达侦察的一种有力手段。如美国B-1战略轰炸机由于涂敷了吸波材料，其有效反射截面仅为B-52轰炸机的1/50；在OH-6和AH-1G型眼镜蛇直升机发动机的整流罩上涂敷吸波材料后可使发动机的红外辐射减弱90%左右。也就是说，虽然隐形战斗机体积庞大，但在雷达看来，仅相当于一只老鹰。

在雷达或通信设备机身、天线和周围一切干扰物上涂敷吸波材料，则可使它们更灵敏、更准确地发现目标；在雷达抛物线天线开口的四周壁上涂敷吸波材料，可减少副瓣对主瓣的干扰和增大发射天线的作用距离，对接收天线则起到降低假目标反射的干扰作用；在卫星通信系统中应用吸收材料，将避免通信线路间的干扰，改善星载通信机和地面站的灵敏度，从而提高通信质量。

由吸收体装饰的金属壁面构成的空间称为**微波暗室**。在暗室内采用吸波材料制成的墙壁、顶面和地面，从四周反射回来的电磁波要比直射电磁能量小很多，可以形成等效无反射的自由空间。如果保留地面为金属地面的微波暗室则称为半电波暗室，六面均铺设吸波材料的微波暗室则称为全电波暗室。可以在半电波暗室的地面临时铺设吸波材料，将其用作全电波暗室。微波暗室也是重要的电磁兼容试验场地。此外，全电波暗室常用于天线特性测量或金属体的雷达截面积测量。

对于金属制成的微波传输线，为了减小损耗，根据趋肤效应，可在表面涂敷高电导率的良导体，例如银或金。

2. 透波效应的应用

电磁波具有穿透介质的能力。透波效应可用在制作天线保护罩上，也可用于高能陀螺仪的窗口材料、一些诊疗仪器的透波窗材料，以及用于微波通信设施中。天线罩既要保护天线不受外界环境的干扰，又要能让电磁波顺利通过，所以其必须有良好的透波性能。天线罩的厚度通常是平面波半波长的整数倍，因为此时电磁波可以垂直顺利通过这种介质板。

在介质中按照一定规律放置一些具有一定形状的金属体，这种人工合成介质具有一定的频率选择性。这种介质称为合成介质，片状的又称为频率选择表面。

微波透波材料可分为四大类，即无机材料、高分子材料、无机/高分子复合材料以及金刚石材料。

3. 缩波效应的应用

缩波效应是指电磁波在介质中的波长比真空中的波长短。缩波效应在介电常数越大或磁导率越高的时候愈加显著。微波集成电路即是利用光刻技术制成的微带电路，通常使用陶瓷作为基片，相对介电常数高达100的陶瓷基片已经问世。这样的陶瓷基片意味着可使电磁波的波长缩短十分之一，因此大大减小了设备的尺寸。这对于航天及军事领域尤为重要。

习　题

6-1　电容的三个主要用途是什么？

6-2　旁路电容与去耦电容有何不同？

6-3　电容的谐振特性是什么？是如何产生的？

6-4　为什么并联电容器可以产生有效的容性去耦？对应题6-4图，画出两个并联电容器的并联阻抗 Z 与频率的对应关系草图。

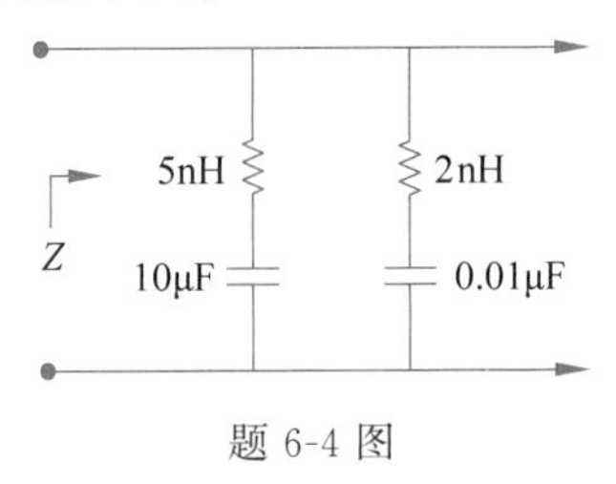

题6-4图

6-5　简述三端电容器的工作原理。

6-6　穿心电容有何优点？

6-7　电源层和接地层之间的电容如何计算？

6-8　电路的戴维南等效电阻为100Ω，电路负载阻抗为2.0kΩ，变沿速率为2ns，计算所需去耦电容的大小。如果所要滤除的最高频率为100MHz，计算所需的最小去耦电容值。

6-9　20-H原则指的什么？请画图示意，并举例说明。

6-10　使用旁路电容需要注意什么？

第 7 章　阻抗控制和布线

本章阐述了元件的布局与放置的基本原则以及阻抗控制的基本原理，分析和讨论了 PCB 布线中常用的四种基本结构，并给出相应的特性阻抗、走线的内电容、传输延迟以及走线长的计算公式。最后介绍了 PCB 的布线要求及原则，并阐述了多层板的叠层设计。

7.1　元件的布局

7.1.1　PCB 布局

随着电子技术的飞速发展，PCB 的元件密度越来越高，PCB 设计的好坏对设备的抗干扰能力有着很大的影响。因此在进行 PCB 设计时，必须遵守 PCB 设计的一般原则，并应该符合抗干扰设计的要求，才能使电子电路获得最佳的性能。在进行具体的 PCB 设计时，工作量非常大的一部分工作就是布局和布线。布局和布线的好坏直接影响 PCB 的性能。布局和布线是密不可分的，PCB 设计中的布局又是决定布线好坏的先决条件。PCB 设计中的布局就是指 PCB 上电子元件及配件的排列方式，对 PCB 上元器件合理的规划与放置是布线的基础，直接影响 PCB 上连接线的布通率，而且也会影响 PCB 的电磁兼容性及整个产品的质量。

1. PCB 布局的基本原则

PCB 布局的基本原则是先难后易、先大后小；PCB 布局的基本标准是均匀分布、重心平衡、版面美观。在 PCB 元件布局时，不但要考虑元器件在 PCB 上所占的面积大小，还要兼顾元器件的形状及空间大小，即不但要注意平面布局，还应注意立体布局。

2. PCB 布局的技术要求

PCB 布局的技术要求包括以下几点：

(1) 考虑 PCB 尺寸大小。PCB 尺寸过大时，印制线条长，阻抗增加，抗噪声能力下降，成本也增加；过小，则散热不好，且邻近线条易受干扰。电路板的最佳形状为矩形。长宽比为 3∶2 或 4∶3。当确定 PCB 尺寸后，再确定特殊元件的位置。

(2) 根据电路的功能单元，预划分数字、模拟、地区域，对电路的全部元器件进行布局。强信号、弱信号、高电压信号和弱电压信号要完全分开，使相互间的信号耦合为最小。另外还要按照电路的流程安排各个功能电路单元的位置，根据信号流向规律使布局便于信号流通，并使信号尽可能保持一致的方向，尽量减少和缩短各元器件之间的引线和连接。常见的元器件布置如图 7-1 所示。

(3) 元件布局时，使用同一种电源的元件应考虑尽量放在一起，以便于将来的电源分割。相同结构电路部分也应尽可能采取对称布局。要根据元件的位置来确定连接器的引脚安排，图 7-2 中连接器的引脚安排与元器件的横向分割是一致的，连接器上部用作数字电路的 I/O 和 +5V 电源；连接器下部用于模拟电路的 I/O 和 ±15V 电源，这样既保证了电源线的隔离，也保证了数字和模拟电路的隔离。另外与每种电源配置的地脚，也要匹配，即数字信号配数字地，模拟信号配模拟地。这样有利于减少环路面积、电源环路面积及环路间的重叠。

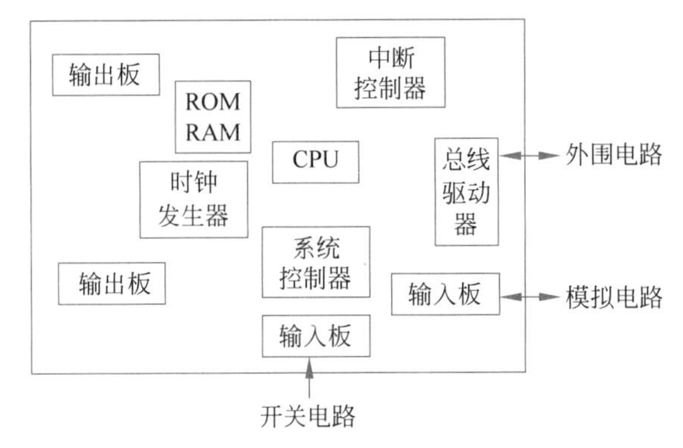

图 7-1　元器件布置图

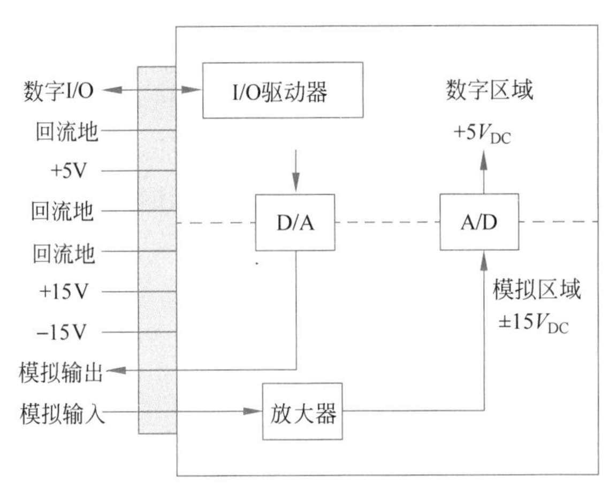

图 7-2　电源电压的分割

(4) DIP 元件相互的距离要大于 2mm。BGA 与相邻元件距离大于 5mm。阻容等贴片小元件的相互距离要大于 0.7mm。贴片元件焊盘外侧与相临插装元件焊盘外侧要大于 2mm。压接元件周围 5mm 不可以放置插装元器件。焊接面周围 5mm 以内不可以放置贴装元件。位于电路板边缘的元器件,离电路板边缘一般不小于 2mm。

(5) 集成电路的去耦电容应尽量靠近芯片的电源脚,以高频最靠近为原则。使之与电源和地之间形成的回路最短。旁路电容应均匀分布在集成电路周围。

(6) 在高频下工作的电路,要考虑元器件之间的分布参数。尽可能缩短高频元器件之间的连线,设法减少它们的分布参数和相互间的电磁干扰。易受干扰的元器件不能相互靠得太近,输入和输出元件应尽量远离。用于阻抗匹配的阻容器件的放置,也应根据其属性合理布局。

(7) 在电路板上包括高速、中速和低速逻辑电路,要尽可能缩短高速信号线,如时钟线、数据线、地址线等。如果高速器件的信号线必须与连接器相连接,高速电路逻辑器件应安放在紧靠边缘连接器,中速电路和低速电路逻辑依次远离连接器,如图 7-3 所示。这样可以减小共阻抗耦合、辐射和串扰的发生。

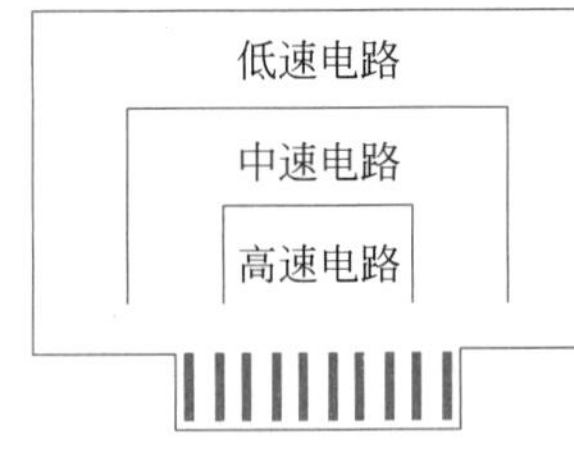

图 7-3　高速器件布置

（8）时钟电路应位于底板或接地板的中心，不要放在输入输出端附近。振荡器或晶体要直接焊接到 PCB 上，不要采用插座，因为插座会增大引线长度，而且还会向内向外辐射能量，产生干扰。如果时钟的振荡频率超过 5MHz，就应选用成品晶体振荡器，不能采用分离元件搭接振荡电路。

（9）某些元器件或导线之间可能有较高的电位差，应加大它们之间的距离，以免放电引起意外短路。带高电压的元器件应尽量布置在调试时手不易触及的地方。对于电位器、可调电感线圈、可变电容器、微动开关等可调元件的布局应考虑整机的结构要求。若是机内调节，应放在印制板上便于调节的地方；若是机外调节，其位置要与调节旋钮在机箱面板上的位置相适应。

（10）对于重量超过 15g 的元器件，应当用支架加以固定，然后焊接。那些又大又重、发热量多的元器件，不宜装在印制板上，而应装在整机的机箱底板上，且应考虑散热问题。热敏元件应远离发热元件。应留出印制板定位孔及固定支架所占用的位置。当电路板面尺寸大于 200mm×150mm 时，应考虑电路板所受的机械强度。

7.1.2　PCB 分层

在考虑 PCB 尺寸大小的同时，也要考虑 PCB 的分层，即必须根据元件及功能来确定采用几层板最合适。PCB 上的层数代表独立布线层的层数。在第 2 章已经介绍过，目前常用的有单面板、双面板和多层板。单面板指 PCB 只有一面具有导电图形，设计走线时会受到很大的限制，这是最早出现的 PCB，只适合于简单电路。双面板指 PCB 的两面都具有导电图形，PCB 两面都有布线，顶层平面称为元器件面，底层称为布线层。双面板顶层和底层走线之间的连接通过过孔实现，布线面积比单面板大一倍，布线允许互相交错，适合于比较复杂的电路。

层数超过两层的 PCB 都称为多层板，如图 7-4 所示。多层板通常用于高速、高性能的系统。多层板除了顶层和底层外，中间还有芯层（Core），由交替的导电图形层及绝缘介质层（Prepreg）层压黏合而成。层数一般都为偶数，即多层板有四层板、六层板、八层板、十层板等，目前最高可达 30 层板或更多。根据近几年数据统计，4 层及以下占 56%～59%；5～10 层占 32%～34%；10 层及以上占 9%～10%。

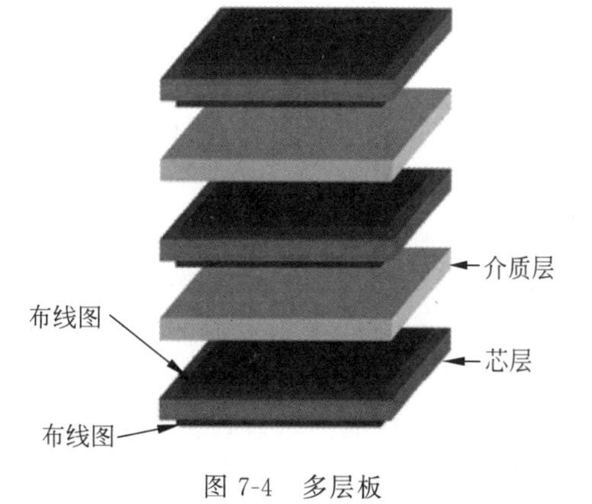

图 7-4　多层板

当时钟频率超过 5MHz 或上升时间小于 5ns 时，就需要选用多层板，这就是所谓的 5/5 规则。5/5 规则也能用于更高的时钟频率和更快的边沿速率。

7.2　阻抗控制

PCB 设计中的阻抗控制（Impedance Control）主要包括两点：要保证高速 PCB 信号线各处阻抗连续，即同一网络上阻抗是常数；保证 PCB 上所有网络的阻抗都控制在一定范围内。分析和测量是阻抗控制的关键,在进行阻抗控制设计时,首先根据设计要求,严格计算阻抗控制信号线的几何尺寸,并将这些设计参数与允许的误差交给 PCB 生产厂家,特别是对那些有特殊要求的高速芯片。当 PCB 厂家制造出光板(Bare PCB)后,就必须对光板进行测量,监测实际测量数据与设计数据是否一致,如果不一致或误差较大,就要与 PCB 生产厂家协调设计规范,尽量达到设计要求。在 PCB 设计中进行阻抗控制的主要目的就是要达到阻抗匹配,根据信号完整性分析理论,良好的阻抗匹配可以消除信号反射、串扰以及电磁干扰。

通常无论是双面板还是多层板,PCB 制作中包含两种结构的传输线布线配置,即微带线(Microstrip)和带状线(Stripline)。微带线又包括表面微带线(或微带线,Microstrip)和嵌入式微带线(Embedded Microstrip),如图 7-5 所示;带状线包括单带状线(Single Stripline)和双带状线(Dual Stripline),如图 7-6 所示。

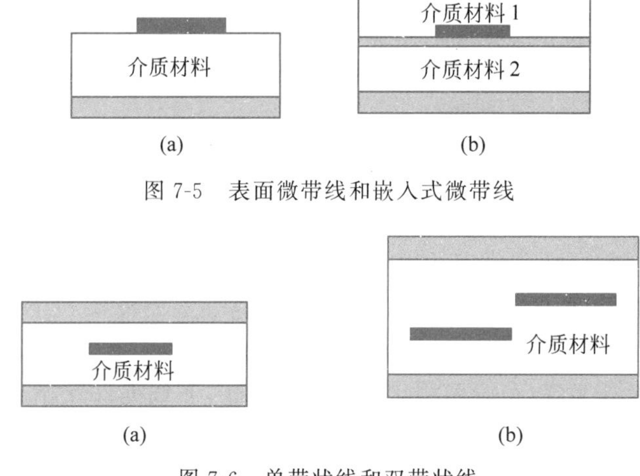

图 7-5 表面微带线和嵌入式微带线

图 7-6 单带状线和双带状线

7.2.1 微带线结构

表面微带线是用于在 PCB 上的数字电路实现阻抗调节的常用方法。微带线贴附在介质平面并直接暴露在空气中,是 PCB 最外层表面上的走线。表面微带线结构如图 7-7 所示。图中,W 为走线的上表面宽度(in),W_1 为走线的下表面宽度(in),H 为信号线与参考板的距离(in),T 为走线的厚度(in),C_0 为走线的内电容,ε_r 为平板材料的相对介电常数。在计算时,通常近似认为走线的上表面宽度 W 与下表面宽度 W_1 近似相等。如图 7-7 所示结构的表面微带线,对应不同走线宽度的特性阻抗 Z_0 的近似计算公式如下

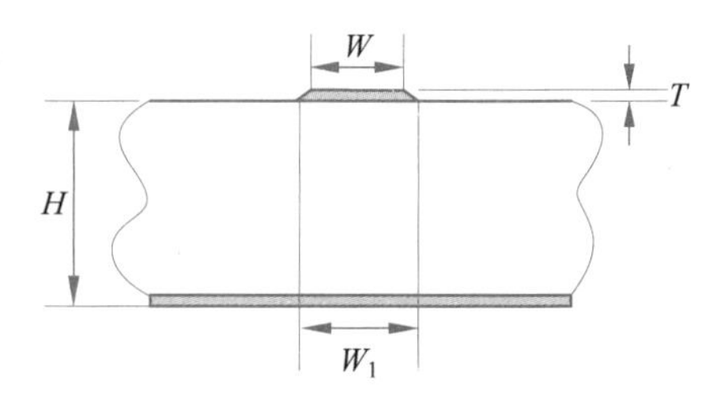

图 7-7 表面微带线结构

$$Z_0=\left(\frac{87}{\sqrt{\varepsilon_r+1.41}}\right)\ln\left(\frac{5.98H}{0.8W+T}\right)(\Omega),\quad 15<W<25\text{mil} \tag{7-1}$$

$$Z_0=\left(\frac{79}{\sqrt{\varepsilon_r+1.41}}\right)\ln\left(\frac{5.98H}{0.8W+T}\right)(\Omega),\quad 5<W<15\text{mil} \tag{7-2}$$

走线的内电容 C_0 以及微带线的传输延迟 t_{pd} 近似计算公式如下

$$C_0=\frac{0.67(\varepsilon_r+1.41)}{\ln\left(\frac{5.98H}{0.8W+T}\right)}(\text{pF/in}) \tag{7-3}$$

$$t_{pd}=85\sqrt{0.475\varepsilon_r+0.67}(\text{ps/in}) \tag{7-4}$$

在生产过程中，实际生产的线宽与预期的线宽会有所差异。在线路表面上的镀铜层可能会被侵蚀，因而实际线宽往往小于预期的线宽值。一般也通过取上下线宽的平均值，获得更典型的、精确的阻抗值。通过阻抗计算公式，可以推导出线的宽度 W 和信号线与参考板间距离 H 的计算公式，在此不具体给出。

从微带线的特性阻抗 Z_0 计算公式可以看出，Z_0 与走线的宽度 W 和走线的厚度 T 成反比，与信号线和参考板的距离 H 成正比。

7.2.2 嵌入式微带线

嵌入式微带线是标准微带线的改进型，见图 7-8。它是在铜线上面覆盖了介电材料，此材料中可能包含其他的布线层(磁心或预浸料胚)。如果嵌入微带线周围被如焊料掩膜、保护图层、陶瓷材料，或其他相等介电常数的介质材料覆盖，厚度为 0.203～0.254mm 时，空气以及周围的环境对线路阻抗的计算影响很小，可忽略不计。描述嵌入式微带线的另一种方法就是将它与无限平面不对称的带状线相比较。

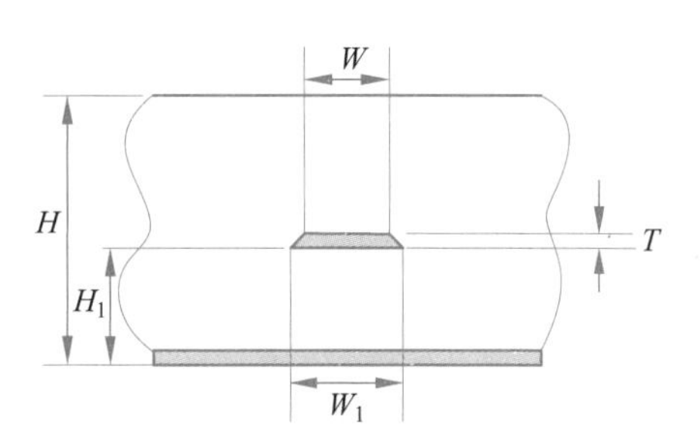

图 7-8 嵌入式微带线

图 7-8 中，W 为走线的上表面宽度(in)，W_1 为走线的下表面宽度(in)，H_1 为信号线与基准板的距离(in)，H 为两层介质层的高度(in)，T 为走线的厚度(in)，C_0 为走线的内电容，ε_r 为平板材料的相对介电常数。通常近似认为走线的上表面宽度 W 与下表面宽度 W_1 近似相等。如图 7-8 所示嵌入式微带线的特性阻抗 Z_0 的近似计算公式如下

$$Z_0=\left(\frac{87}{\sqrt{\varepsilon'_r+1.41}}\right)\ln\left(\frac{5.98H_1}{0.8W+T}\right)(\Omega) \tag{7-5}$$

其中

$$\varepsilon'_r=\varepsilon_r(1-e^{-\frac{1.55H}{H_1}}) \tag{7-6}$$

$0.1<W/H_1<3.0, 1<\varepsilon_r<15$。

走线的内电容 C_0 以及嵌入式微带线的传输延迟 t_{pd} 近似计算公式如下

$$C_0=\left(\frac{1}{H_1+T}\right)\ln\left[1-\frac{0.6897(\varepsilon_r+1.41)}{\sqrt{\varepsilon_r}}\right](\text{pF/in}) \tag{7-7}$$

$$t_{pd}=1.017\sqrt{\varepsilon'_r}(\text{ns/ft}) \tag{7-8}$$

或

$$t_{pd}=85\sqrt{\varepsilon'_r}(\text{ps/in}) \tag{7-9}$$

通过阻抗计算公式,可以推导出嵌入式微带线的宽度 W 的近似计算公式如下

$$W=\frac{5.98H_1}{0.8e^{\frac{Z_0\sqrt{\varepsilon_r+1.41}}{87}}}-\frac{T}{0.8} \tag{7-10}$$

7.2.3 单带状线结构

单带状线是在两个导电平面结构中被介质材料所包围的传输线,如图 7-9 所示。带状线存在于板的内部,不暴露在空气中。与微带线相比,带状线有许多优点,也就是说,它具有很强的场吸收能力和抗干扰能力,同时,它也提供 RF 电流参考返回面来消除电磁场通量。只要按照正确布线规则,线路所有的辐射都将被参考面约束,不会辐射出去。但辐射仍存在于外层板上的元件和连线上,PCB 内由介质覆盖的传输线则没有辐射。

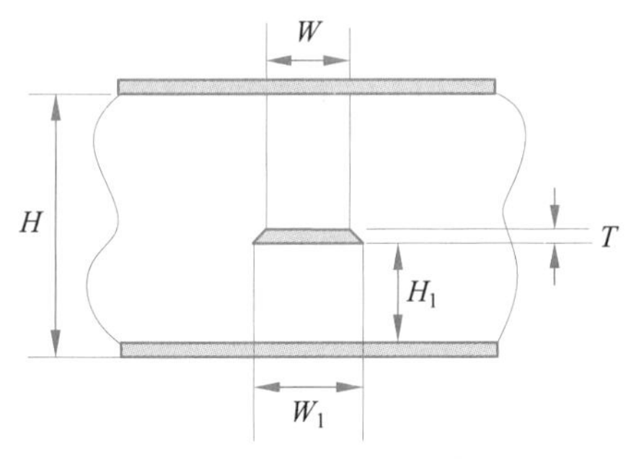

图 7-9 单带状线结构

图 7-9 中: W 为走线的上表面宽度(in),W_1 为走线的下表面宽度(in),H_1 为信号线与参考板的距离(in),H 为两参考板之间的距离(in),T 为走线的厚度(in),C_0 为走线的内电容,ε_r 为平板材料的相对介电常数。在计算时,通常近似认为走线的上表面宽度 W 与下表面宽度 W_1 近似相等。如图 7-9 所示单带状线的特性阻抗 Z_0 的近似计算公式如下

$$Z_0=\frac{60}{\sqrt{\varepsilon_r}}\ln\left[\frac{1.9H}{(0.8W+T)}\right](\Omega)=\frac{60}{\sqrt{\varepsilon_r}}\ln\left[\frac{1.9(2H_1+T)}{(0.8W+T)}\right](\Omega) \tag{7-11}$$

其中,$W/(H_1-T)<0.35$,$T/H_1<0.25$。

走线的内电容 C_0 以及单带状线的传输延迟 t_{pd} 近似计算公式如下

$$C_0=\frac{1.41\varepsilon_r}{\ln\left(\frac{3.81H_1}{0.8W+T}\right)}(\mathrm{pF/in}) \tag{7-12}$$

$$t_{pd}=1.017\sqrt{\varepsilon_r}(\mathrm{ns/ft}) \tag{7-13}$$

或

$$t_{pd}=85\sqrt{\varepsilon_r}(\mathrm{ps/in}) \tag{7-14}$$

从带状线的特性阻抗 Z_0 计算公式可以看出,Z_0 与走线的宽度 W 和走线的厚度 T 成反比,与信号线和参考板的距离 H 成正比。

7.2.4 双带状线结构

双带状线是单带状线的改进型,它增大了电路平面和最近参考面的耦合。把电路放在板内 1/3 处,错误发生率要小得多。双微带线具体图形和尺寸如图 7-10 所示。

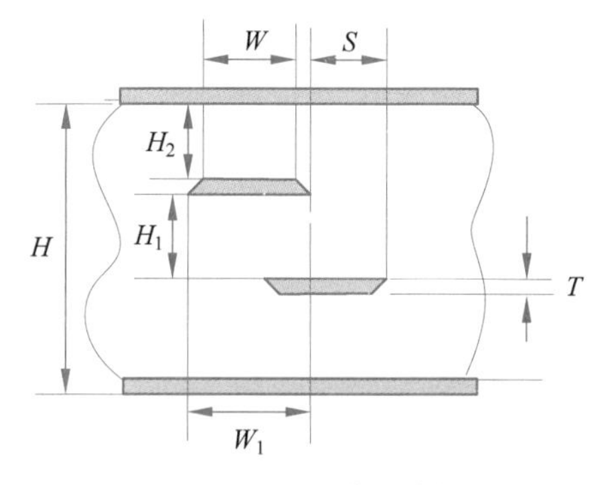

图 7-10 双微带线结构

图 7-10 中,W 为走线的上表面宽度(in),W_1

为走线的下表面宽度(in),H_1 为信号层间距离(in),H_2 为走线到参考板之间的距离(in),H 为两参考板之间的距离(in),T 为走线的厚度(in),C_0 为走线的内电容,ε_r 为平板材料的相对介电常数。在计算时,通常近似认为走线的上表面宽度 W 与下表面宽度 W_1 近似相等。如图 7-10 所示双带状线的特性阻抗 Z_0 的近似计算公式如下

$$Z_0=\left(\frac{80}{\sqrt{\varepsilon_r}}\right)\ln\left[\frac{1.9(2H_2+T)}{(0.8W+T)}\right]\left[1-\frac{H_2}{4(H_1+H_2+T)}\right](\Omega) \tag{7-15}$$

其中,$W/(H_2-T)<0.35$,$T/H_2<0.25$。

走线的内电容 C_0 以及双带状线的传输延迟 t_{pd} 近似计算公式如下

$$C_0=\frac{2.82\varepsilon_r}{\ln\left[\frac{2(H_2-T)}{0.268W+0.335T}\right]}(\text{pF/in}) \tag{7-16}$$

$$t_{pd}=1.017\sqrt{\varepsilon_r}(\text{ns/ft}) \tag{7-17}$$

$$t_{pd}=85\sqrt{\varepsilon_r}(\text{ps/in}) \tag{7-18}$$

7.2.5 差分微带线和带状线结构

差分对(Differential Pairs)走线在布线中广泛应用,特别适用于很长的信号传输。无论是差分微带线还是差分带状线,它们均可以减小串扰和辐射噪声,去除共模噪声;同时也可以减小地参考面的问题。特别是对于模拟信号的应用,差分对线可以提供高的动态范围以及低的噪声,也可以满足高速数字信号的应用。

差分线具有以下特点:

- 横截面积恒定不变,而且对差分信号有一个恒定的阻抗;
- 每根线上的时延相同,确保差分信号边沿陡峭;
- 两条传输线要完全相同,线的宽度和线间的介质间距也完全相同;
- 两条传输线的长度要完全相同;
- 差分对的两条传输线间不一定有耦合,但没有耦合将导致差分对抗噪能力下降。

由于差分线中存在相互邻接的差分线路,差分线的阻抗及差模阻抗(Z_{diff})与单线的阻抗不同。如图 7-11 所示的差分微带线以及如图 7-12 所示的差分带状线可分别由微带线和带状线的特性阻抗 Z_0 计算出它们的差模阻抗 Z_{diff}。D 是差分对两线边缘的间距,故不可以调节。但可以通过调节走线宽度 W 来改变 Z_{diff}。

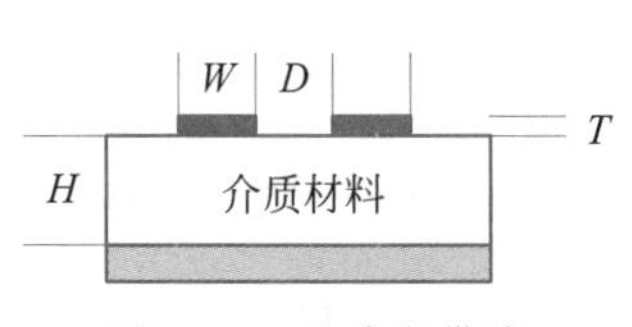

图 7-11 差分微带线

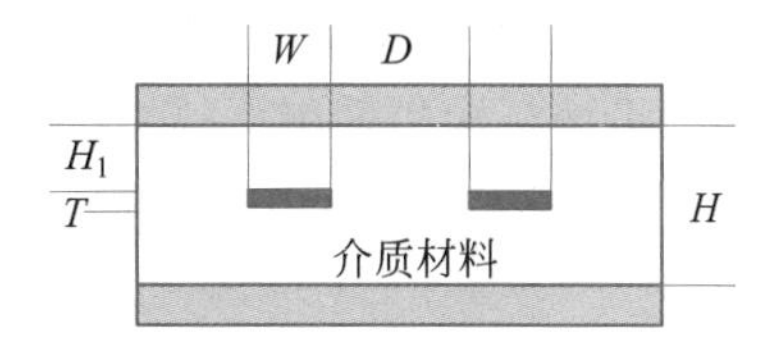

图 7-12 差分带状线

差分微带线的差模阻抗 Z_{diff} 和微带线的特性阻抗 Z_0 的计算公式如下

$$Z_{diff}\approx 2Z_0(1-0.48e^{-0.96\frac{D}{H}})(\Omega) \tag{7-19}$$

$$Z_0=\left(\frac{87}{\sqrt{\varepsilon_r+1.41}}\right)\ln\left(\frac{5.98H}{0.8W+T}\right)(\Omega) \tag{7-20}$$

差分带状线的差模阻抗 Z_{diff} 和带状线的特性阻抗 Z_0 的计算公式如下

$$Z_{diff} \approx 2Z_0(1-0.347e^{-2.9\frac{D}{H}})(\Omega) \tag{7-21}$$

$$Z_0 = \frac{60}{\sqrt{\varepsilon_r}}\ln\left[\frac{1.9H}{(0.8W+T)}\right](\Omega) = \frac{60}{\sqrt{\varepsilon_r}}\ln\left[\frac{1.9(2H_1+T)}{(0.8W+T)}\right](\Omega) \tag{7-22}$$

式中，Z_0 为单端传输线的特性阻抗(欧)；W 为走线宽度(mil)；B 为两平面之间的距离(mil)；T 为走线的厚度(mil)；H 为信号走线和最近参考面的距离(mil)；D 为两走线边沿之间的距离(mil)。

差分走线主要应用在以下 3 方面：

- 传输的信号需要通过噪声环境；
- 传输信号为低电压；
- 信号在两个机架之间走线。

7.2.6 布线考虑

当信号在多个负载串联的传输线上传输时，在不同的传输时间下的转换电压不同。区别在于不同的传输位置，负载的吸收率不同。距离激励源最近的元器件比传输线尾部的元器件接收到信号的时间要早，多设备间的时钟同步就变得很困难，特别是对于边沿速率很快的信号，同时，线路可看成多段的情况。在微带线上也要考虑这种多负载的总线结构的畸变。

信号在微带线上传输的速率要大于带状线，在相对介电常数 ε_r 为 4.1 时，微带线上传输的速率为 1.65ns/ft ，带状线传输的速率为 2.06ns/ft，微带线要快大约 25%。这是由于带状线是夹在两层平板结构中，因此带状线每单位长度的电容是微带线的两倍，而每单位长度的传输时间与每单位长度的电感与电容的乘积的平方根成正比。在考虑辐射时，布线应优先采用带状线，由于生产工艺的限制，单带状线很难实现，会导致 PCB 很厚。故层数较多时，双带状线是一个好的选择。PCB 内相关逻辑器件和相关阻抗不同，线路的特性阻抗也不同。通过阻抗控制来改变线路阻抗的方法包括：

- 根据参考板来改变线的宽度；
- 改变布线层与参考板之间的距离；
- 把部分参考板移到信号线下面，并允许以比原来参考板更远的参考板作为参考；
- 改变 PCB 层的厚度(磁心材料)；
- 在两个平面结构中采用不同的介电常数(磁心或预浸胶体)。

7.2.7 容性负载

当使用高性能的集成电路时，需要考虑负载的容性。容性输入阻抗会影响线路阻抗，并提高逻辑门负载。无负载的传播时延 t_{pd} 由下式计算

$$t_{pd} = \sqrt{L_0 C_0} \tag{7-23}$$

如果在传输线中加入一个集中负载 C_d，集中负载就是所有负载包括电容的总和，它是每单位长度的分布电容，取决于所有元件的容性负载也包括过孔和插座。在传输线中加入一个集中负载 C_d 后，会导致信号的传播时延增大，有集中负载 C_d 的修正传播时延

$$t'_{pd}=t_{pd}\sqrt{1+\frac{C_d}{C_0}}\ \text{ns/ 长度} \tag{7-24}$$

式中，C_0 为传输线的特性电容，C_d 为所有输入负载的输入门电容，t_{pd} 为无负载的传播时延，t'_{pd}为电路中加入电容后已修正的传播时延。

输入负载不同，则输入门电容也不同。一般来讲，典型的 ECL 逻辑门的输入门电容为 5pF，CMOS 逻辑门的输入门电容为 10pF，TTL 的输入门电容为 10～15pF。而一般 PCB 走线的特性电容为 2～2.5pF，每个插座端口分布电容为 2pF，过孔的电容为 0.3～0.8pF。

通过仿真，讨论集中负载 C_d 变化对 t'_{pd}及 Z'_0值的影响。其中参数设定为：无负载时 $t_{pd}=1.65\text{ns/ft}$，$Z_0=50\Omega$。

仿真程序及结果如下(见图 7-13 和图 7-14)。

```
clc
Cd = 1:0.1:100;                    % Cd 为总逻辑门电容
C0 = 1000 * 1.65/50;               % 取无负载时 tpd 为 1.65,Z0 为 50
tpd = 1.65 * sqrt(1 + Cd/C0);
plot(Cd,tpd);axis([0,101,1.6,3.5])
xlabel('Cd');ylabel('tpd');
```

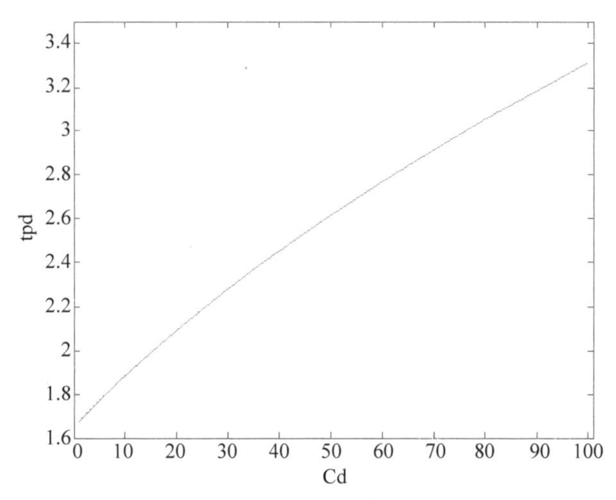

图 7-13 修正的传播时延 t'_{pd}与 C_d 的关系

从结果可以看出，修正的传播时延 t'_{pd}与 C_d 呈正相关的关系，即随着 C_d 的增大，所需的传播时延随之增大。

```
clc
Z = zeros(1,2000);
for i = 1:500
    Cd(i) = i/10;                      % Cd 从 0.1 变到 50
    C0 = 1000 * 1.65/50;
    Z(i) = 50.0/sqrt(1 + Cd(i)/C0);    % 此处 Z 与 Cd 均为 i 的函数
end
plot(Z);axis([0,550,30,50])
xlabel('10Cd');ylabel('Z');
```

从结果可以看出，修正的特性阻抗 Z'_0与 C_d 负相关，即随着 C_d 的增大，所需的传播时

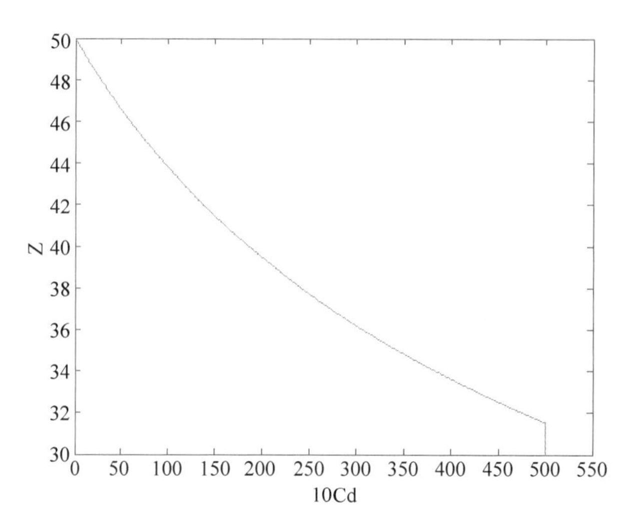

图 7-14 修正的特性阻抗 Z_0' 与 C_d 的关系

延随之减小。

假定在信号线上有 5 个 CMOS 逻辑门,该电容作用在石硅环氧树脂板上,板的特性阻抗 Z_0 为 50Ω,$t_{pd}=1.65$ns/ft,那么传输线的特性电容 C_0 可由下式计算

$$C_0=1000\left(\frac{t_{pd}}{Z_0}\right)(\text{pF/ 长度}) \tag{7-25}$$

即

$$C_0=1000\left(\frac{t_{pd}}{Z_0}\right)=1000\times\frac{1.65}{50}=33(\text{pF/ 长度})$$

由此可计算出修正的传播时延

$$t'_{pd}=t_{pd}\sqrt{1+\frac{C_d}{C_0}}=1.65\sqrt{1+\frac{5\times 10}{33}}=2.61\text{ns/ 长度}$$

这个等式表明:信号到达目的地会有 2.61ns/ft 的时延。相应地,被门限负载所改变的传输线的特性阻抗 Z_0' 可由下式计算

$$Z'_0=Z_0\Big/\sqrt{1+\frac{C_d}{C_0}} \tag{7-26}$$

式中,Z_0 为原线阻抗,Z_0' 为改变后的特性阻抗,C_0、C_d 定义同上。

从以上分析可以看出,大的集中负载 C_d 不但会使传播时延增加,也会降低负载的特性阻抗。负载的特性阻抗越低,就越加剧激励源和 PCB 线之间的阻抗失配,就会使负载线路上的反射增加,并引起振铃、过冲、欠冲和开关时延等影响信号完整性的问题。故在设计 PCB 时,需要重点考虑对电路电阻的调节、线路中的反射和负载分布。

通过式(7-24)计算出的修正传播时延 t'_{pd} 也可以用来判断该电路是否可以看成传输线,

$$2\times t'_{pd}\times \text{线长} > t_r \text{ 或 } t_f \tag{7-27}$$

如果式(7-27)成立,表明线长为电长走线,需要终端匹配。其中 t_r 为信号的上升沿,t_f 为信号的下降沿。下面将介绍走线长的具体计算。

7.3 走线长的计算

当信号跳变沿变化速率加快，就要考虑所选走线的传播和反射时延。如果经过走线从源到负载并反射回来的传播时间比信号跳变沿转换的时间长，就存在一个电长走线。电长走线将引起与信号类型和特性有关的信号完整性问题，包括串扰、衰减振荡以及反射。在PCB设计时，需要计算走线长度，快速地判断布线的走线是否为电长走线。电长走线的设定，通常首先考虑保证信号的质量，其次才是电磁兼容问题。因为其他电子元件或产品内部设施的限制和兼容措施可以掩蔽电长走线产生的电磁兼容问题。

假设一典型传输速度是光速的60%，可以通过下式计算出不同信号对应的最大允许布线走线长度 l_{max}

$$l_{max}=\frac{t_r}{2t'_{pd}} \tag{7-28}$$

式中，t_r 为信号的跳边沿速率(ns)，t'_{pd}为传播时延(ns)，l_{max} 为最大布线走线长度(cm)。

对于微带线拓扑

$$l_{max}=9\times t_r(cm)=3.5\times t_r(in)$$

对于带状线拓扑

$$l_{max}=7\times t_r(cm)=2.75\times t_r(in)$$

如信号边沿速率为2ns。

对于微带线拓扑

$$l_{max}=18(cm)=7(in)$$

对于带状线拓扑

$$l_{max}=14(cm)=5.5(in)$$

当计算出最大布线走线长度 l_{max} 后，如果PCB上走线的实际测量长度 $l_d<l_{max}$，那么走线不是电长走线，不需要终端；如果 $l_d>l_{max}$，那么应该使用终端。下面通过两个例子做具体分析。

【例 7-1】 一个5ns边沿速率器件放于长度为5in的表面微带线上，整个走线上分布着6个负载，每个器件的输入电容为6pF，这个走线需不需要终端？

已知微带线的几何尺寸：走线宽度：$W=0.010$in；走线高度：$H=0.012$in；走线厚度：$T=0.002$in；介电常数 $\varepsilon_r=4.6$。

解：走线宽度为

$$W=0.010\text{in}=10\text{mil}$$

微带线特性阻抗为

$$Z_0=\left(\frac{79}{\sqrt{\varepsilon_r+1.41}}\right)\ln\left(\frac{5.98H}{0.8W+T}\right)\approx 63.5\Omega$$

微带线的传输延迟为

$$\begin{aligned}t_{pd}&=85\sqrt{0.475\varepsilon_r+0.67}\approx 0.143(\text{ns/in})\\&=1.017\sqrt{0.475\varepsilon_r+0.67}\approx 1.72(\text{ns/ft})\end{aligned}$$

分布电容 C_d(由长度进行整体归一化的输入电容)为

$$C_d = 6 \times C_d / \text{走线长度} = 6 \times 6\text{pF}/5\text{in} = 7.2\text{pF/in}$$

走线的固有电容 C_0 为

$$C_0 = 1000\left(\frac{t_{pd}}{Z_0}\right)\text{pF} = 1000\left(\frac{1.72}{63.5}\right)\text{ns/ft}$$

$$= 27.0\text{pF/ft} = 2.26\text{pF/in}$$

从源驱动器开始的单向传播延时

$$t'_{pd} = t_{pd}\sqrt{1+\frac{C_d}{C_0}} = 0.143\sqrt{1+7.2/2.26} \approx 0.29(\text{ns/in}) = 3.5\text{ns/ft}$$

衰减振荡和反射在边沿转换时被掩盖的条件如下

$$2 \times t'_{pd} \times \text{线长} \leqslant t_r \text{ 或 } t_f$$

$2 \times t'_{pd} \times$线长$=2\times0.29\text{ns/in}\times5\text{in}=2.9\text{ns}<t_r$,故不需要终端。

其安全边界为 $3\times t'_{pd}\times$线长$=4.35<t_r$,故仍然不需要终端。

【例 7-2】 10in 带状线上连接一个边沿速率为 2ns 的器件,在走线上分布着 6 个逻辑器件,每个器件的输入电容为 12pF,这条走线是否需要终端?

已知带状线的几何尺寸:走线宽度:$W=0.006\text{in}$;板间距离 $H=0.012\text{in}$;走线厚度:$T=0.0014\text{in}$;介电常数 $\varepsilon_r = 4.6$。

解:带状线的特性阻抗为

$$Z_0 = \left(\frac{60}{\sqrt{\varepsilon_r}}\right)\ln\left[\frac{1.9H}{(0.8W+T)}\right](\Omega) \approx 36.43\Omega$$

带状线的传输延迟为

$$t_{pd} = 1.017\sqrt{\varepsilon_r} \approx 2.18\text{ns/ft} = 0.182\text{ns/in}$$

分布电容 C_d(由长度进行整体归一化的输入电容)为

$$C_d = 6 \times C_d / \text{走线长度} = 6 \times 12\text{pF}/10\text{in} = 7.2\text{pF/in}$$

走线的固有电容 C_0 为

$$C_0 = 1000\left(\frac{t_{pd}}{Z_0}\right)\text{pF} = 1000\left(\frac{0.182}{50.7}\right)\text{ns/in}$$

$$\approx 3.58\text{pF/in} = 43.0\text{pF/ft}$$

从源驱动器开始的单向传播延时为

$$t'_{pd} = t_{pd}\sqrt{1+\frac{C_d}{C_0}} = 0.182\sqrt{1+7.2/3.58} \approx 0.32(\text{ns/in}) = 3.79\text{ns/ft}$$

衰减振荡和反射在边沿转换时被掩盖的条件为

$$2 \times t'_{pd} \times \text{线长} \leqslant t_r \text{ 或 } t_f$$

$2\times t'_{pd}\times$线长$=2\times0.32\text{ns/in}\times10\text{in}=6.4\text{ns}>2\text{ns}$,故需要终端吸收传输线效应。

7.4 PCB 的布线要点

在整个 PCB 设计中,以布线的设计过程限定最高,技巧最细,工作量最大。正确的布线设计应该使 PCB 上的各部分电路之间没有干扰，都能正常工作，而且对外的传导发射和辐射发射尽可能降低，能够达到相关标准，同时也不受外部的传导干扰和辐射干扰的影响。

PCB 布线有单面布线、双面布线和多层布线三种。其布线方式包括手动布线、自动布线、交互式布线和 3D 布局布线(一体化)。在自动布线之前，可以用交互式预先对要求比较严格的线进行布线。布线时，应先对所有信号进行分类，对控制、数据、地址等总线进行分区，对 I/O 接口线进行分类。一般先布时钟线、敏感信号线，然后布高速线，在确保此类信号的过孔足够少，分布参数特性好以后，最后才能布一般的不重要的信号线，要仔细分析，确保走线最优。

7.4.1　布线基本要求

1. 微带线和带状线的应用

微带线布线允许对边沿变化速度快的信号作最快的传输，因为这种结构在走线和镜像面之间的分布电容较低，因而可以达到较小的传输延迟。但如果将时钟信号布在外层就会使得在走线上的 RF 能量辐射到空间去，造成电磁干扰问题。

带状线布线对共模 RF 电流的去除最有效，因为走线的两边都有镜像平面。但是使用带状线会增加过孔的使用，并且走线长度也会增加，因此会产生信号传输的延迟，而且走线的分布电容也较大。这种布线可以有效改善 PCB 的电磁干扰，防止 RF 能量辐射到周围环境中。当然，电路元件的 RF 辐射是不能完全消除的，因为元件始终在外层放置。

时钟信号或高频周期信号布在表层和内层具有不同的影响。如果布在表面，则使用微带线走线；如果布在内层，则为带状线布线。

2. 过孔的使用

对高密度的 PCB 设计，过孔(via)是多层 PCB 的重要组成部分。PCB 上的每一个孔都可称为过孔，过孔就是将两个导电焊盘连接起来的钻孔，过孔外壁覆盖了一层导体材料。

从作用过孔可分为两大类：一是做各层间的电气连接，即用于信号的跨层走线、连接地或电源平面；二是做器件的固定或定位。从工艺制造过孔可分为三类：盲孔(Blind via)、埋孔(Buried via)和通孔(Through via)。盲孔是外层与内层之间的导电连接，不通导板的另一面；埋孔是两个或多个内层元件的导电连接，外层看不见；通孔是穿过整个线路板，贯通所有板层，通孔会占用所有层的空间，会破坏内部层和总线的连续性，但它制造成本低，用得较多。盲孔、埋孔和通孔如图 7-15 所示。

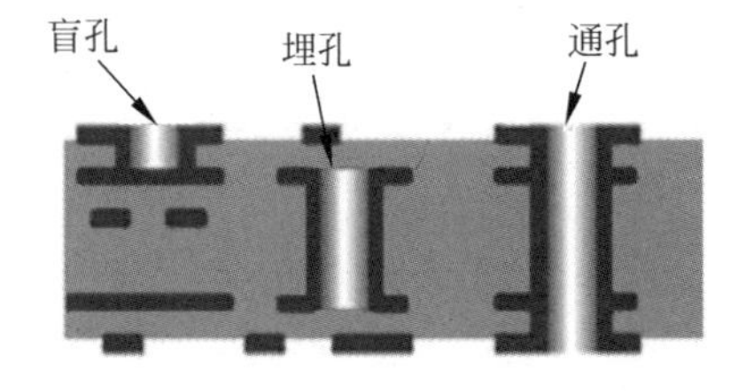

图 7-15　三种过孔

过孔具有寄生电容、寄生电感和阻抗属性，这些属性会影响通过过孔的信号质量，过孔的尺寸和它的相应连接焊盘对过孔的上述属性有着直接的影响。过孔的结构如图 7-16 所示。

过孔的寄生电容可通过下式计算

$$C=\frac{1.41\varepsilon_r TD_1}{D_2-D_1}(\mathrm{pF}) \tag{7-29}$$

式中，D_1 是过孔周围的焊盘直径(in)，D_2 是参考平面上的电气间隙孔径(in)，T 是印制板

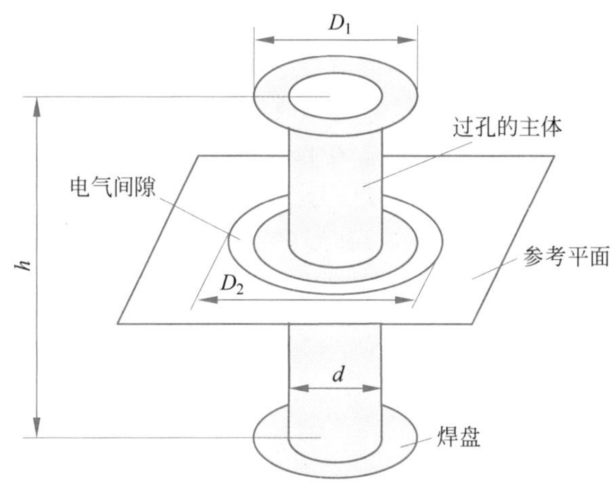

图 7-16　过孔结构

的厚度(in),ε_r 是介质的相对介电常数,C 是过孔的寄生电容。

如果 $D_1=0.025\text{in}$;$D_2=0.045\text{in}$;$T=0.063\text{in}$;$\varepsilon_r=4.6$,则由式(7-29)可计算出过孔的寄生电容为

$$C=\frac{1.41\varepsilon_r TD_1}{D_2-D_1}=\frac{1.41\times 4.6\times 0.063\times 0.025}{0.045-0.025}=0.51(\text{pF})$$

过孔的寄生电容的充电和放电会产生电压突降和电压尖峰,从而延长信号的上升时间,降低电路的速度,所以过孔及电容在制造工艺和允许范围内应尽量小,这对高频应用非常重要。

下面通过仿真探讨 D_1 和 T 的变化对过孔寄生电容 C 的影响。

对本次仿真的参数设定如下:$D_2=0.045\text{in}$,$\varepsilon_r=4.6$。

仿真程序及结果(见图 7-17)如下。

```
clc
D2 = 0.045;                         % 设定 D2 为 0.045,单位为 in
C = 0;
for i = 1:100
for j = 1:100
    T(i) = i/1000;                  % T 从 001 变到 0.1in
    D1(j) = D2 * j/100;             % D1 从 0.01 倍 D2 变到 D2
    C(i,j) = 1.41 * 4.6 * T(i) * D1(j)/(D2 - D1(j));
end
end
mesh(C);
xlabel('100D1');ylabel('1000T');zlabel('C');
axis([0,100,0,100,0,70])
```

由此仿真结果可以看出,随着 D_1 及 T 的增大,寄生电容相应增大。

过孔的寄生电感与过孔的长度和直径密切相关,过孔的寄生电感和过孔的感抗可由下式计算

$$L=5.08h\left[\ln\left(\frac{4h}{d}\right)+1\right](\text{nH}) \tag{7-30}$$

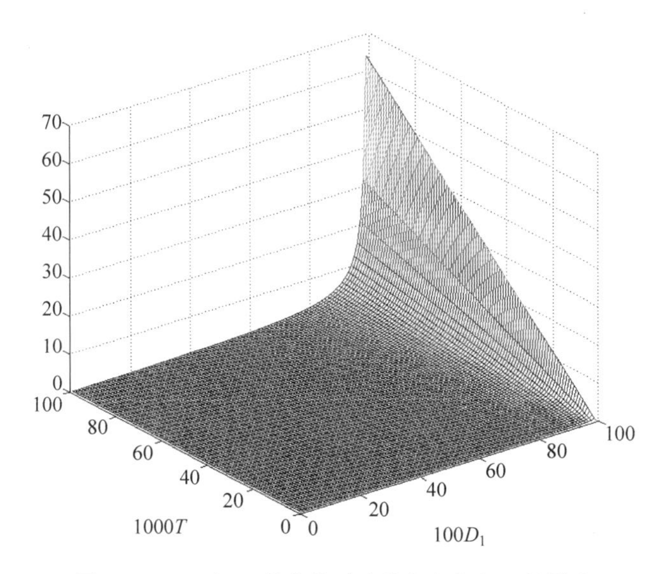

图 7-17 D_1 和 T 的变化对过孔寄生电容 C 的影响

$$X_L = \frac{\pi L}{t_r} \tag{7-31}$$

其中，h 是过孔的长度(in)；d 是过孔的直径(in)；L 是过孔的寄生电感；X_L 是过孔的感抗。

如果过孔为通孔，$h=0.063\text{in}$，$d=0.016\text{in}$，$t_r=1\text{ns}$，可由上式计算出过孔的寄生电感 L 和过孔的感抗 X_L 为

$$L = 5.08h\left[\ln\left(\frac{4h}{d}\right)+1\right] = 5.08\times 0.063\left[\ln\frac{4\times 0.063}{0.016}+1\right]\approx 1.2(\text{nH})$$

$$X_L = \frac{\pi L}{t_r}\approx 3.8\Omega$$

如果过孔为埋孔，$h=0.043\text{in}$，$d=0.016\text{in}$，$t_r=1\text{ns}$，可由上式计算出过孔的寄生电感 L 和过孔的感抗 X_L 为

$$L = 5.08h\left[\ln\left(\frac{4h}{d}\right)+1\right] = 5.08\times 0.043\left[\ln\frac{4\times 0.043}{0.016}+1\right]\approx 0.74(\text{nH})$$

$$X_L = \frac{\pi L}{t_r}\approx 2.3\Omega$$

下面通过仿真探讨过孔的寄生电感与过孔的长度和直径的关系。

仿真程序及结果(见图 7-18)如下。

```
clc
L = 0;
for i = 1:100
for j = 1:100
    h(i) = i/1000;                %h从001变到0.1in
    d(j) = j/1000;                %d从001变到0.1in
    L(i,j) = 5.08 * h(i) * (log(4 * h(i)/d(j)) + 1);
end
end
mesh(L);xlabel('1000d');ylabel('1000h');zlabel('L');
```

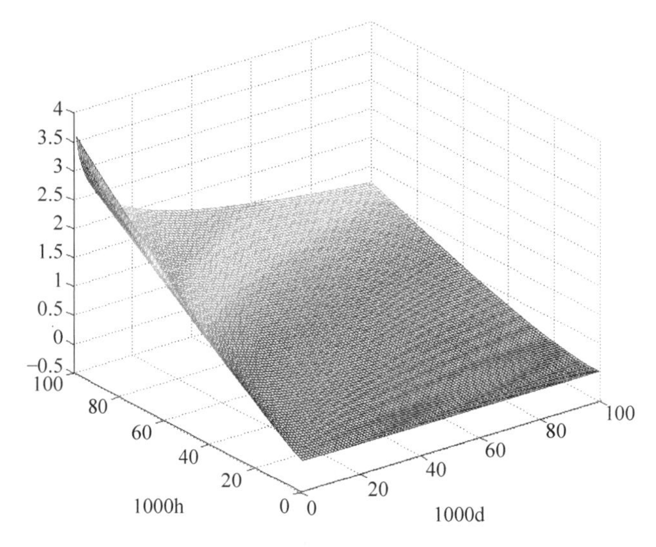

图 7-18　过孔的寄生电感与过孔的长度和直径的关系

由此仿真结果可以看出,过孔的寄生电感 L 与过孔的长度 h 呈正相关,而与过孔的直径 d 呈负相关。

过孔的寄生电感会抑制电流流过,所以过孔会影响旁路电容从电源或地平面滤除噪声的功能,因此旁路和去耦电容的过孔应保持尽可能地短,以使电感值最小。过孔的寄生电感在高速数字电路设计中的危害大于过孔的寄生电容。对于高速 PCB 的过孔设计应注意以下几点:

(1) 选择合理的过孔大小。6~10 层:10/20mil(钻孔/焊盘);高密度小尺寸:8/18mil(钻孔/焊盘)。

(2) 薄的 PCB 有利于减小过孔的两种寄生参数。

(3) PCB 走线尽量不换层,即尽量少用不必要的过孔,因为每一个过孔都是一个阻抗不连续点。过孔的使用如图 7-19 所示,其中图(a)用了不必要的过孔,图(b)则是比较好的解决方法。

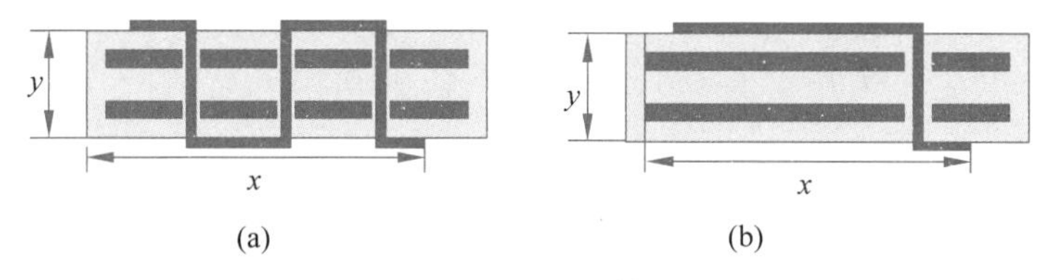

图 7-19　过孔的使用

(4) 电源和地的引脚要就近打孔,过孔和引脚之间的引线越短越好。

(5) 在信号换层的过孔附近放置一些接地过孔,为信号提供最近的回路,甚至还可以在 PCB 上大量放置多余的接地过孔。

3. 布线基本要求

在布线时应注意使电路中的电流环路保持最小,信号线和回线应尽可能接近。使用较大的地平面以减小地线阻抗,电源线和地线应相互接近,在多层电路板中,应把电源面和地平面分开,也应使用镜像面。下面就具体介绍布线基本要求。

(1) 布线时要注意输入端与输出端的连线,应避免相邻平行,以免产生反射干扰,必要时应加地线隔离。

(2) 两相邻层的布线要互相垂直,平行容易产生寄生耦合。

(3) 总的连线应尽可能地短,关键信号线最短。

(4) 在一块设计合适的 PCB 上,第一条安排的线路将是时钟信号。由于最初线路有较大的自由度,设计者可使用最短的距离来布线。

(5) 使用有接地平面的多层板。

(6) 避免 PCB 布线不连续。布线宽度不要突变,布线不要突然拐角,如采用 90°转角布线,这会引起信号的反射和辐射,因为线条的突然转弯,会使线条的电容增大而电感变小,引起电荷积累,发生辐射。如图 7-20 所示就是几种拐弯布线。图(a)就是典型的布线不连续,可通过图(b)斜切走线、图(c)45°角走线、图(d)圆角走线三种方案解决。当转角为 45°时,就可以使得由转弯产生的附加电容减小 57%。

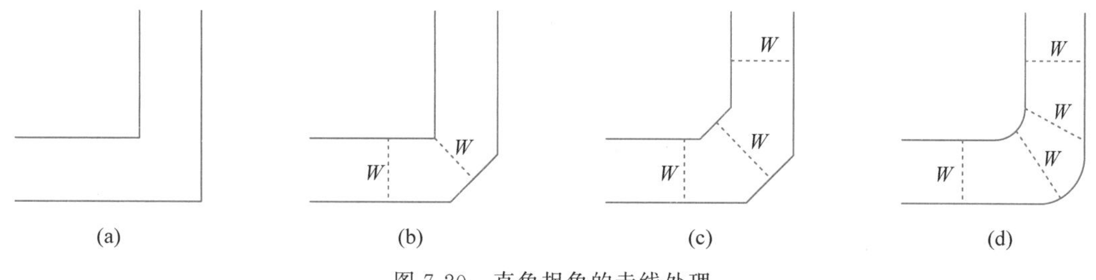

图 7-20 直角拐角的走线处理

4. 布线的原则

(1) 输入输出端用的导线应尽量避免相邻平行。最好加线间地线,以免发生反馈耦合。

(2) 选择合理的导线宽度。干扰由导线电感造成,电感与走线长成正比,与宽度成反比,短而宽的导线对抑制干扰有利。分离元件导线宽度为 1.5mm 可满足要求。对于集成电路,尤其是数字电路,通常选择导线宽度为 0.2~0.3mm。电源线和地线应尽量加宽,地线>电源线>信号线。对于电源线,导线宽度为 1.2~2.5mm。

(3) 导线的最小间距主要由最坏情况下的线间绝缘电阻和击穿电压决定。对于集成电路,尤其是数字电路,只要工艺允许,可使间距小为 5~8mm。

(4) 印制导线拐弯处一般取圆弧形,而直角或夹角在高频电路中会影响电气性能。此外,尽量避免使用大面积铜箔,否则,长时间受热易发生铜箔膨胀和脱落。必须使用大面积铜箔时,最好用栅格状,这样有利于排除铜箔与基板间黏合剂受热产生的挥发性气体。

(5) 专用零伏线,电源线的走线宽度≥1mm;电源线和地线尽可能靠近,整块印刷板上的电源与地要呈"井"字形分布,以便使分布线电流达到均衡。

(6) 焊盘中心孔要比器件引线直径稍大一些。焊盘太大易形成虚焊。焊盘外径 D 一般不小于($d+1.2$)mm,其中 d 为引线孔径。对高密度的数字电路,焊盘最小直径可取($d+1.0$)mm。

(7) 在大面积的接地(电)中,常用元器件的引脚与其连接,对连接引脚的处理需要进行综合的考虑,就电气性能而言,引脚的焊盘与铜面满接为好,但对元件的焊接装配就存在一些不良隐患如焊接需要大功率加热器,也容易造成虚焊点。

(8) 为了兼顾电气性能与工艺的需要,做成十字花焊盘,称之为**热隔离**(Heat shield),俗称热焊盘(Thermal),这样可使在焊接时因截面过分散热而产生虚焊点的可能性大大减少。多层板的接电(地)层引脚的处理相同。

(9) 高频走线应减少使用过孔连接。

(10) 所有信号走线远离晶振电路。

(11) 晶振走线尽量短,与地线回路相靠近;如有可能,晶振外壳应接地。

5. 时钟电路的布线

时钟线是产生辐射的高风险信号线,在布线时应首先进行布线,以改善时钟信号传输线的信号完整性。高风险信号线还具有快速的上升沿或下降沿、高电压抖动、高开关电流等特性。

如果分别给一块电路板的所有电路加电与仅给时钟电路加电,观察它们的辐射情况,辐射频谱上的最高幅度通常是单根谱线,所有电路加电时产生的辐射频谱成分虽然丰富,如图 7-21(a)所示,但它辐射的最大强度与仅给时钟电路加电的辐射强度基本相同,如图 7-21(b)所示。

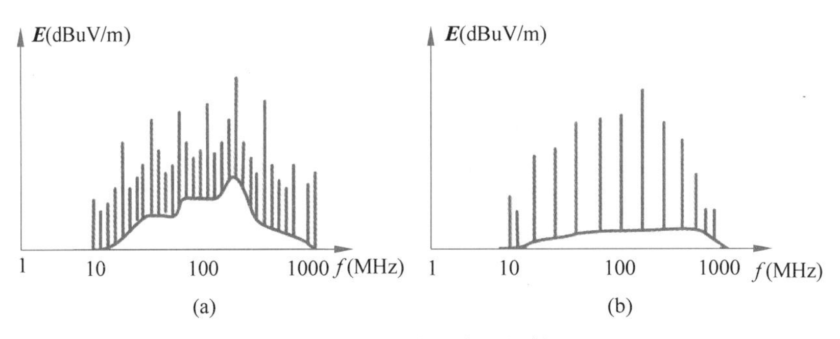

图 7-21 时钟电路的辐射

时钟布线的任务包括四点:一是确定布线层;二是设计不同层间的跳线部位;三是设计走线阻抗和终端匹配电路;四是时钟走线的保护。

1) 确定布线层

- 如果在外层布时钟走线,将地平面和外层相邻,以最小化噪声;如果在内层布时钟走线,使用两个参考平面将这个信号层夹在中间。
- 应当把电阻的位置放在最顶层靠近时钟元件的输出头处,电阻的另一端直接引入内部布线层,接地平面排列在电源层之上。
- 时钟线要尽量避免换层,不要采用多层布线。因为高频辐射电流不会随着时钟线一起跳,它会导致不连续性而产生串扰和电磁辐射。
- 如果采用六层板以上时,不要把时钟线安排在底层,也不要把时钟布线层放在地层和电源层之下。
- 在邻近的布线层不要把其他走线靠近,或直接布在时钟线下,或经过时钟振荡区。

2) 设计不同层间的跳线部位

- 时钟信号走线上不要使用过孔,过孔会导致阻抗变化和反射。
- 尽量减小连线长度,避免由于层间时钟跳线造成的镜像平面不连续而破坏了镜像线条的磁通对消;或由于开关元件动作,在镜像平面上产生的峰值浪涌电流。

3）设计走线阻抗和终端匹配电路

- 根据走线阻抗和终端匹配要求，选择时钟走线采用微带线还是带状线；
- 对时钟信号使用合理的终端以达到最小反射；
- 时钟信号走线要尽可能直，使用圆弧形拐角或45°过渡角，以代替使用直角；
- 如果时钟信号需要由主板引到子板上，时钟线应布置在远离其他引线处并直接接到连接器上，最好采用点到点的布线方式。

4）时钟走线的保护

对在一个充满噪声的环境中的系统时钟走线进行隔离和保护，以免受其他电磁干扰源的干扰，PCB内的地保护走线必须沿着关键信号的线路布放，而且保护线路的两端都必须连接到地，如图7-22所示。保护线路不仅隔离了由其他信号线上产生的耦合磁通，而且也将关键信号从与其他信号线的耦合中隔离开来。

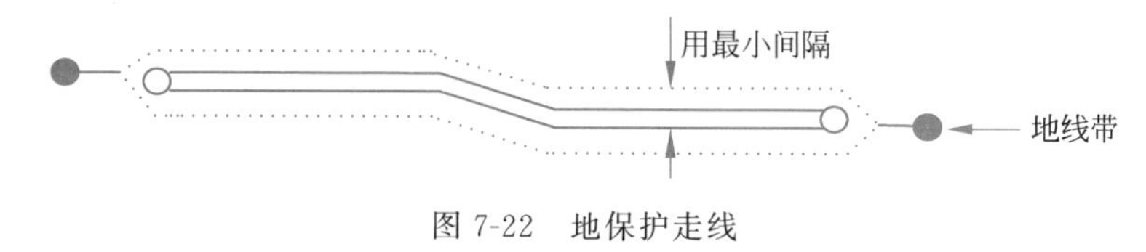

图7-22　地保护走线

另外一种保护走线的方法就是分流走线。分流走线应放置在直接垂直相邻的关键信号线的上面或下面，分流走线两端不必与地连接。当地保护走线和分流走线同时使用时，关键信号就被包在其中，形成同轴线效果，可以提高信号质量，防止共模电流及电磁干扰。

7.4.2　单端布线

单端走线连接源和负载/接收器，通常用于点-点的布线连接、时钟走线、低速信号和关键I/O布线。单端布线包括菊花链走线、星形走线和蛇形走线。

1. 菊花链走线

菊花链走线是PCB设计中常用的方法。菊花链走线包括带短截线和不带短截线两种。下面分别介绍。

（1）具有短截线的菊花链走线。

这种菊花链走线的缺点是短截线或短走线必须用来连接元件和主时钟信号线，如图7-23所示。

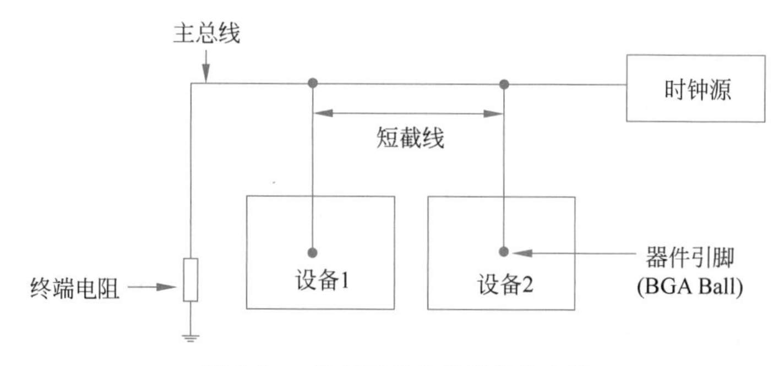

图7-23　具有短截线的菊花链走线

短截线的长度不能太长，如果太长，会引入传输线的反射问题，并降低信号质量。短截

线的长度可由下式确定

$$T_{\text{Dstub}} < t_r/3 \tag{7-32}$$

其中,T_{Dstub} 为短截线的传输延迟,t_r 为信号的 10%～90%的上升时间。

另外,在 PCB 设计中应尽量避免使用这种短截线菊花链走线。特别是对于高速设计,即使非常短的短截线也会产生信号的完整性问题。

(2) 无短截线的菊花链走线。

无短截线的菊花链走线如图 7-24 所示。主线和所驱动的元件直接相连,没有短截线。这种布局消除了主线和短截线之间的阻抗不匹配的危险性,改善了信号的完整性问题。

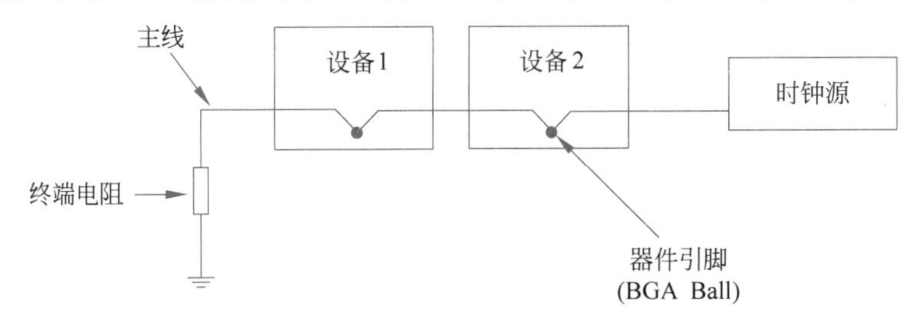

图 7-24 无短截线的菊花链走线

2. 星形走线

星形走线如图 7-25 所示。从图中可以看出,由于时钟信号可以同时到达所有元件,因此所有时钟源和元件之间的走线长度必须匹配,以最小化时钟偏移,而且每个负载都应该一致,以提高信号的完整性。在这种星形走线中,用户必须实现主线和连接到多个元件的长走线之间的阻抗匹配。

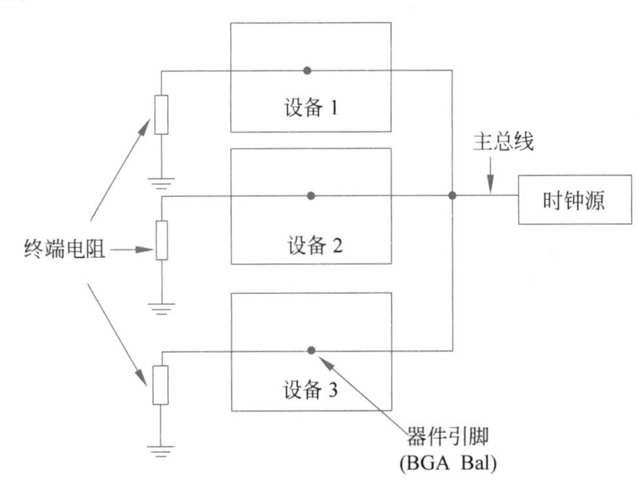

图 7-25 星形走线

3. 蛇形走线

当设计要求源和多个负载的走线长度等长时,就需要将一些走线弯曲以满足走线长度的匹配,如图 7-26 所示。然而,不正确的走线弯曲会影响信号的完整性和传输延迟,这主要是由于传输线中平行部分之间的自耦合起作用。为了最小化串扰,要保证 $S>3H$,S 是走线平行部分的间距,H 是信号走线在地参考平面上的高度。在布线时,应尽量避免蛇形走线，可以使用圆弧来实现等长走线。

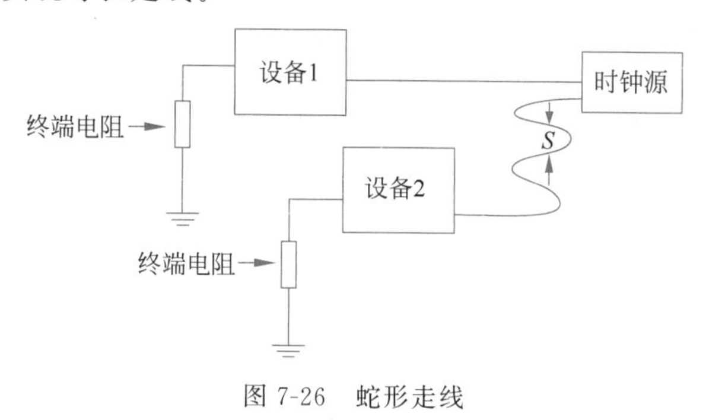

图 7-26 蛇形走线

7.5 多层板的叠层设计

PCB 的叠层设计通常由 PCB 目标成本、制造技术和所要求的布线通道数决定。对于大部分设计，存在许多相互冲突的要求，最终的设计策略是在考虑各方面因素后决定的，提出一个最优化的 PCB 的叠层设计。多层板设计实际是一种 PCB 的立体设计，层间的安排以及层间的接地连接和跳线，同一条功能电路上的阻抗匹配都很重要。层数一般都为偶数，而不是奇数，这是由多种因素决定的。在前面已经介绍过电路板中的所有导电层覆在芯层上，芯层的材料一般是双面覆铜板，当全面利用芯层时，PCB 的导电层数就为偶数。另外，偶数层的 PCB 在成本上优于奇数层的 PCB。奇数层虽然少了一层介质和覆铜，但奇数层 PCB 需要在芯层结构工艺的基础上增加非标准的层叠芯层黏合工艺，而且外面的芯层也需要附加工艺处理，故使成本大幅增加。偶数层的 PCB 也可以避免电路板弯曲，因为奇数层 PCB 具有两个不同结构的复合印制电路板，故板弯曲的风险性增加。如果设计时出现了奇数层的叠层，即电源层为偶数，而信号层为奇数，可通过增加信号层来增加层数；如果信号层为偶数，而电源层为奇数，可通过增加电源层来增加层数；最后还可以通过增加空白信号层来增加层数。

层数的选取和安排取决于功能和功能区的定义和划分、抑制噪声的要求、信号分类、需要布放的线条和节点的数量、阻抗控制、元件密度、总线布置等众多因素共同决定。另外，正确地选择和安排微带线和带状线不但能够抑制高频辐射，也有利于信号完整性的要求。在选择层数时，还应特别注意地平面和电源平面的使用，在 PCB 中嵌入金属平板也是抑制 RF 辐射的重要方法，同时也有利于阻抗的控制，可以调整电源内阻和走线的阻抗。多层板接地层应与电源层相邻，接地层最好在上，如果有多个接地层就要多处相连。模拟地和数字地要分开，I/O 地要与内部地分开，但不要破坏接地层的完整性。

PCB 叠层结构设计的十大通用原则列举如下。

(1) 信号层与地层或电源层相邻，避免两信号层直接相连在多层 PCB 中，通常包含有信号层(S)、电源层(P)平面和地层(GND)，三者如何排布呢？电源层和地层通常是没有分割的实体平面，能为相邻信号走线的电流提供一个好的低阻抗的电流返回路径。因此，信号层多与电源层或地层相邻。而且电源层和地层使用大面积铺铜(故电源层和地层也叫铺铜层)，其大铜膜能为信号层提供屏蔽，利于阻抗控制和提高信号质量。

另外，应尽量避免两信号层直接相邻。相邻信号层之间容易引入串扰，从而导致电路功能失效。在两信号层之间加入地层可以有效地避免串扰。

(2) 顶层和底层多是信号层。多层 PCB 的顶层和底层通常用于放置元器件和少量走线,因此大多是信号层。一般顶层是元器件,那元器件下面(第二层)可设为地层,提供器件屏蔽层,并为顶层布线提供参考平面。

另外,注意顶层与底层的这些信号走线不能太长,以减少走线产生的直接辐射。

(3) 参考平面优先选择地层电源层和地层,它们都可以作为参考平面,且有一定的屏蔽作用。两者的区别在于:电源层具有较高的特性阻抗,与参考电平存在较大的电位势差;而地层一般进行接地处理,并作为基准电平参考点,其屏蔽效果远远好于电源层。所以,在选择参考平面时,优先选择地层。

(4) 高速信号层位于信号中间层电路中的高速信号传输层应该是信号中间层,并且夹在两个铺铜层之间。这样两个铺铜层的铜膜可以为高速信号传输提供电磁屏蔽,也能有效地将高速信号的辐射限制在两个铺铜层之间,不对外造成干扰。

(5) 电源层与地层最好成对出现,缩短了电源和地层的距离(尤其是主电源尽可能与其对应地层相邻),可以降低电源的阻抗,利于稳定电源、减少 EMI。在高速情况下,可以加入多余的地层来隔离信号层,但建议不要多加电源层来隔离,因为电源层会带来较多的高频噪声干扰。

(6) 铺铜层平衡设计铺铜层,即电源层或地层最好成对称排布,如 6 层板的第 2、5 层,或者第 3、4 层要一起铺铜,这是考虑到工艺上平衡结构的要求,因为不平衡的铺铜层可能会导致 PCB 膨胀时的翘曲变形。

(7) 多电源层要注意远离高速数字信号布线。因为多电源层会被分割成几个电压不同的实体区域,如果紧靠多电源层的是信号层,那么其附近的信号层上的信号电流将会遭遇不理想的返回路径,使返回路径上出现缝隙。

(8) 采用偶数层结构经典的 PCB 叠层设计几乎全部是偶数层的,而不是奇数层的。偶数层印制电路板具有成本优势,同时偶数层比奇数层更能避免电路板翘曲。

(9) 布线组合安排在邻近层。为了完成复杂的布线,走线的层间转换是不可避免的。一个信号路径所跨越的两个层称为一个"布线组合"。最好的布线组合设计是避免返回电流从一个参考平面流到另一个参考平面,而是从一个参考平面的一个点(面)流到另一个点(面)。因此,布线组合最好安排在邻近层,因为对于返回电流而言,一个经过多层的路径是不通畅的。虽然可以通过在过孔附近放置去耦电容或者减小参考平面间的介质厚度等来减小地弹,但也不是一个优秀的设计方案。

(10) 相邻信号层布线方向正交在同一信号层上,应保证大多数布线的方向是一致的,同时应与相邻信号层的布线方向正交。例如,可以将一个信号层的布线方向设为"Y 轴"走向,而将另一个相邻的信号层布线方向设为"X 轴"走向。

在实际情况中,有些规则是相互制约的,需要具体问题具体分析,权衡决定,以得到合理的叠层方案。

目前常用的多层板有四层板、六层板、八层板、十层板等,下面分别介绍它们典型的叠层结构。

7.5.1 四层板

四层板通常用于低成本系统,只有两个信号层和两个参考平面层。典型四层板的叠层配置如图 7-27 所示。

布线通道数量的优化对于四层板非常重要，因为使用东西方向和南北方向的布线策略，故此时想为返回电流保持相同的参考平面是不可能的，必须在过孔附近放置一个去耦电容，以提供一个通路返回电流。两个参考平面层被分配为地平面和源平面。地平面和源平面可能会分割为许多不同的地或电压参考区，当地平面和源平面作为一走线的信号参考时，布线一定要布在实体参考区之上，以免跨过那些分割区。

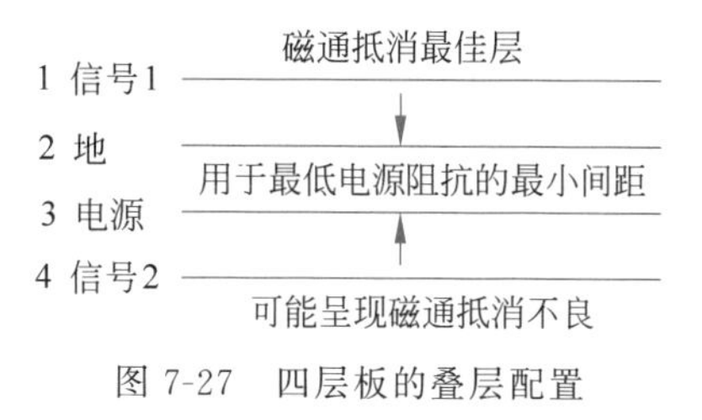

图 7-27　四层板的叠层配置

7.5.2　六层板

六层板是常用的叠层设计，主要用于低成本系统，六层板有四个信号层和两个参考平面层，如图 7-28 所示。六层板也可以使用东西方向和南北方向的布线策略，当采用图 7-28(a)叠层配置时，三层和四层不能用于高速信号的布线层，一层是最好的高风险信号的布线层。当采用图 7-28(b)叠层配置时，五层和六层不能用于高速信号的布线层，二层是最好的高风险信号的布线层。

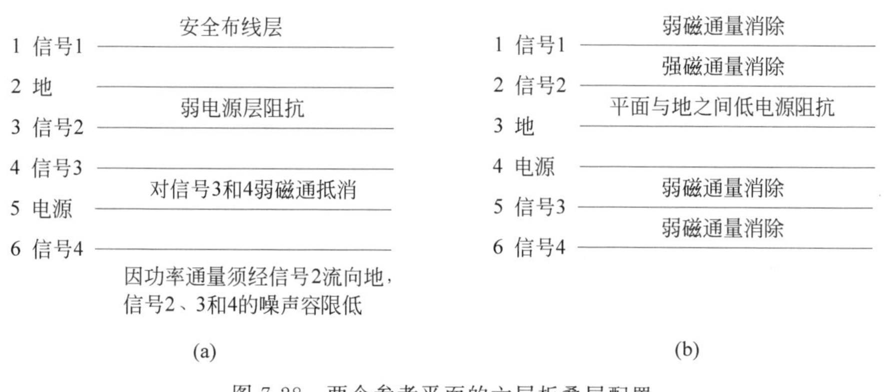

图 7-28　两个参考平面的六层板叠层配置

良布线层（X）
1 信号1
强磁通抵消X-Y配对线路
2 地
良布线层（Y）
3 信号2
填充材料　同轴电缆
4 电源
低电源阻抗
5 地
强磁通抵消
6 信号3

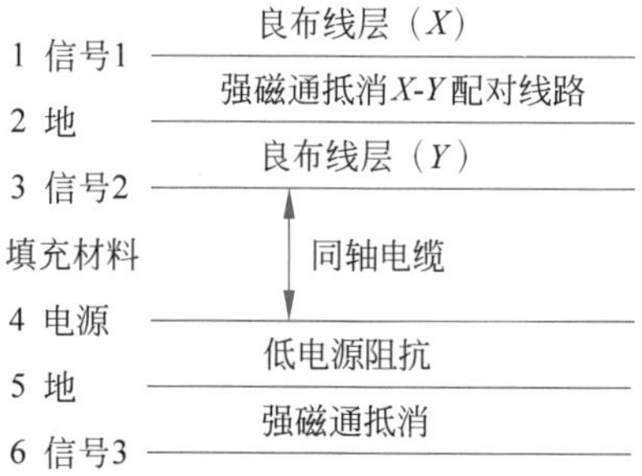

图 7-29　三个参考平面的六层板叠层配置

六层板也可以有三个信号层和三个参考平面层，如图 7-29 所示。这种叠层配置由于有两个地参考平面，可以非常好地实现通量消除，但缺点是很难用于元器件较多的 PCB 设计，且成本较高。

7.5.3　八层板

八层板常用于元件比较多的 PCB 设计，它的叠层设计也有多种不同的配置。如图 7-30 所示的八层板就有六个信号层和两个参考平面层。八层板也可以使用东西方向和南北方向的布线策略，在大多数设计场合中，走线尽可能以一个方向布线，以便优化层上可能的走线通道数。当采用图 7-30 叠层配置时，五层、七层和八层不能用于高速信号的布线层，二层、四层是最好的高风险信号的布线层。

八层板也可以有四个信号层和四个参考平面层,如图 7-31 所示。这种叠层配置由于有三个地参考平面,可以非常好地实现通量消除,其中一、三、六和八层都可用作高风险信号的布线层。但缺点是很难用于元器件较多的 PCB 设计,且成本也较高。

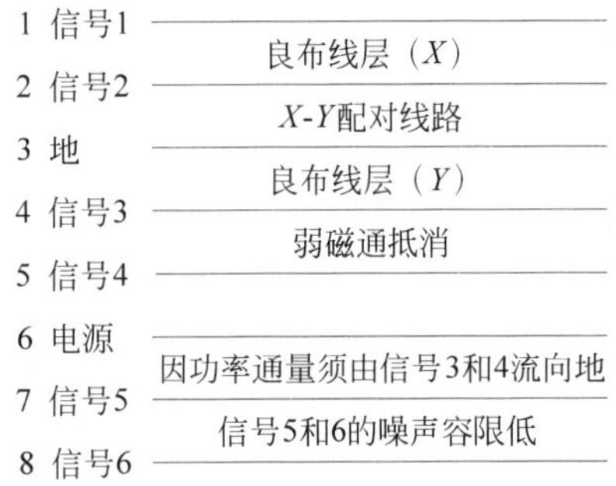

1 信号1
良布线层 (X)
2 信号2
X-Y配对线路
3 地
良布线层 (Y)
4 信号3
弱磁通抵消
5 信号4
6 电源
因功率通量须由信号3和4流向地
7 信号5
信号5和6的噪声容限低
8 信号6

图 7-30 两个参考平面的八层板叠层配置

良布线层 (X)
1 信号1
X-Y配对线路
2 地
良布线层 (Y)
3 信号2
填充1
4 地
电源与地间极强磁通抵消
5 电源
填充2
良布线层 (X)
6 信号3
X-Y配对线路
7 地
良布线层 (Y)
8 信号4

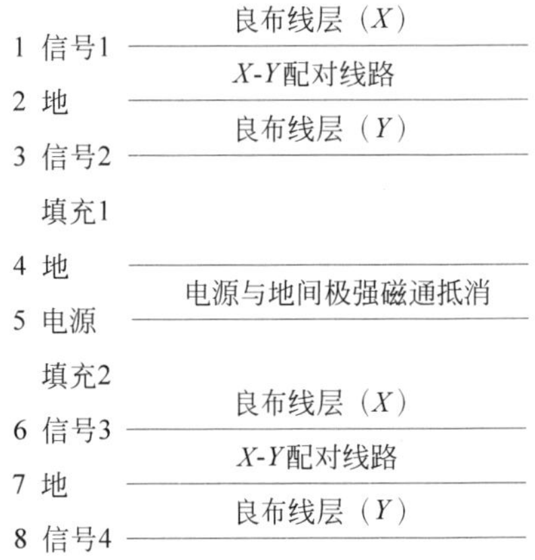

图 7-31 四个参考平面的八层板叠层配置

良布线层 (X)
1 信号1
X-Y配对线路
2 地
良布线层 (Y)
3 信号2
填充1
良布线层 (X/Y)
4 信号3
5 地
电源与地间极强磁通抵消
6 电源
弱磁通抵消布线层
7 信号4
填充2
良布线层 (X)
8 信号5
X-Y配对线路
9 地
良布线层 (Y)
10 信号6

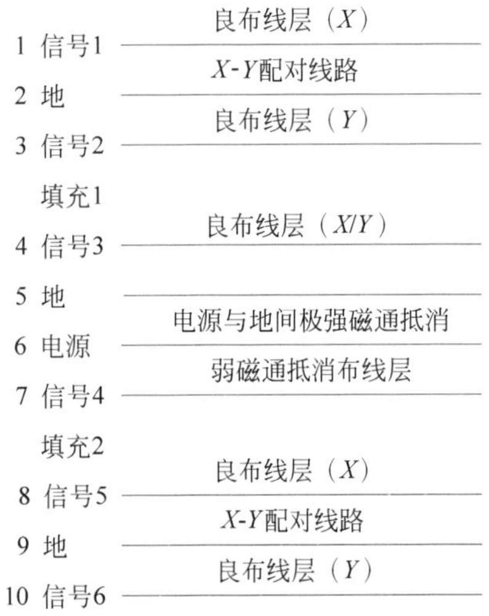

图 7-32 十层板叠层配置

7.5.4 十层板

十层板也常用于元件比较多的 PCB 设计,它的叠层设计也有多种不同的配置。如图 7-32 所示的十层板就有六个信号层和四个参考平面层。十层板也采用东西方向和南北方向的布线策略,当采用如图 7-32 所示叠层配置时,一、三、八和十层都可以用于高速信号的布线层,而七层不能用于高速信号的布线层。

多层板的叠层设计依据要求有不同的参考配置,可以通过考虑多方面的因素后折中考虑,PCB 可以从低成本的单面板到高性能系统所要求的 20 层或更多层。常见 PCB 叠层设计布局的参考配置归纳如表 7-1 所示。

表 7-1 PCB 叠层设计布局的参考配置

叠层	1	2	3	4	5	6	7	8	9	10
2 层	S1 和地	S2 和电源								
4 层	S1	地	电源	S2						
6 层	S1	S2	地	电源	S3	S4				
6 层	S1	地	S2	S3	电源	S4				
6 层	S1	地	S2	电源	地	S3				
8 层	S1	S2	地	S3	S4	电源	S5	S6		
8 层	S1	地	S2	地	电源	S3	地	S4		
10 层	S1	地	S2	S3	地	电源	S4	S5	地	S6
10 层	S1	S2	电源 1	地	S3	S4	地	电源 2	S5	S6

科技简介7　电磁波的极化和反射

电磁波的极化

电磁波在介质中的传播特性与其极化特性密切相关，电磁波的极化特性被广泛地应用于通信系统中。

圆极化在20世纪60年代开始得到广泛应用，实践证明，圆极化天线可以使调频广播服务区域内各种类型的接收天线都能良好地接收。但圆极化也有其缺点，即在保证相同覆盖场强的条件下需要增加发射机功率，它的天线结构复杂，成本较贵。一般雷达、导航、制导、通信和电视广播上都采用圆极化波。圆极化雷达在雨雾天气均能正常工作，而线极化雷达通常在雨季不能很好地工作。

无线通信中，接收天线的极化状态应与被接收电磁波的极化状态相匹配，即接收天线的极化特性和被接收的电磁波极化特性完全一致，才能最大限度地收进该电磁波的功率，否则不能被接收或只能接收到部分能量。因此，极化匹配在无线通信中是非常重要的。例如在微波通信链路中，由于后继微波站均位于前方，为了避免站间串扰，通信频率及电磁波极化特性均应逐站变更。

通信、导航、雷达等信息电子设备常会遇到来自其他设备的干扰。轻则降低信号质量，重则使联络或观察中断。作战时，敌对双方将互相施放干扰，破坏对方的信息系统。利用极化技术，可以有效地对多种信息电子设备进行抗干扰。一般说，只要将被干扰设备的接收天线改变成与干扰电波极化相正交(完全失配)，即可在很大程度上抑制干扰(例如抑制30dB以上)，使之不再影响该设备的正常工作。

极化分集技术也常常用到。极化分集基于水平极化和垂直极化路径不相关这一特性。在传输信道的反射过程中，不同极化方向的反射系数不同，这使得信号的幅度和相位的变化产生差异，在经过足够多次的反射后，不同极化方向上的信号就变成相互独立或者接近相互独立。因此可以发射两种极化方向互相正交的电磁波携带同一信号，由于其信号电平随机变化的统计特性不相关，它们在接收点会相互补偿，从而保证接收电平稳定。

光波也是电磁波，其极化方向是随机的，光的极化特性称作**偏振特性**，具有一定偏振特性的滤光片在摄影中获得了广泛的应用。

电磁波在边界上会发生反射与折射的现象，在电波传播和光学工程中必须经常研究电磁波在边界上的反射与折射。

反射规律对隐形飞机的应用非常重要。由于雷达是靠直接的反射回波发现目标的，隐形飞机为了避免雷达的发现，其机身下部做成平板形状，美军B2隐形轰炸机和F117隐形战斗机的底部都是平板形状，当雷达波到达底部时均被反射到前方，这样可以有效地避免同处一地的单基地雷达发现目标。但是对于双基地雷达或多基地雷达，就有可能探测到飞机反射的回波，因此双基地雷达或多基地雷达是有效的反隐身技术之一。

由于微波的传播规律符合几何光学规律，因此被广泛地用于卫星通信、卫星接收以及地面微波通信的抛物面天线，以提高天线的方向性。

习　题

7-1　PCB设计中的阻抗控制主要包含哪些？

7-2　PCB设计中的两种结构的传输线布线是什么？请画图示意。

7-3　通过阻抗控制来改变线路阻抗的方法有哪些?

7-4　信号线上5个TTL逻辑门的电容作用在石硅环氧树脂上,$Z_0=50\Omega$,$t_{pd}=1.65$ns/ft,计算修正的传播延时以及改变后的特性阻抗。

7-5　一个边沿速率为3ns的器件放置在5in的微带线上,整个走线分布着5个负载,每个器件的输入电容为6pF,这个走线需要终端吗?已知微带线的几何尺寸如下:走线宽度$W=0.010$in,走线高度$H=0.012$in,走线厚度$T=0.002$in,介电常数$\varepsilon_r=4.6$。

7-6　9in带状线上连接一个边沿速率为2ns的器件。在走线上分布着8个逻辑器件。每个器件的输入电容为10pF,这条走线是否需要终端?已知带状线的几何尺寸如下:走线宽度$W=0.006$in,板间距离$H=0.012$in,走线厚度$T=0.0014$in,介电常数$\varepsilon_r=4.6$。

7-7　PCB布线一般包括哪几种?基本步骤有哪些?

7-8　什么是过孔?它分为哪三类?请画图表示。

7-9　过孔周围的焊盘直径为0.028in,参考平面上的电气间隙孔径为0.050in,过孔直径为0.015in,过孔长度为0.063in,时间常数为2ns,介质的相对介电常数为4.6,PCB厚度为0.063in,计算过孔的寄生电容和寄生电感。

7-10　为什么说时钟线是产生辐射的高风险线?简述时钟布线的基本任务。

7-11　什么是单端布线?包括哪几种类型?画出相应的电路图。

7-12　PCB的多层板为什么一般采用偶数层?画出6层板、8层板常用的几种叠层设计。

7-13　题7-13图的电路布局有没有问题?如果有,请改正。

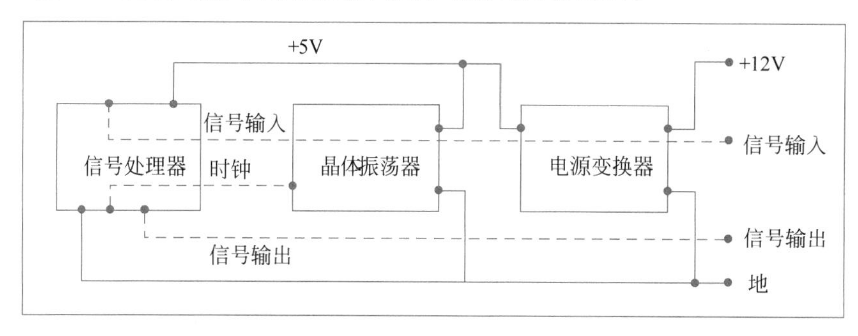

(a)

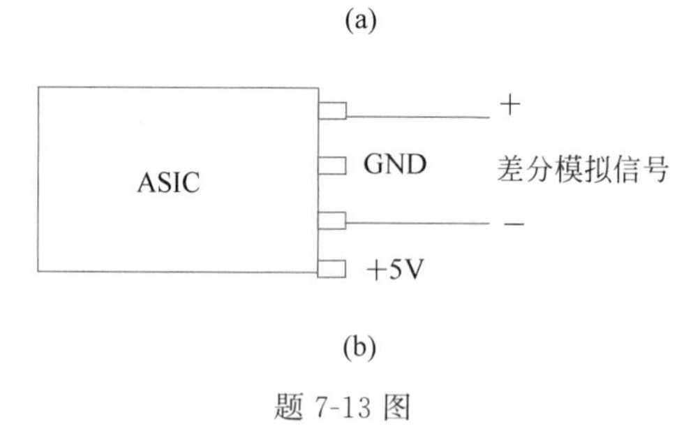

(b)

题7-13图

第8章 静电放电抑制的基本概念

本章从静电放电的现象出发，分析了静电放电产生的原因和特点以及静电放电的危害，并阐述了静电放电的几种常用保护技术以及PCB中静电放电保护的常用方法。

8.1 静电放电现象

8.1.1 静电放电

静电是自然环境中最普遍的电磁危害源，是客观存在的自然现象，是一种电能。只要物体之间相互摩擦、剥离、感应，就会产生静电。导体与绝缘体相接触、绝缘体与绝缘体相接触，都容易产生静电。它存在于物体表面，是正负电荷在局部失衡时产生的一种现象。

静电电荷产生的种类有静电传导、分离、感应和摩擦。在日常生活中，当两个不同材质的物体接触后，一个物体会失去电子而带正电，另一个会得到一些剩余电子而带负电，如果在分离过程中电荷难以中和，电荷就会积累，使物体带上静电。所以任何两个不同材质的物体接触后再分离，均可产生静电。物体之间的感应也会产生静电。当带电物体接近不带电物体时，会在不带电导体的两端感应出正电荷和负电荷。当两种材料在一起摩擦时，电子会从一种材料转移到另一种材料，在材料表面上就会积累大量的正电荷或负电荷，由于这些正负电荷缺乏中和的通道，它们就会停留在材料表面，摩擦是一个不断接触与分离的过程，所以大多数的非导体材料相互摩擦就会产生静电。其实，摩擦产生静电的实质也是一种接触后再分离而产生的静电。由以上各种途径产生的这些具有干扰危害的静电，它们一旦找到合适的放电路径，就会产生放电现象。静电的危害主要就是通过静电的放电现象引起的。人们身上穿的衣服互相摩擦而产生的静电电压如表8-1所示，其中电压单位为kV。

表8-1 不同材料的衣服摩擦产生的静电电压

材料	棉纱	毛	丙烯	聚酯	尼龙	维尼纶/棉
棉(100%)	1.2	0.9	11.7	14.7	1.5	1.8
维尼纶/棉(55%/45%)	0.6	4.5	12.3	12.3	4.8	0.3
聚酯/人造丝(65%/35%)	4.2	8.4	19.2	17.1	4.8	1.2
聚酯/棉(65%/35%)	14.1	15.3	12.3	7.5	14.7	13.8

静电放电(Electrostatic Discharge，ESD)现象经常发生在人体、设备、纸和塑料等物质上。一个对地短接的物体暴露在静电场中的时候，就会发生静电放电的现象。两个物体之间的电位差将引起放电电流，传送足够的电量以抵消电位差，这个高速电量的传送过程即静电放电。由于放电电流具有很高的幅度和很短的上升沿，上升时间可以小于1ns甚至几百ps，这就会产生强度达到几十kV/m甚至更大的电磁脉冲，频谱宽度从直流到几GHz的电磁场。静电放电时的高能量脉冲，可通过电路、地和瞬态电磁场等耦合方式传播。静电放电

对电子器件和高速电子设备不但有破坏作用,也有非常强的电磁干扰。如图 8-1 所示的放电电流波形是通过人体放电时产生的波形,其他情况下的放电波形可能会有更陡的上升沿。

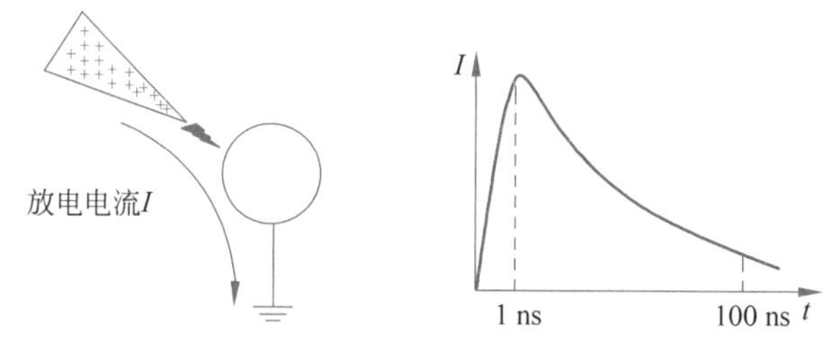

图 8-1 放电电流波形

人体也是一个带电体,存在人体静电效应。一般人都带有几十至几百伏的静电压。人体静电的强弱还与周围环境、人的穿着、动作行为和人的个体等因素有关。对静电压的大小进行对比:空气干燥比空气湿润强;穿化纤合成革比棉织品强;毛毯、化纤地毯比一般地面强;妇女一般较男人静电强。人体静电效应对人们的生活和工作也有危害。人体静电的安全防护已经受到国内外人们的关注与重视,许多国家制定了相应的防静电法规,我国也在静电防护方面作了大量科学实验。为减少静电积累,平时少穿化纤衣物,多穿棉织品。有些电子元件生产人员还要佩戴接地电腕带以消除静电。表 8-2 列出了人体日常活动所产生的静电电压值。

表 8-2 人体日常活动所产生的静电电压

活动方式	静电电压/(kV)	
	10%~20%的相对湿度	65%~90%的相对湿度
在地毯上行走	35	1.5
在乙烯树脂上行走	12	0.25
在工作台上工作	6	0.10
打开乙烯树脂封装材料	7	0.60
拾取普通的聚乙烯包	20	1.20
坐在聚氨酯泡沫椅子上	18	1.50

由表 8-2 可见,一个很常见、很细微的动作就会引起相当高的静电电压。当人体带电放电时,人体会有不同程度的反应,这种反应称为**电击感度**。当人体受到静电电击时,虽不会发生重大生理障碍,但可能会影响人体健康或伤害人体。表 8-3 为人体静电电位和电击感度的关系。

表 8-3 人体静电电位和电击感度的关系

人体电位/kV	电击感度	备注
1.0	无感觉	
2.0	手指外侧有感觉	发出微弱的放电声
2.5	有针刺的感觉,但不疼	
3.0	有像针刺样的痛感	
4.0	有针刺的感觉,手指微疼	见到放电微光
6.0	手指感到剧疼,手腕感到沉重	
10.0	手腕感到剧疼,手感到麻木	
12.0	手指剧麻,整个手感到被强烈电击	

人体的静电放电模型可用电阻 R 和电容 C 串联来模拟,如图 8-2 所示。

设人体电阻为 500Ω，人体电容为 300pF，人体带静电压为 10kV，静电能量为 $W=1/2CV^2=15\text{mJ}$，该能量对人体是没有伤害的。但当人手去触摸设备的金属部分时，会产生火花放电，瞬间的脉冲峰值很高，就有可能对电路产生干扰。此处的放电电流峰值为 $I_p=V/R=20\text{A}$，而且放电时间很短，近似为 $t_d=RC=150\text{ns}$。

如人手去触摸 PC 板上的布线、引脚、I/O 端子或插座等，放电电流就会进入设备内的电路。如图 8-3 所示的电路，人手去触摸数字芯片的输入端，放电电流就会流过芯片的输入电阻 R_i，造成干扰。

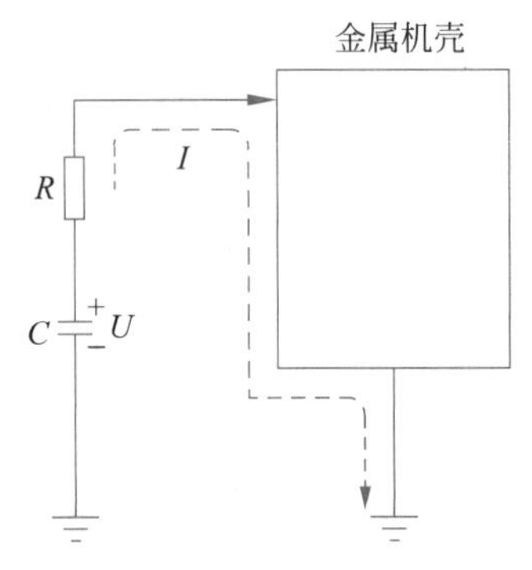

图 8-2　人体的静电放电模型

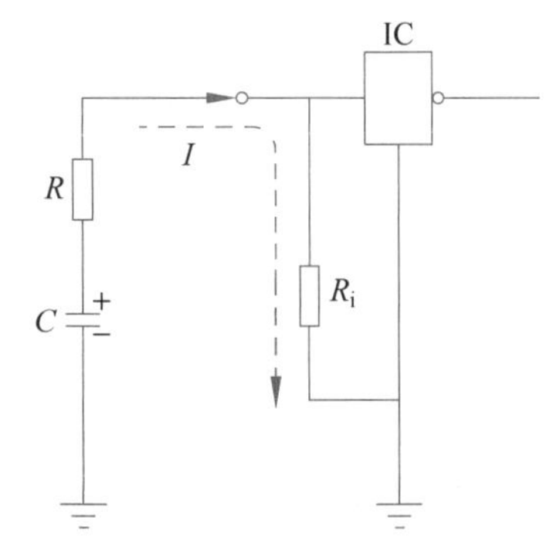

图 8-3　静电放电的传导干扰

如果芯片的输入电阻 R_i 为 6kΩ，正常工作的数字信号幅度为 3.3V，宽度为 2ns，那么该数字信号包含的能量为

$$W_S=\frac{3.3^2}{6\text{k}\Omega}\times 2\text{ns}\approx 3.6\times 10^{-12}\text{J}$$

3.6×10^{-12} 焦耳的能量有可能会使芯片逻辑翻转，严重的情况下还会产生误动作或损坏芯片。

静电放电能量在传播过程中，将产生潜在的破坏电压、电流及电磁场。从图 8-4 可以看出，静电放电产生的电磁场的强度很强，而且频率非常宽，几十兆至几千兆以上。这种强电磁场作用时间短，但其强度远比手机辐射的电磁场强，人体活动多时放电的次数非常多，虽然对于 2kV 以下的放电，人体是没有电击感觉的，超过 25kV 的静电放电人有痛感，但长期遭受静电电击和这种强电磁辐射的作用对人体是不利的。

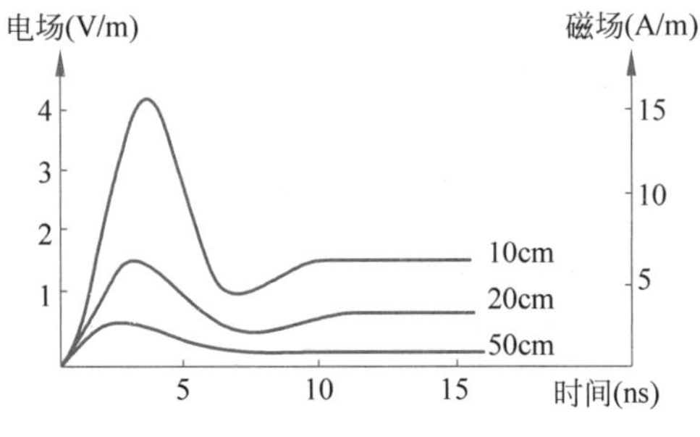

图 8-4　静电放电产生的电磁场

8.1.2　静电放电的危害

静电放电除了对人体有危害外，静电放电也会产生各种损坏形式，导致电子设备严重损坏或操作失灵，或受到潜在损坏。许多电子器件在数百伏静电放电时就会受到损坏。静电电

荷对工业也会产生静电放电失败、静电污染的影响。静电放电已经成为电子工业的隐形杀手。

由于电子行业的迅速发展,体积小、集成度高的器件得到了大规模生产和应用。一方面,随着纳米技术的日益发展,集成电路的集成密度越来越高,从而导致导线间距越来越小,绝缘膜越来越薄,相应的耐静电击穿电压也越来越低;另一方面,一些表面电阻率很高的高分子材料如塑料、橡胶制品的广泛应用以及现代生产过程的高速化,使静电能积累到很高的程度,具备了可怕的破坏性。

一直以来,半导体专家和设备专家都在想办法抑制静电放电。所有元器件、组件和设备在焊接、组装、调试和实际使用时都可能受到静电或静电放电的破坏或损伤。如果一个元件的两个针脚或更多针脚之间的电压超过元件介质的击穿强度,就会对元件造成损坏,这是MOS器件出现故障最主要的原因。静电放电脉冲的能量可以产生局部地方发热。所以元器件、组件和设备要有一定的抗静电能力才能保证其静电安全。以前人们认为静电放电可以消除,甚至认为用手摸一下接地金属棒就可以消除,近年研究表明,静电放电要降到零或控制到很低几乎是不可能的。因此,静电放电被称为现代高技术工业中的病毒。

静电放电能量传播有两种方式。一种是传导方式。传导方式是放电电流通过导体传播,即静电电流直接侵入设备内的电路,如人手触摸PCB上的轨线、引脚、设备的I/O接口端子等,前面图8-3讨论的静电放电能量传播就是传导方式。另外一种是辐射方式。辐射方式激励一定频谱宽度的脉冲能量在空间传播,在这个过程中,将产生潜在的破坏电压、电流及电磁场。静电放电近场为磁场,磁场直接依赖于静电放电电流。磁场的远场与电场一样,依赖于对时间的导数。由于在很短的时间内发生较大的电流变化,这种低电平、高速上升沿的静电放电火花对周围设备产生最大的骚扰,会引起误触发。干扰的大小还取决于电路与静电放电点的距离,静电放电产生的磁场随距离平方衰减,电场则随距离立方衰减。图8-5给出了静电放电对电路工作影响的机理。

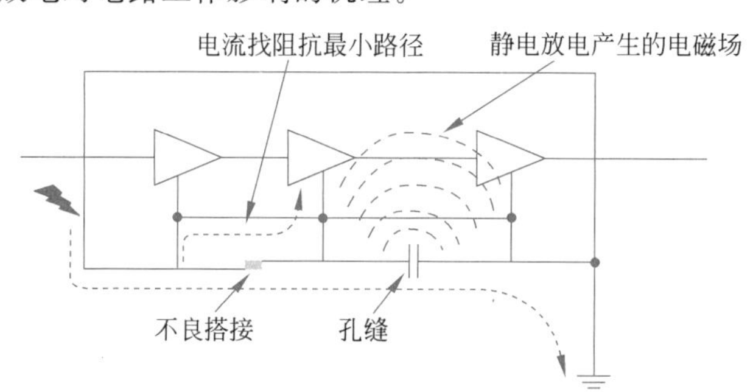

图8-5　静电放电对电路工作影响的机理

下面是四种和PCB有关的静电放电损坏模式:

(1) 被直接通过敏感电路的静电放电电流损坏或摧毁。这种损坏由于静电放电电流直接进入元件引脚,通常导致永久损坏。

(2) 被流过接地回路的静电放电电流损坏或摧毁。通常大部分的电路设计者都认为接地回路是低阻抗的,实际上它不是低阻抗的,由于接地回路的抖动,经常导致电路被摧毁。而且地的抖动,也会造成CMOS电路的阻塞。

(3) 被电磁场耦合损坏。这种影响通常不会造成电路摧毁,因为通常只是一小部分静电放电能量被耦合到敏感电路。

(4) 被预先放电的电场损坏。这种损坏模式不像其他几种模式那么普遍,它通常在非常敏感和高阻抗的模拟电路中看到。

8.2 静电放电保护技术

静电放电保护的关键技术就是既要防止静电荷的产生和积累,使物体表面绝缘,还要阻隔静电放电效应发生的路径,避免对电路的干扰。静电可通过中和、接地、屏蔽三种方法来消除。下面从器件的防护、整机产品防护、PCB 静电放电保护、环路面积的控制、静电放电中的保护镶边等几方面进行分析。

8.2.1 器件的防护

要更为有效地控制静电放电,在器件和产品的设计中就应该加以考虑。如在器件内部设置静电防护元件,尽量使用对静电不敏感的器件以及对所使用的静电放电敏感器件提供适当的输入保护,使其更合理地避免静电放电的伤害。MOS 工艺是集成电路制造的主导技术,以金属-氧化物-半导体场效应管为基本构造元件。由于 MOS 器件中场效应管的栅、源极之间是一层亚微米级的绝缘栅氧化层,故其输入阻抗通常大于 1000MΩ,并且具有 5pF 左右的输入电容,极易受到静电的损害。因此,在 MOS 器件的输入级中均设置了电阻二极管防护网络,串联电阻能够限制尖峰电流,二极管则能限制瞬间的尖峰电压。器件内常见的防护元件还有电容、双极晶体管、可控硅整流器等。静电放电发生时,它们在受保护器件之前迅速作出反应,将静电放电的能量吸收、释放,使被保护器件所受冲击大为降低。正常情况下,防护元件在其一次崩溃区内工作,不会受到静电放电损伤,一旦外加电压或电流过量,进入二次崩溃区的防护元件将受到不可逆转的损害,而失去对器件的保护作用。目前许多厂家已经研制出具有内部保护电路的器件,一系列相应的测试标准也已颁布执行。

8.2.2 整机产品防护

在整机产品设计时,可在静电放电敏感器件最易受损的引脚处(例如 V_{CC} 和 I/O 引脚),根据被保护电路的电特性和可用的电路板空间决定加入抑制电路或隔离电路。以应用很广的瞬态电压抑制二极管(TVS)为例,当受到外界瞬态高能量冲击时,瞬态电压抑制二极管以 ps 级的速度,将其瞬态电压保护二极管两极间的高阻抗变成低阻抗,吸收高达数千瓦的浪涌功率,使两极间的电压箝位于一个预定值,被保护器件可免受静电放电的损伤。瞬态电压抑制二极管具有响应时间快、瞬态功率大、漏电流低(<1A)、箝位电压易控制、体积小等优点,可有效地抑制共模、差模干扰,是电子设备静电放电保护的首选器件,通常在电缆入口处安装瞬态抑制二极管或滤波电容。另外为了防止静电电流通过共模滤波电容进入电路,在靠近电路一侧可以安装铁氧体磁珠。

完整的屏蔽机箱能够消除静电放电的影响。如果机箱上的缝隙或空洞不可避免,可加屏蔽挡板以屏蔽机箱。信号地与机箱单点接地,接地点选择在电缆入口处。设备之间的互连电缆上使用屏蔽电缆,或使用共模扼流圈。

除了在器件和产品设计时应考虑静电放电的控制以外,生产环境的防静电设计也是静电放电控制的关键所在。

8.2.3 PCB静电放电保护

1. PCB防静电器件

1) 火花缝

火花缝是由两个尖角距离为6～10mils的面对面三角形构成。其中一个三角形接到0V地平面上,另一个接到每一个信号线上。这种火花缝通常对静电放电事件反应较慢,而且提供的保护也是最小的。常用火花缝如图8-6所示。

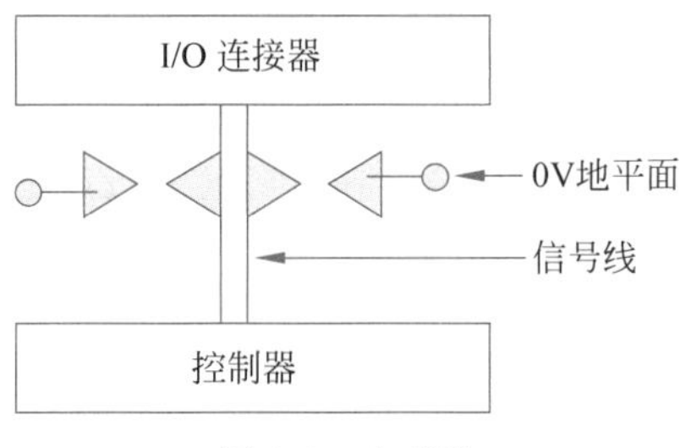

图8-6 火花缝

2) 高电压电容

用耐压至少为1.5kV的圆盘状的陶瓷电容,放在I/O连接器的最靠近位置。如果电容耐压太低,就会在静电放电事件初次发生时被毁坏,故电容耐压要足够,通常多用陶瓷电容器。

3) 专用静电放电元件

采用专为瞬时电压抑制而设计的半导体元件。

4) *LC*滤波器、ESD滤波电容器

采用低通*LC*滤波器,阻止高频静电放电能量进入系统。电感对脉冲呈高阻抗特性,从而衰减非脉冲能量进入系统。电容被放在电感的输入端,而不是电感的输出端或I/O端。

2. PCB静电防护设计

(1) I/O端口与电路分离,隔离开单独地。电缆接I/O地或浮地。

(2) 数字电路时钟前沿时间小于3ns时,要在I/O连接器端口对地间设计火花放电间隙来防护电路。空气击穿30kV/cm,壳接地时安全距离为0.05cm,壳不接地时安全距离为0.84cm。火花间隙应小于这个距离。

(3) I/O端口加高压电容器,加在刚刚出口处,电容耐压要足够,多用陶瓷电容器。

(4) I/O端口加*LC*滤波器。

(5) ESD敏感电路采用护沟和隔离区的设计方法。

(6) PCB上下两层采用大面积覆铜并多点接地。

(7) 电缆穿过铁氧体环可以大大减小ESD电流,也可减小电磁干扰辐射。

(8) 多层PCB比双层PCB的防非直击ESD性能改善10～100倍。

(9) 回路面积尽可能小,包括信号回路和电源回路。ESD电流产生磁影响。

(10) 在功能板顶层和底层上设计3.2mm的印制线防护环,防护环不能与其他电路连接。

(11) 信号线走线应靠近低阻抗0V参考地面。图8-7为三种不同的信号线走线方式,其中图(c)是最佳的布线方式。

8.2.4 环路面积的控制

静电放电的控制技术中,也应注意环路面积的控制,即注意环流所在的环路面积。其中包括元件、I/O连接器、元件/电源面之间的距离。下面列出的就是常用的减小环路面积的方法。

(1) 严格控制地面和电源子系统之间的耦合。保持地线和电源线彼此靠近(或电源面

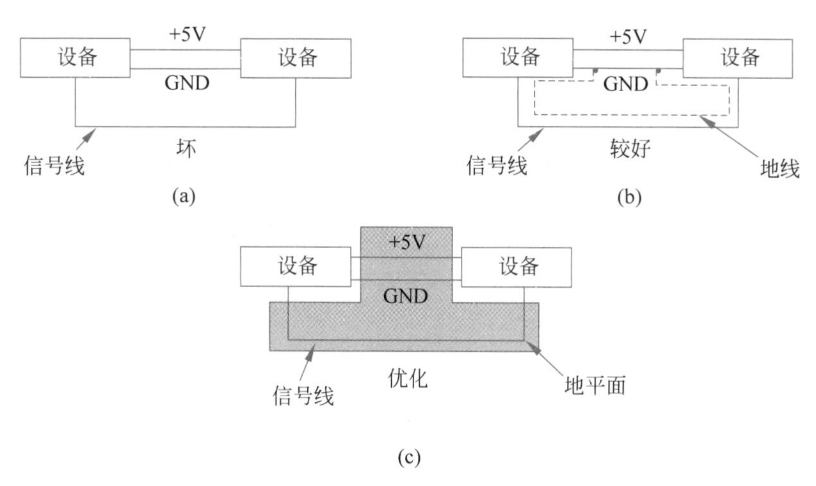

图 8-7　三种不同的信号线走线方式

互相邻近)。

(2) 信号线必须尽可能地靠近地线、地平面、OV 参考面和它们关心的电路。

(3) 在电源和地之间使用具有高的自谐振频率,尽可能低的 ESL 和 ESR 旁路电容。

(4) 保持走线长度越短越好,将天线耦合减到最小。

(5) 在 PCB 的顶层和底层没有元件或电路的区域,应尽可能多地加入地平面。

(6) 在静电放电敏感元件和其他功能区之间,加入保护带或隔离带。

(7) 将所有机壳的地都接到地阻抗。

(8) 采用齐纳二极管(稳压二极管)或静电放电抑制元件来提供瞬时保护。

(9) 地的瞬时保护设备应接到机壳地,而不是电路地。

(10) 由铁氧体材料制成的串珠或滤波器,能够提供很好的静电放电电流衰减,从而为辐射发射提供电磁干扰保护。

(11) 采用多层 PCB 能够提供的非接触静电放电电磁场保护比两层板好 10～100 倍。

8.2.5　静电放电中的保护镶边

保护镶边不同于地线。它通过对 PCB 边沿的处理,将静电放电的风险降到最小。为了阻止和内部电路没关系的静电放电干扰,辐射或传导耦合到电路元件,在 PCB 的顶层和底层周边边沿,放置 32mm 厚的保护镶边。将保护镶边通过整个 PCB 边沿连接到 0 参考面。静电放电中的保护带如图 8-8 所示。

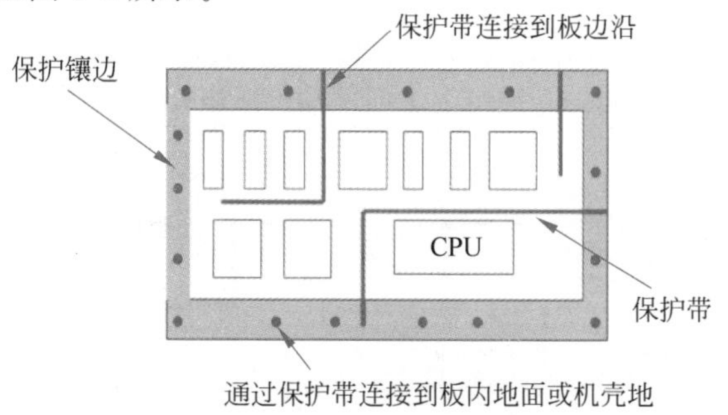

图 8-8　静电放电中的保护带

8.3 ESD常见问题与改进

1. 屏蔽机箱

完整的屏蔽机箱能够消除静电放电的影响。如果机箱上的缝隙或空洞不可避免,可加屏蔽挡板,如图8-9所示。

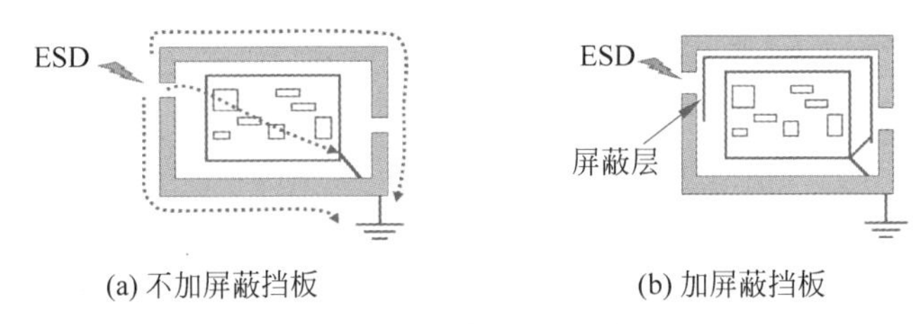

图8-9 机箱上的缝隙

2. 电缆入口的选择

如果信号地与机箱单点接地,则接地点应选择在电缆入口处,如图8-10所示。

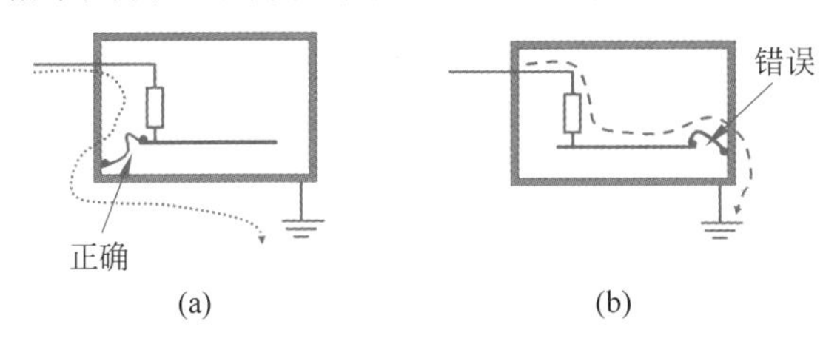

图8-10 电缆入口的选择

3. 铁氧体磁珠的安装

为了防止静电电流通过共模滤波电容进入电路,应在靠近电路的一侧安装铁氧体磁珠,如图8-11所示。

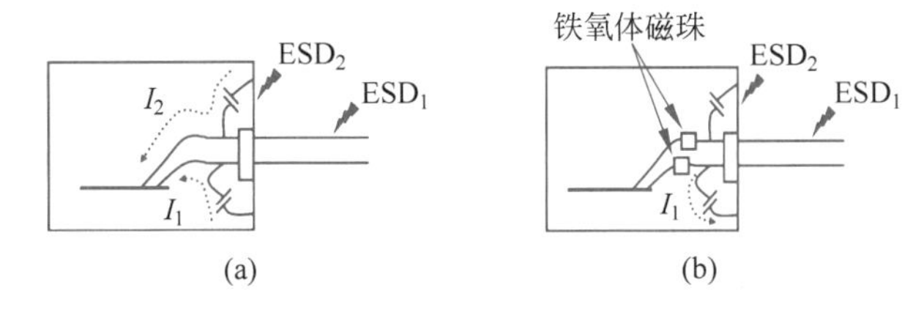

图8-11 铁氧体磁珠的安装

4. 电缆/机箱搭接

为减小静电干扰,设备之间的互连电缆上应使用屏蔽电缆,或使用共扼流圈,如图8-12所示。

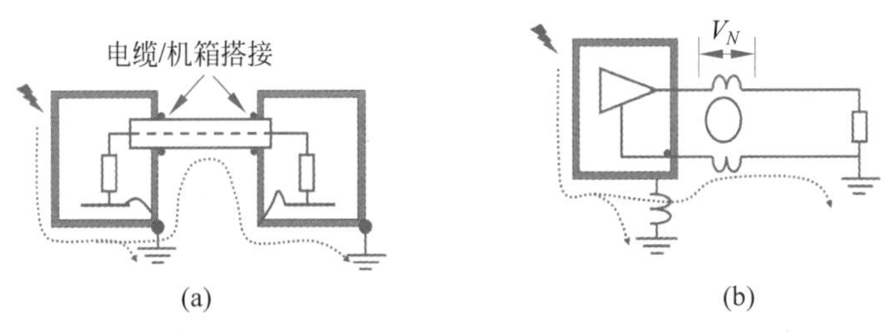

图8-12 电缆/机箱搭接

5. 电缆入口的滤波

为减小静电干扰,在电缆入口处安装瞬态抑制二极管或滤波电容,如图 8-13 所示。

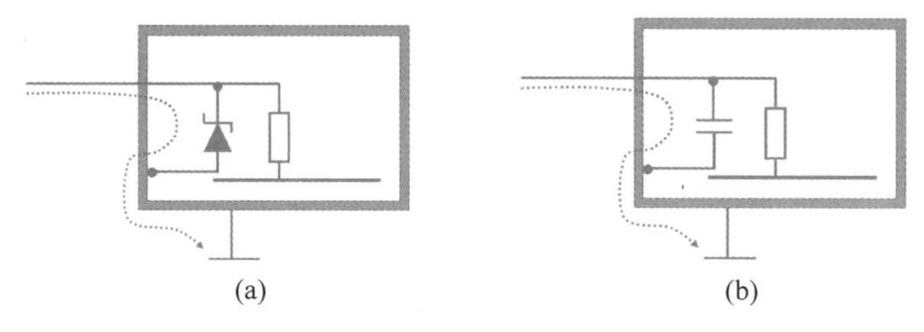

图 8-13 电缆入口的滤波

科技简介8 静 电 力

静电场的作用力在工农业生产与日常生活中有着广泛的应用。例如,基于静电力对电子作用的电偏转和电聚焦,广泛应用于示波管、显像管等电子器件中。此外,在工业生产中,广泛使用了静电选矿、静电纺织、静电喷涂、离子束加工等技术;在农业生产中,利用高压静电场处理植物种子或植株,可以提高产量;在生活方面,基于静电力的静电复印和打印、空气除尘等,则是最常见的应用。可以说,静电力的应用与我们息息相关。

静电选矿技术应用于矿业来分选带异种电荷的矿物。例如,在一台矿砂分选器中,磷酸盐矿砂含有磷酸盐岩石和石英。将矿砂送入振动的进料器中,在振动产生的矿砂摩擦过程中,石英颗粒得到正电荷,磷酸盐颗粒得到负电荷,将它们再送入平板电容器中,在重力和电场的作用下,就可以实现带异种电荷矿砂颗粒的分选。

静电复印技术近年来也得到了很大的发展,现代的静电复印机具有很高的复印速率,可扩印和缩印,也可复印彩色原件,可以满足现代社会对于信息记录和信息显示的需要。复印的步骤包括:充电、曝光、显影、转印和定影。充电,是指使硒鼓表面带有正电荷。曝光,是指利用光学系统将原稿图像在硒鼓上成像,首先使硒鼓表面带有正电荷(充电);然后利用光学系统对原稿进行反射曝光。显影,由于光照部位光电导层电荷密度的差异,而在硒鼓上形成带正电的静电潜像,带负电的墨粉被潜像吸引而形成墨粉图像。转印,将白纸覆在硒鼓上,再次充电使墨粉图像转移到纸上。定影,经瞬时加热使墨粉固定在纸上而得到复印件。

静电吸引力对给农作物的喷洒杀虫剂的工人来说十分重要。杀虫剂的喷洒工人从飞机或卡车上喷洒杀虫剂时,杀虫剂的药滴在喷出喷洒器喷嘴的时候会因为受到摩擦而带电,因为吸引力作用,药滴会凝聚成叶状或杆状,不仅是在植物上部,还会在其下部或任何方位凝聚。这样,植物就会被喷洒的杀虫剂团团包裹住,就可以避免受到贪婪的害虫的侵蚀。

静电力还可以用来在物体表面均匀喷洒颜料。颜料的小液滴,当带同种电荷时,它们互相排斥。当喷洒到物体表面上,比如汽车车身上时,颜料就会均匀地附着在上面,不会形成凝聚的团块或者因未被喷上颜料而形成斑点。

静电场在生产生活中得到广泛应用,但同时也具有一定的危害性。北方冬季气候干燥,容易产生静电放电现象,当把 U 盘插入台式计算机前面板的接口时,由于该接口的接地线连接到后面的主板,接地线很长,接地效果较差,插入瞬间静电放电产生的电荷不能得到快速有效的释放,有可能造成计算机死机。在加油站,装载大量需要流向地下油罐的卡车也要非常小心,因为当汽油快速流经油管时,可能因产生摩擦而带电,如果有足够多的电荷积聚起来,就会产生静电火花。由于汽车加油时产生的火花已经造成无数起火灾。

另一个由静电和火花产生的问题是对敏感电气设备的损害。在接触设备之前,工作人员可以通过先接触导体来确保他们身上不带有电荷。通过接触导体的方法,所有的自由电荷都会流走。

静电放电多数是高电位、强电场、瞬时大电流的过程,并且会产生强烈的电磁辐射形成电磁脉冲。静电放电会使电子元器件失效或存在隐患,它对电子产品的生产和组装会造成难以预测的危害。此外,静电对电子元器件的影响还包括:静电吸附灰尘,改变线路间的阻抗,影响产品的功能与寿命等。因此,必须针对静电现象的形成原因,采取适当措施实现静电防护。主要措施有:

(1) 接地。就是直接将静电通过一条线的连接泄放到大地,这是防静电措施中最直接、最有效的方法。对于导体通常用接地的方法,如人工佩带防静电手腕带及工作台面接地等。

(2) 静电屏蔽。

(3) 离子中和。绝缘体往往易产生静电,接地方法无法消除绝缘体的静电,通常采用的方法是离子中和,即在工作环境中用离子风机等,提供一个等电位的工作区域。

习　　题

8-1　静电荷产生有哪些种类?

8-2　什么是静电放电?

8-3　静电放电有哪些危害?

8-4　与 PCB 有关的静电放电损耗模式包括哪四种?

8-5　静电放电保护的关键技术是什么?

8-6　PCB 防静电的器件有哪些?

8-7　在 PCB 设计中,如何进行静电防护设计?

第9章　电磁兼容标准与测试

本章简要介绍了电磁兼容标准的内容，常用的电磁兼容国际和国内标准，给出了典型的电磁兼容测试项目以及电磁兼容测试中的几种常见试验场地和试验设备，最后对静电放电测试进行了简要说明。

9.1　电磁兼容标准

随着电子电气技术的发展和应用，人们逐渐认识到对各种电磁干扰进行控制的必要性，世界上的许多国家都将电磁干扰列为必须控制的污染物之一，力求使电磁辐射减少到最低。电磁兼容要求电子设备不但在实际的电磁环境中能够正常、可靠地工作，同时它也不会对其他电子设备的正常工作造成影响。电磁兼容标准是通过分析环境中的各种电磁干扰现象，分析设备受电磁干扰的机理，编写而成的保证各类电子设备的正常工作及良好的电磁环境的产品设计规范。电磁兼容标准规定了电子设备需要进行的实验项目，每项试验的具体实施方法，以及每项试验通过与否的判据。

自1934年开始，国际上相继成立了ITU、CCIR、CISPR和FCC等致力于制定科学的统一的电磁兼容标准组织。经过一段时间后，人们普遍采用基于IEC/CISPR标准，由CENELEC技术委员会（TC110）起草的IEC/TC65、IEC/TC77、EN50081、EN550XX等标准。1984年以后，由IEC/TC65制定了世界上最有影响力的IEC801-1～IEC801-6标准。1990年，工业过程测量与控制研究委员会和IEC/TC77合作制定了IEC61000系列标准。

通用的EMC军用标准起源于美国，1960年初，美国军队开始为自己制定EMC标准，如空军的MIL-J-6180和MIL-I-26600，海军的MIL-I-16910，陆军的MIL-I-11748和MIL-E-55301(EL)等。1964年得到美国政府的认可，并于1967年制定了统一的MIL-STD-461，462和缓463。1993年由三军EMC委员会制定并发布了MIL-STD-461D和462D标准，并得到世界许多国家的认可和应用，成为世界级的通用军事EMC标准。

目前国际上已形成了一整套完整的电磁兼容体系，具有完善的电磁兼容标准和规范。如上所述的国际电工委员会的CISPR标准和IEC标准（TC77）；欧共体的EN标准（CENELEC）和ETS标准（ETSI）；德国的VDE标准；美国的FCC标准和军用标准MIL-STD；日本的VCCI标准等。这些标准正在逐步走向国际统一。

我国由于过去经济基础比较薄弱，电磁兼容矛盾不突出，但近年来电磁兼容发展很快。国家3C(China Compulsory Certification)认证制度的实施，也有力地促进了电磁兼容技术在我国的发展，电磁兼容测试已经成为所有电气和电子设备厂家不得不面对的问题。我国的电磁兼容标准不仅有国家标准，还有一些部委标准、行业标准以及军用标准。我国的首个电磁兼容标准是1966年由机械工业部颁布的JB854、用于船用电器设备工业无线电干扰端子电压测量方法及允许值。20世纪70年代，国家标准局主持成立了无线电干扰标准化组织。1983年颁布了首个电磁兼容国家标准GB4343。2002年年底，我国已经制定了92个电磁兼容标准，包括GB和GJB标准。这些标准的基本依据是IEC/CISPR、IEC/TC77、IEC/TC65，或FCC/MIL STD标准，规定了各种类型的电气电子设备在各个频段的电磁骚扰发射限值和抗扰度限值，并规定了相应的试验方法、仪器设备和试验场地制度。我国也建立了强制性产品认证制度，指定了包括 CQC、CEMC 在内的 9 家认证机构及 68 家检测机构，公布了首批进行强制性认证的产品目录，涉及 9 大类别的 132 种产品。因此，建设和完善我国自己的电磁兼容体系已是刻不容缓的事情。国际、国内制定电磁兼容的主要组织和标准编号归纳如表 9-1 所示。

表 9-1　主要组织和标准编号

国家或组织	制定单位	标准名称
IEC	CISPR	CISPR Pub. ××
IEC	TC77	IEC ×× × × ×
欧共体	CENELEC	EN ×× × × ×
美国	FCC	FCC Part ××
	MIL	MIL-STD. × × ×
德国	VDE	VDE ×× ×
日本	VCCI	VCCI
中国	质量技术监督局，国防部门	GB ×× × ×-× × × ×，GJB ×× ×-× ×

电磁兼容标准的内容非常复杂，主要包括干扰发射要求和敏感度要求两大方面。干扰发射要求电子设备在工作时不会对外界产生不良的电磁干扰；敏感度要求设备不能对外界的电磁干扰过度敏感。根据电磁能量传播的路径方式，在每个方面的要求中，又包括传导和辐射两种形式。干扰发射可以分为传导发射和辐射发射，敏感度也可以分为传导敏感度和辐射敏感度。电磁兼容标准的内容如图 9-1 所示。

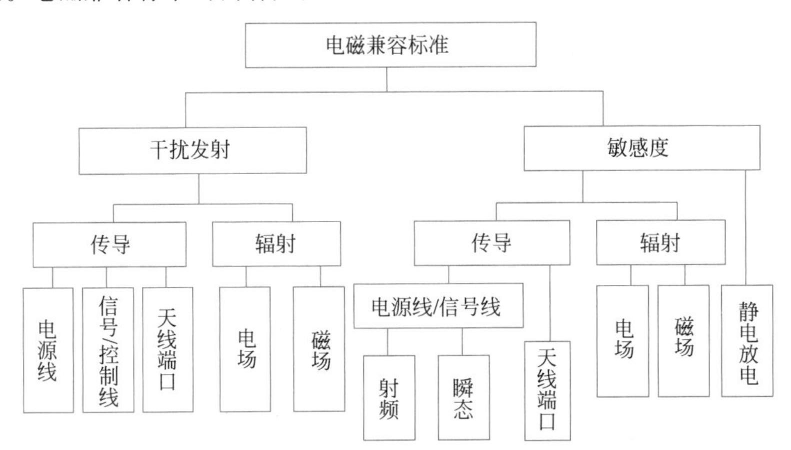

图 9-1　电磁兼容标准的内容

电磁兼容的标准体系，包括基本标准、通用标准和产品/产品系列标准。基本标准不涉及具体产品，规定涉及的现象、环境、试验方法、试验仪器和基本试验装置的定义和描述。不给指令性的限值、不包括试验产品性能的直接判据，基本标准是其他标准的基础。基本标准由国际电工技术委员会（IEC）、监督国际无线电干扰特别委员会（CISPR）制定，如 IEC 50(161)《电磁兼容性术语》、CISPR 16《无限干扰和抗扰度测量》、IEC6 1000—4《基础性电磁兼容标准-4：试验和测量技术》等。

通用标准是指在特定环境下用，以 IEC 和 CISPR 标准为基础，对所有产品提出一系列最低的电磁兼容性要求限值，包括电磁发射和抗扰度两方面。如通用发射标准和通用抗扰度标准。具体的譬如 EN 50081—1 是用于居民区、商业区和轻工区的通用发射标准；EN 50081—2 是用于重工区的通用发射标准。而 EN 50082—1 是用于居民区、商业区和轻工区的通用抗扰度标准；EN 50082—2 是用于重工区的通用抗扰度标准。

产品/产品系列标准是专门为特殊产品/产品系列而定，针对特定产品类别规定的电磁兼容要求，包括电磁发射和抗扰度及其详细的测量方法。其试验方法和限值与通用标准一致，这类标准的数量最多，它同样以 IEC 和 CISPR 标准为基础，CISPR 的所有发射标准都是产品标准。产品/产品系列标准的使用优先于通用标准。如果产品没有特定的产品/产品系列标准，则应采用通用标准进行电磁兼容试验。下面就列举几种产品/产品系列标准。

- EN 55011：1991

工业、科学和医疗(ISM)无线频率设备的无线干扰特性的限定和测量(CISPR 11)；

- EN 55013：1993

广播接收和相关设备的无线干扰特性的限定和测量(CISPR 13)；

- EN 55014：1993

家用电器、便携式设备和简单电器的无线干扰特性的限定和测量(CISPR 14)；

- EN 55020：1993

广播接收和相关设备的无线干扰特性的限定和测量(CISPR 20)；

- EN 55022：(1994)

信息技术设备(ITE)的无线干扰特性的限定和测量(CISPR 22)；

- EN 55024：1998

信息技术设备(ITE)的无线干扰特性的限定和测量(CISPR 24)。

基本抗扰度标准有以下几种：

- IEC 1000—1 综合考虑；
- IEC 1000—2 环境；
- IEC 1000—3 限值/一般标准；
- IEC 1000—4 测试和测量技术；
- IEC 1000—5 安装和缓解方针；
- IEC 1000—6 其他。

在测试和测量技术 IEC 1000—4 的基本抗扰度标准中，EN 61000—4—2 为静电放电抗扰度的试验标准。静电放电测试后的性能准则分为三个等级：等级 A 为设备应如预期情况持续工作，不允许出现性能降级或功能失效；等级 B 为设备应如期在测试后持续工作；等级 C 为允许暂时性的功能失效，但可以自我恢复。

我国几种电气电子产品的电磁兼容标准列举如下：

- 国标 GB 9254—1998 《信息技术设备的无线电骚扰限值和测量方法》；
- 国标 GB/T 17618—1998 《信息技术设备抗扰度限值和测量方法》；
- 国标 GB 4343—1995 《家用和类似用途电动、电热器具，电动工具以及类似电器无线电干扰特性测量方法和允许值》；
- 国标 GB 4343.2—1999 《电磁兼容家用电器、电动工具和类似器具的要求第 2 部分：抗扰度》；

- 国标 GB 13837—1997 《声音和电视广播接收机及有关设备无线电干扰特性限值和测量方法》；
- 国标 GB/T 9383—1999 《声音和电视广播接收机及有关设备抗扰度限值和测量方法》。

电磁兼容的测试标准涉及面广，包含的具体标准也非常多，电磁兼容的部分国家标准和部分国际标准分别见附录 A 和附录 B。在此不做详细讨论，感兴趣者也可查阅相关文献。电磁兼容性与测试限值的关系如图 9-2 所示。

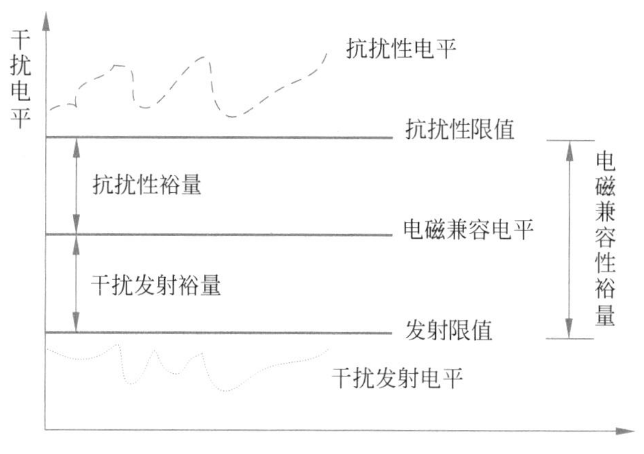

图 9-2　电磁兼容性与测试限值

9.2　电磁兼容测试

电磁兼容测试贯穿产品的设计、开发、生产、使用和维护的每个环节，对设备能否达到电磁兼容标准非常重要，它也是一个非常复杂的过程。电磁兼容测试按其测试目的可分为诊断测试和达标测试。诊断测试是为了确定噪声和被干扰的具体位置，找出产生电磁兼容问题的原因。达标测试是根据产品分类，选择相应的电磁兼容标准，评估产品是否达到标准，满足规范，获得认证，加贴标记。

目前越来越多的产品在进入市场之前，都被强制进行达标测试，否则无法获得市场准入证。达标测试需要遵循一定的程序，称为产品认证。厂商可以自行根据标准对其产品进行测试，然后发表"合格声明"(DOC)，证明其产品通过合格认证，符合指令要求，并加贴相应的标记，如"CE"等，只有产品在加贴相应标记后，才能最后进入市场。DOC 声明和有关技术档案必须保存 10 年，以备权威机构随时审核。依据电磁兼容标准的内容，典型的电磁兼容测试项目有以下几类：

- 辐射发射(电场、磁场)；
- 辐射抗扰度(电场、磁场)；
- 传导发射(射频发射、电源谐波)；
- 传导抗扰度(射频、电快速脉冲、浪涌)；
- 静电放电(直接、感应)。

利用 HP8591EM 电磁兼容分析仪进行传导电磁干扰的测试系统如图 9-3 所示。该测试系统可以进行电源引线、RF、浪涌、控制和信号引线测试。利用 HP8591EM 电磁兼容分析仪进行辐射电磁干扰的测试系统如图 9-4 所示。该系统可以进行磁场、电场和电磁场等测试。

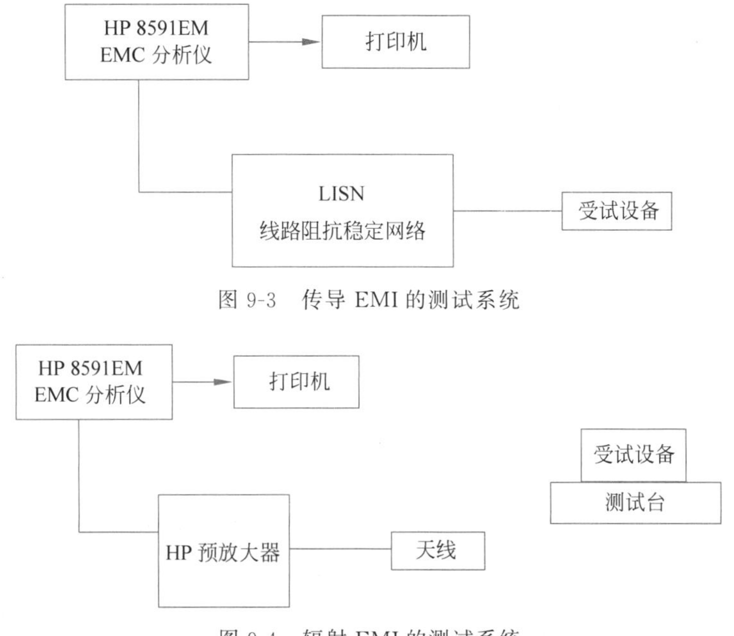

图 9-3　传导 EMI 的测试系统

图 9-4　辐射 EMI 的测试系统

要完成一个产品的电磁兼容测试，首先必须选择相应的测试标准，此外，还应采取以各类标准为依据的合适的测试方法，具备相应的测量仪器和试验场地。目前的测量仪器基本上都是以频域为基础，包括新型的电磁兼容扫描仪与频谱仪。而试验场地也是进行电磁兼容测试的先决条件，是必不可少的。通常电磁发射试验的要求较高，需要有专门的实验场地，而敏感度或抗扰度试验，虽然可在普通环境中进行，但要注意对周围设备的影响。电磁兼容测试的内容非常丰富，涉及面非常广泛，与之相关的书籍资料也非常多，在此就不逐一进行讨论，此处仅从试验场地、试验设备、静电放电测试、浪涌抗扰度试验、谐波电流检测五方面进行简要说明。

9.2.1　试验场地

电磁兼容检测受场地的影响很大，如电磁辐射发射、辐射接收与辐射敏感度的测试对场地的要求最为严格。国内外常用的试验场地有开阔场、电波暗室、电磁兼容检测中心与实验室。

1. 开阔场

开阔场主要针对电磁辐射发射试验。开阔场应包括被测试的受试设备(EUT)、测试天线、测试仪器、转台和桌子等辅助设备。根据国际与国内标准，受试设备应放置在可视为良好反射面的接地平面上一定高度，通常受试设备放在 0.8m 高的木桌上，其辐射发射可以被置于标准距离，如 3m、10m 和 30m 外的同一接地平面上方的接收天线接收。为了能够测到受试设备发射的最大场强，在测试标准中规定了接收天线需在一定的高度范围内扫描，如采用 3m 时，接收天线的高度应在 1～4m 扫描；采用 10m 时，接收天线的高度应在 1～6m 扫描。因此，对不同的测试频率，能获得最大场强的接收天线高度是不同的。

利用开阔场测试辐射发射是一个非常烦琐而且耗时的过程，但作为辐射发射测量场地，开阔场是最理想的，将其规定为最后判定的依据。电场辐射发射试验的装置如图 9-5 所示。开阔场的实例如图 9-6 所示。

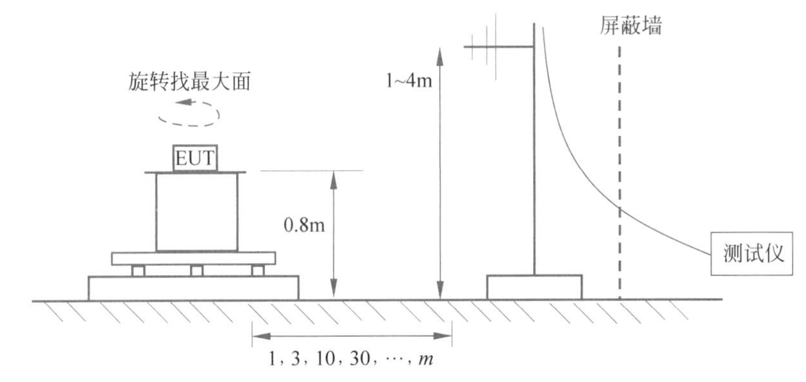

图 9-5　电场辐射发射试验的装置

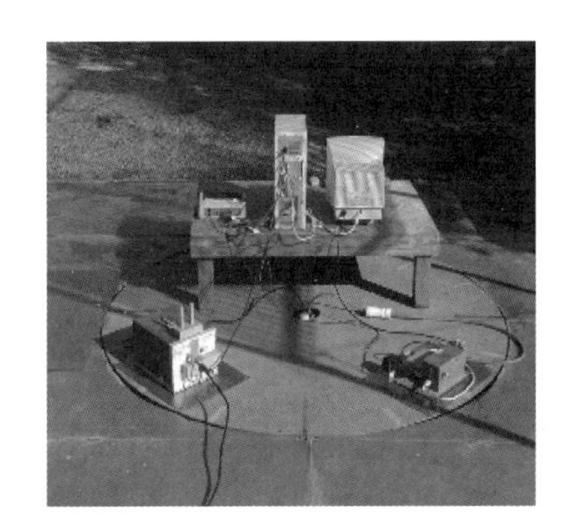

图 9-6　开阔场实例

2. 电波暗室

由于电磁环境的不断恶化，在开阔场的测量中不可避免地存在大量的背景噪声，严重地影响辐射发射数据的精确度，装有吸波材料的屏蔽室——电波暗室可以解决开阔场的背景噪声问题。电波暗室有半电波暗室和全电波暗室。

半电波暗室是由装有吸波材料的屏蔽室组成。它的地面为反射面，其余五面装有吸波材料。屏蔽室将内部空间与外部的电磁环境相隔离，屏蔽室的作用就是使屏蔽室内的外部骚扰强度明显低于受试设备本身所产生的干扰场强。在辐射发射测试中，受试设备的一部分发射信号会通过地板反射，由接收天线测量接收，故地板的设计不但具有导电性，表面起伏变化也要尽可能小，也可以通过高架地板获得。

电磁吸波材料安装在屏蔽室的墙上及天花板上，电磁辐射在入射时被吸波材料吸收，从而减小表面的电磁反射。目前广泛使用的吸波材料有吸收磁场的铁氧体和吸收电场的加碳泡沫，也有由这两种材料组成的混合型材质。泡沫型的吸波材料大多制成锥形，混合型多制成尖劈形。铁氧体贴片一般安装在墙上。半电波暗室应该半年验证一次，以保证测试的准确度。

按照预算和试验的需要，电磁兼容测试也可在增加屏蔽的控制室和实验室进行，也可在预测试电波暗室进行测试。

全电波暗室与半电波暗室的最大不同就在于接收天线不再接收来自受试设备的地面反射波。对于理想的全电波暗室，其电波传播的特性与自由空间相同。电波暗室实例如图 9-7 所示。

大型电波暗室的造价相当高，小型暗室在实际测量中又很不方便，随之又出现了屏蔽测量小室。屏蔽测量小室体积小，应用灵活，而且价格低廉。它将被测设备置于测量装置内部，测量设备置于外部，以避免外界信号对测量信号的干扰，与电波暗室相比，由于测量设备本身仍然处在复杂的干扰环境下，当被测信号非常弱的时候，导致测量误差非常大。目前常用的屏蔽测量小室包括 TEM Cells、GTEM Cells 和 WTEM Cells。TEM Cells 出现较早，其内部电磁场分布特点、传播模式谱及其截止频率、耦合效应及其对沿线方向阻抗分布和电磁场强的均匀度的影响、频带展宽技术等都有大量的理论研究工作，这就为 TEM Cells 的广泛应用奠定了基础。1987 年提出的 GTEM Cells 与 TEM Cells 相比，它的频带大大扩展，而且应用于 TEM Cells 的许多性能优化技术对 GTEM Cells 同样有效，但它的场均匀性差，实际应用难于驾驭。1993 年提出的 WTEM Cells 结构是半个 TEM Cells，这种结构在改善电磁场的均匀性、降低本身的耦合与提高单模带宽方面比 TEM Cells 更容易实现。TEM Cells 如图 9-8 所示。

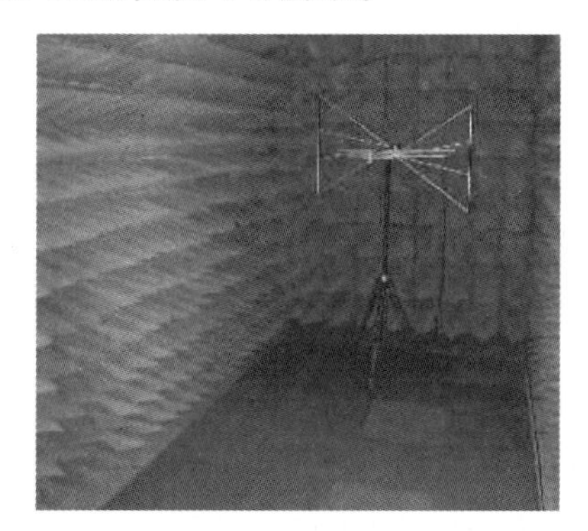

图 9-7　电波暗室

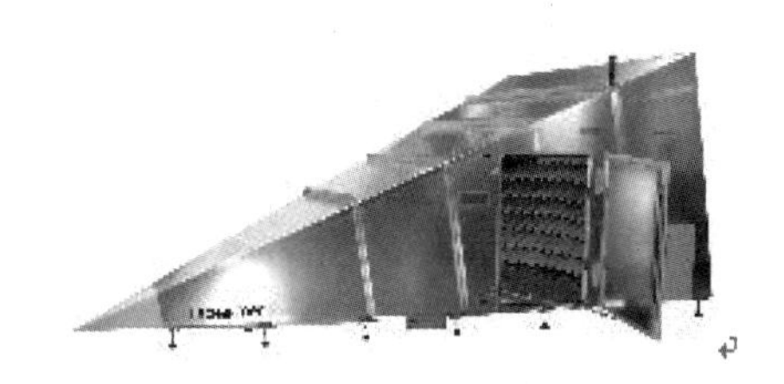

图 9-8　TEM Cells

3. **电磁兼容检测中心与实验室**

电磁兼容检测中心是经过电磁兼容权威机构审定和质量体系认证，而且具有法定测试资格的综合性设计与测试实验室。包括有进行传导干扰、传导敏感度及静电放电敏感度测试的屏蔽室；进行辐射敏感度测试的消声屏蔽室；进行辐射的发射开阔场，以及相关的测试与控制仪器设备。

电磁兼容检测实验室主要适用于预相容测试和电磁兼容评估，使产品在最后进行电磁兼容认证之前，具有自测试和评估的手段。通常实验室规模小，造价相对要低。图 9-9 为电磁兼容检测实验室的基本结构。

9.2.2　试验设备

电磁兼容的实验设备包括产生干扰的干扰模拟器，测量干扰的干扰测量设备以及一些完成实验的辅助设备。

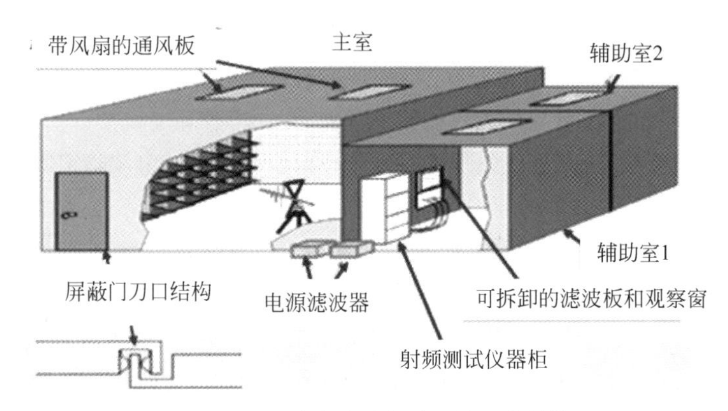

图 9-9　电磁兼容检测实验室的基本结构

1. 干扰模拟器

不同的测试标准和试验项目有不同的干扰信号,常用的干扰模拟器有以下几种:

(1) 射频信号源。模拟无线发射设备产生的干扰。

(2) 功率放大器。驱动天线输出足够的电场或磁场强度,多用在信号源的输出端。

(3) 电快速脉冲(EFT)发生器。模拟电感性负载断开时在电源线路上产生的干扰。

(4) 浪涌模拟器。可模拟出浪涌电压和电流。

(5) 静电放电模拟器。模拟人体静电放电模型。

2. 干扰测量设备

1) 频谱分析仪

用户直接测量信号频谱,是频域分析仪器,用傅里叶变换可以将时域波形变换为频谱。频谱分析仪实际是一台扫频接收的外差式接收机。当天线或其他传感器接收到信号并与本机振荡器产生的信号在混频器中混频,得到中频信号,中频信号经过滤波、放大、检波得到所接收信号的幅度,视频放大器将幅度信号放大后在屏幕上显示出来。频谱分析仪在短时间内间隔扫描发生的能力比较高,并且可以工作在方波滤波状态,有很好的选择性。在使用前,应正确设置接收频率的范围、分辨的带宽、扫描的时间、视频带宽和衰减量几个参数。对于典型的商业产品,频率范围和分辨带宽应设置为±3%和 2G±60MHz,获得最大精度要选最小频率范围档和最小分辨带宽。分辨带宽增加时宽频带信号幅度增加但窄带信号幅度不变。因视频带宽滤波器是低通滤波器,改变视频带宽可以区分宽频带信号和窄带信号。频谱分析仪幅度和频率的关系如图 9-10 所示。

HP8954E 频谱分析仪如图 9-11 所示。

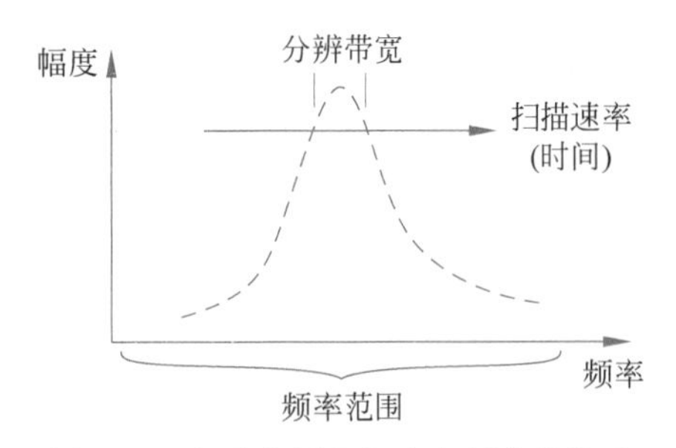

图 9-10　频谱分析仪幅度和频率的关系

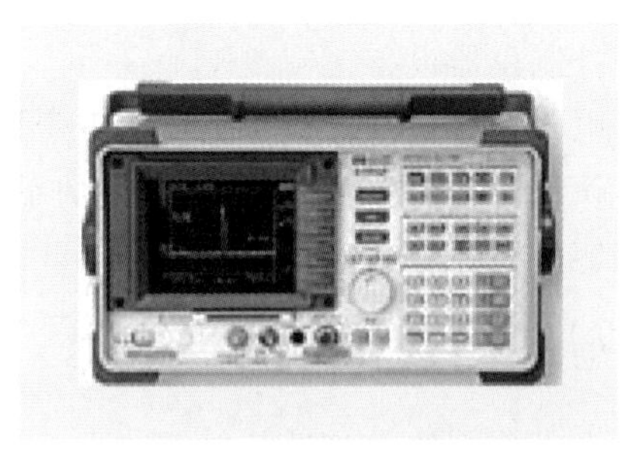

图 9-11　HP8954E 频谱分析仪

2）电磁干扰测试接收机

对某一频率的干扰幅度进行测量。

3）示波器

实时监测干扰信号，是一种时域信号测量设备，示波器灵敏度较低，有时很难测量叠加在高幅度低频信号上的低幅度高频信号，另外示波器的探头会把外界干扰引入测量，会改变波形幅度，引起抖动。

3．辅助设备

1）接收天线

天线用来接收骚扰电磁场，把骚扰场强变为电压。由于电磁噪声的频率范围可达到几十吉赫兹，相应地，也就有针对不同频段的测试天线。如用在 30～300MHz 频段、300MHz～1GHz 的双圆锥天线；用于 200MHz～1GHz 频段的长周期天线；用于 30MHz～1GHz 频段的宽带天线；用于 1～18GHz 频段、200MHz～2GHz 的宽带喇叭天线；用于 30MHz～1GHz 的极子天线。还有用于 9kHz～30MHz 测量磁场的环形天线。以上几种常用的测试天线如图 9-12 所示。

由于骚扰场强的水平极化分量和垂直极化分量是不同的，测量时应把天线水平放置测水平极化，垂直放置测垂直极化。

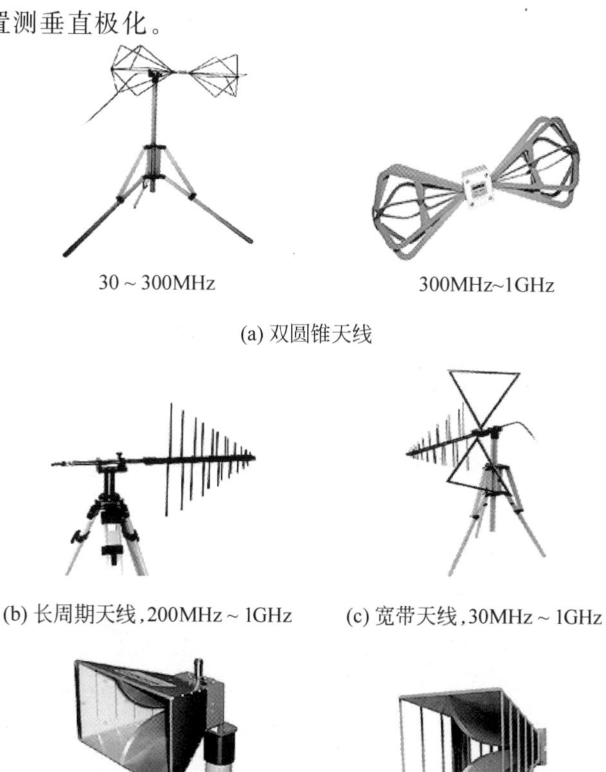

30～300MHz　　300MHz~1GHz

(a) 双圆锥天线

(b) 长周期天线，200MHz～1GHz　　(c) 宽带天线，30MHz～1GHz

1～18GHz　　200MHz～2GHz

(d) 宽带喇叭天线

图 9-12　常用的测试天线

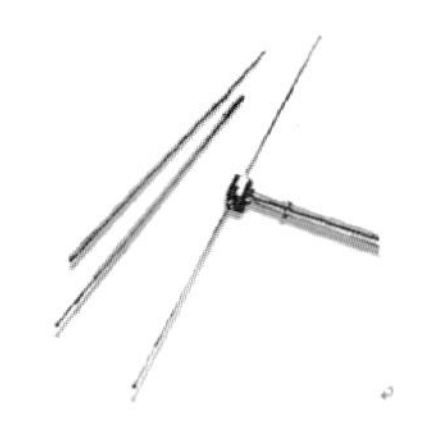

(e) 极子天线,30MHz～1GHz　　(f) 环形天线,9kHz～30MHz

图 9-12 （续）

2）线路阻抗稳定网络

测量设备的电源线传导发射,可以为被测设备提供稳定的阻抗,隔离被测设备与电网,还可以将电源线上的传导发射电流转换成电压,输入到测量仪器。线路阻抗稳定网络如图 9-13 所示。

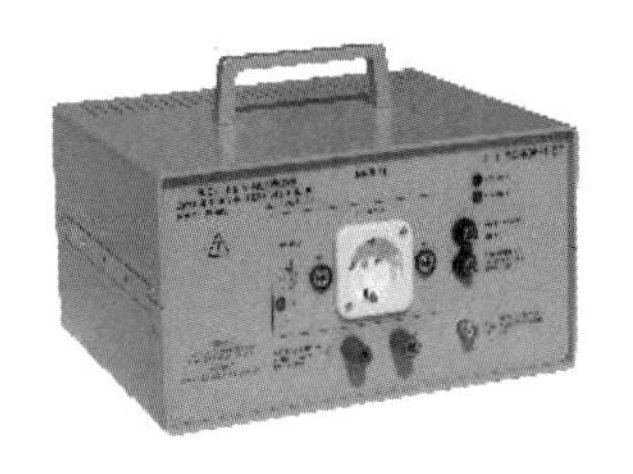

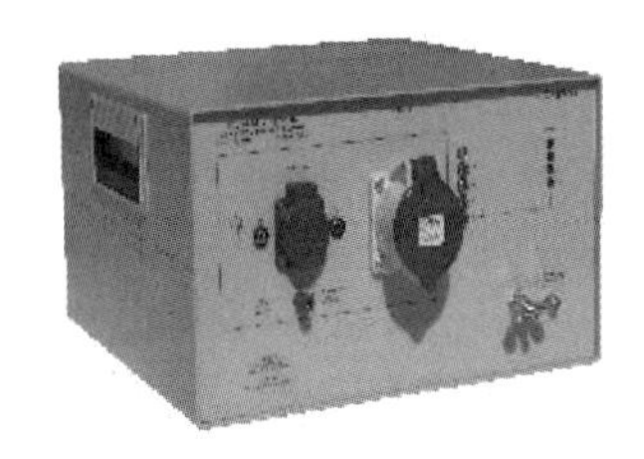

图 9-13　线路阻抗稳定网络

3）近场探头

一种非常实用的辐射干扰接收天线,可通过测量探头两端的电压来确定骚扰场强的大小。近场探头的尺寸随被测干扰频率的不同而不同。近场探头必须和频谱分析仪以及前置放大器一起使用,才能达到测试目的。几种常见的近场探头如图 9-14 所示。

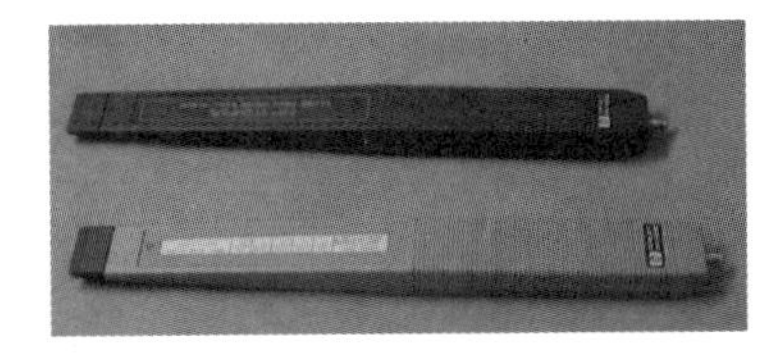

图 9-14　近场探头

4）电流卡钳

测量电缆上干扰电流的传感器。电流卡钳的原理与变压器相同,它是在一个磁环上绕一个线圈作为变压器的次级绕组,当被测量的电缆穿过卡钳时,被测量电缆就充当了初级绕组,电缆上的电流在次级线圈上感应出电压,被频谱分析仪接收。常用电流卡钳如图 9-15 所示。

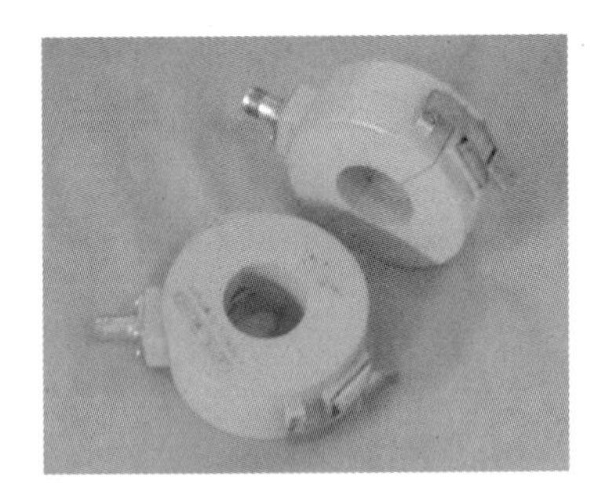

图 9-15　电流卡钳

5）前置放大器

对微弱信号进行放大,以提高频谱分析仪的灵敏度,当使用近场探头时往往是必要的。常用的电磁兼容故障测试系统如图 9-16 所示。

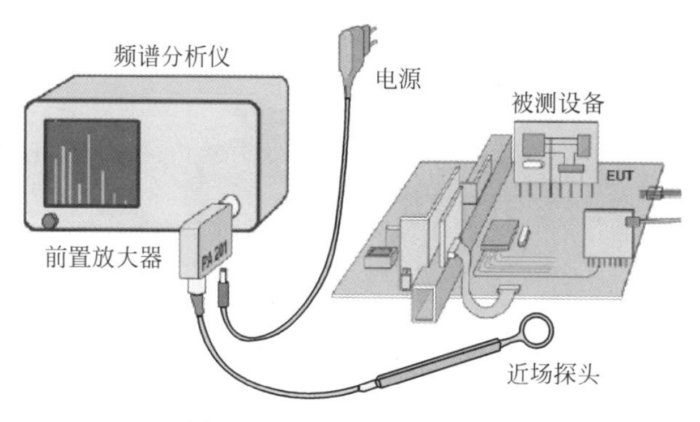

图 9-16　EMC 故障测试系统

9.2.3　静电放电测试

人体或其他物体接近或接触电器设备表面时，会发生静电高压放电。静电放电可能会对工作中的电子设备造成干扰或损坏设备。操作人员放电有时会使设备误动作或使电子元件损坏。静电放电抗扰度试验是模拟操作人员或物体在接触设备时的放电，以及人或物体对邻近物体的放电，以评估电器和电子设备遭受静电放电时的性能。瑞士夏弗纳的 ESD 测试枪如图 9-17 所示。

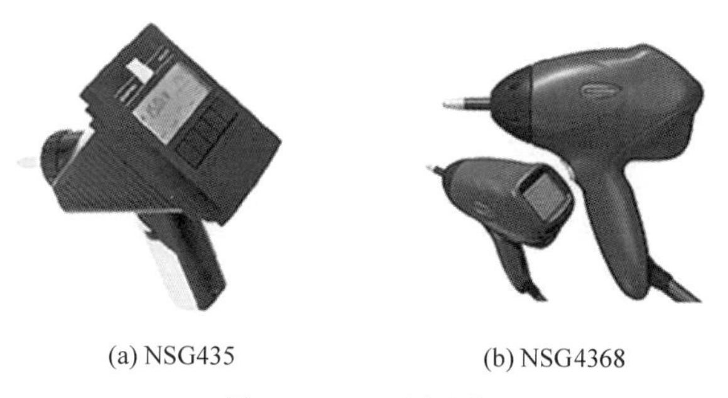

(a) NSG435　　(b) NSG4368

图 9-17　ESD 测试枪

静电放电的实验装置如图 9-18 所示。通常受试设备应放置在一块地线板的上方，地线板的边缘要比水平耦合板的投影外延出至少 0.5m，试验时必须使用同一根地线。接地线与受试设备之间的距离至少 0.2m。受试设备与地线板之间的距离；台式设备为 80cm，落地式设备为 10cm。受试设备为台式设备时，受试设备的下面要放置一块与受试设备绝缘的金属板，称为水平耦合板，在距受试设备 0.1m 的地方还要垂直放置一块 0.5m×0.5m 的金属板，称为垂直耦合板。垂直耦合板与水平耦合板要相互绝缘，两块板分别通过一根电阻导线与地线板连接，在发生静电放电时，这根电阻导线可以隔离耦合板与地线板，470kΩ 的电阻串接在导线两端，而且电阻的体积要大，以防止电荷跨过电阻表面。

静电放电实验包括直接接触放电和空气放电。通过导体直接耦合称为直接接触放电；通过空间辐射耦合称为空气放电。在实验中，直接接触放电用放电枪电极直接对准受试设备的实验点实施放电，而空气放电是用放电枪电极对受试设备附近垂直放置和水平放置的耦合板实施放电。通常直接接触放电是优先选择的试验方式，当受试设备不能使用直接接触放电时，才选择空气放电试验。静电放电试验除了对设备表面上可以接触的金属件进行试验外，还要对一些绝缘表面上的缝隙及孔洞进行试验，防止非接触式放电。静电放电试验

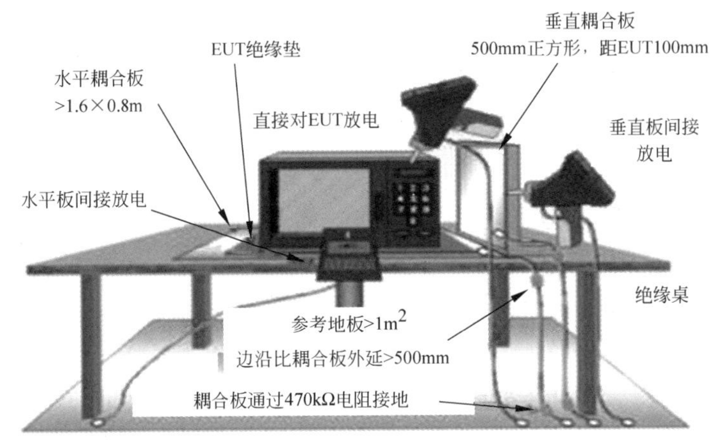

图 9-18　静电放电的实验装置

是瞬态的，为了检验设备抗干扰的性能，一般要做数十次的试验，并选用不同极性的电荷进行试验。表 9-2 为静电放电试验等级。

表 9-2　静电放电试验等级

试 验 等 级	接触放电试验电压(kV)	空气放电试验电压(kV)
1	2	2
2	4	4
3	6	8
4	8	15
×	待定	待定

注：×为开放等级，可在产品要求中规定。

9.2.4　浪涌抗扰度试验

浪涌(Surge)属于高频瞬态骚扰。浪涌(Surge)抗扰度主要分为浪涌电压抗扰度试验和浪涌电流抗扰度试验。浪涌抗扰度是模拟雷击带来的严重干扰。在工业过程中测量和控制装置的浪涌抗扰度试验是模拟设备在不同环境和安装条件下可能受到的雷击或开关切换过程中所产生的浪涌电压与电流。浪涌抗扰度试验为评定设备的电源线、输入/输出线以及通信线的抗干扰能力提供依据。

雷击瞬态是由间接雷击引起的(设备通常不会直接遭受直接雷击)，如：①雷电击中外部线路，有大量的电流流入外部或接地电阻，因而产生干扰电压；②间接雷击(如云层间或云层内的雷击)在外部线路或内部线路上感应电压或电流；③雷电击中线路邻近的物体，在其周围建立电磁场，使外部线路感应出电压；④雷电击中附近地面，地电流通过公共的接地系统引起干扰。

开关式瞬时变化主要是由于电源系统的开关、短路或谐振电路引起的，如：①主电源系统切换(如电容器组切换)时的干扰；②同一电网，在靠近设备附近有一些较小开关跳动对设备形成的干扰；③切换伴有谐振线路的可控硅设备；④各种系统的故障，如接地短路。

1. 试验等级

电网的开关操作和附近的雷电冲击都会在交流电源上发生浪涌现象。不同设备对浪涌的敏感度不同,因而需要采用相应的测试方法和不同的测试等级,表 9-3 为试验等级。

表 9-3 试验等级

等 级	开路试验电压(±10%)(kV)
1	0.5
2	1.0
3	2.0
4	4.0
×	待定

注:×为开放等级,可在产品要求中规定。

2. 等级的选择

0 类:保护良好的电气环境,一般是在一间专业房间内。

1 类:有部分保护的电气环境。

2 类:电缆隔离良好,甚至短的走线也隔离良好的电气环境。

3 类:电源电缆和信号电缆平行覆设的电气环境。

4 类:互连线作为户外电缆沿电源电缆覆设并且这些电缆作为电子和电气线路的电气环境。

5 类:在非人口稠密区电子设备与通信电缆和架空电力线路连接的电气环境。

3. 浪涌的影响

高能量的过电压与过电流导致器件击穿,设备损坏程度与源和受试设备的相对阻抗有关。当受试设备相对源有较高的阻抗,浪涌将在受试设备端子上产生一个电压脉冲;当受试设备相对源有较低的阻抗,浪涌将在受试设备端子上产生一个电流脉冲。

9.2.5 谐波电流检测

特斯拉

1. 谐波电流的定义

供电系统中的谐波,指的是那些频率为供电系统额定频率整数倍的正弦电压或正弦电流。谐波频率与基波频率的比值($n=f_n/f_1$)称为谐波次数。谐波的产生主要是由于电力系统中存在非线性元件及负载,这些具有非线性特性的设备就是谐波骚扰源。谐波骚扰源在电网上广泛存在并大量使用。电网中的谐波会使敏感设备产生性能降低、误动作,甚至发生故障。

当谐波频率为工频频率的整数倍时,称为**整数次谐波**。这类谐波通常用次数来表示。例如,将频率为工频频率 5 倍(2500Hz)的谐波称为 5 次谐波,将频率为工频频率 7 倍(350Hz)的谐波称为 7 次谐波,以此类推。

当谐波频率不是工频频率的整数倍时,称为**分数谐波**。这类谐波通常直接使用谐波频率来表示,例如,频率为 1627Hz 的谐波。

谐波产生的原因多种多样,比较常见的有两类。第一类是由于非线性负荷而产生谐波,例如可控硅(晶闸管)整流器、开关电源等。这一类负荷产生的谐波频率均为工频频率的整数倍。例如,三相六脉冲整流器产生的主要是5次和7次谐波,而三相12脉冲整流器产生的主要是11次和13次谐波。第二类是由于逆变负荷而产生谐波,例如中频炉、变频器。这类负荷不仅产生整数次谐波,还产生频率为逆变频率2倍的分数谐波。例如,使用三相六脉冲整流器而工作频率为820Hz的中频炉,不仅产生5次和7次谐波,还产生频率为1640Hz的分数谐波。

谐波在电网诞生的同时就存在,因为发电机和变压器都会产生少量的谐波。现在由于产生大量谐波的用电设备不断增加,并且电网中大量使用的并联电容器对谐波非常敏感,甚至会产生谐波放大,使得谐波的影响越来越严重,从而逐渐引起人们的重视。

2. 谐波的危害

(1) 谐波实际上是一种骚扰源,影响电网质量。

(2) 谐波电流在电力网络的阻抗上产生谐波电压,以矢量相加,使电网正弦电压产生畸变。

(3) 谐波对电子设备的影响包括性能降低、电子器件误动作、电容器损坏、寿命缩短、骚扰源通信等。

(4) 谐波对电网的危害包括功率损耗增加、接地保护功能失常、电网过热、中性线过载和电缆着火等。

3. 谐波测试

谐波测试要求限制产品由交流电源线引入到电流中的谐波成分,测试频率高达40余次谐波。主要的问题来自非线性负载,例如开关电源、荧光灯和变速电动机驱动装置。

用手持式功率表/谐波分析仪很容易测量由产品引入的谐波电流。表9-4中列出了对于A类设备的谐波限值,包括高达20次的奇数次和偶数次谐波。A类设备包括除个人电脑、电视机、便携式工具和灯光设备以外的大多数产品。

表9-4 欧盟对于A类产品的谐波电流限值、高达20余次谐波

谐波次数	电流(A)	谐波次数	电流(A)
1	…	2	1.08
3	2.30	4	0.43
5	1.14	6	0.30
7	0.77	8	0.23
9	0.40	10	0.18
11	0.33	12	0.15
13	0.21	14	0.13
15	0.15	16	0.12
17	0.13	18	0.10
19	0.12	20	0.09

对于19次以上的奇次谐波的要求是电流不超过$2.25/n$,n是谐波次数。对于20次以上的偶次谐波,电流的限值是$1.84/n$。这些限值适用于高达40次的谐波。

个人计算机和电视机必须用更严格的D类限值,这是基于设备的额定功率。D类产品也不能超过表9-4中的数据。

如果没有谐波分析仪，一种粗略估计谐波失真的方法是在示波器上看输入电流的波形。只用视觉观察波形很容易发现5%或以上的失真。如果电流波形看起来近似是正弦曲线，产品很有可能通过谐振发射测试。

9.2.6 LED照明产品电磁兼容测试项目

随着LED技术的不断提高，LED的光通量和出光效率逐渐提高，使LED的应用从交通灯、汽车照明等特殊照明领域，逐步向普通照明领域发展，许多传统照明企业都投入资金和人力研发和生产LED照明产品。LED照明节能、耐用，随着国家扶持力度的加大，以及产品设计、生产的完善，逐步得到广大消费者的接受和喜爱。随着LED照明产品的大量使用，其电磁兼容水平也越来越受到大关注，本节将结合对照明产品标准和相关IECEE-CB决议，介绍LED照明产品电磁兼容测试项目要求。

LED照明产品驱动技术一般分为两种：线性驱动和开关驱动。线性驱动(调节器)的核心是利用工作于线性区的功率三极管或MOSFFET作为一个动态可调电阻来控制负载，常用于功率较小的LED照明产品中。开关驱动是利用电路控制开关管进行高速的导通和截止进行AC/DC变换，最终实现输出恒流驱动源，效率较高，常用于功率较大的LED照明产品中。

1. 测试标准

LED照明产品电磁兼容性包含干扰发射(EMI)和敏感度(抗干扰EMS)两部分。干扰发射是针对样品本身产生的干扰，而敏感度则是针对样品在特定的电磁环境下的工作性能。

LED照明产品电磁兼容测试涉及的主要国家标准如下。

(1) GB 17743—2007，《电气照明和类似设备的无线电骚扰特性的限值和测量方法》。

(2) GB/T 18595—2001，《一般照明用设备电磁兼容抗扰度要求》。

(3) GB 17625.1—2003，《电磁兼容限值谐波电流发射限值(设备每相输入电流≤16A)》。

(4) GB 17625.2—2007，《电磁兼容限值对每相额定电流≤16A且无电压波动条件接入的设备在公用低压供电系统中产生的电压变化、电压和闪烁波动和闪烁的限值》。

其中，第2项GB/T 18595—2001是抗干扰标准，其他则是骚扰发射标准。本次重点介绍骚扰发射部分。

2. 测试要求

对于有功输入功率大于25W的LED照明产品，其谐波测试的布置与限值均与其他照明产品一样，适用C类限值。对于有功输入功率不大于25W的LED照明产品，有部分检测人员认为也需进行谐波电流测试，这种做法是不正确的。因为谐波标准只规定了光源为放电灯照明产品的限值，而DSH：617 CTL决议中说明了LED既不属于白炽灯也不属于放电灯，所以有功输入功率不大于25W的LED照明产品无须进行谐波电流测试。这一点应引起测试人员的注意，因为对于功率不大于25W的LED照明产品，常采用二极管整流将交流电整流为脉冲直流电压，若进行谐波测试，3次谐波的电流常有超标的情况的出现，这样就有可能将无谐波限值要求产品误判为不合格。另外，进行谐波测试时还应注意，若出现谐波电流超过限值时，还要判断超标的谐波电流是否小于5mA或小于输入电流0.6%，若是，则该产品谐波电流还是应判定为合格。这种情况常出现在功率较小的LED产品且高次谐波超标时。

按照标准,LED灯具产品应归为"其他灯具"类,因此所有LED灯具产品,无论是否有电子线路,均需要进行电源端骚扰电压测试。至于控制端口骚扰电压,GB17743—2007对室内灯具和室外灯具有不同的要求,室内LED灯具若有控制端口,则需要进行控制端口骚扰电压,而室外灯具,如LED路灯,则无须进行控制端口骚扰电压测试。这一点与最新发布的CISPR15CTL决议有所不同,该决议明确"有控制端口的LED灯具产品,无论是否采用了开关技术,均需要进行控制端口的骚扰电压测试",也就是说,室外LED灯具也需要测试控制端(若有)骚扰电压。对于独立式LED电源装置,国标和IEC标准都没有特别针对LED的条款,因此常参考电子转换器的做法,对该类产品进行电源端骚扰电压和负载端骚扰电压的测试。但对于负载端骚扰项目,制造商可以通过对光源电缆的安装进行严格说明来规避测试。在最新公布的CISPR15 CTL决议中则明确说明了"LED电源装置无论是否使用了开关技术,均需要进行负载端骚扰电压测试",也就是说,不能通过说明来规避负载端的测试。根据以往的测试情况和经验看,LED电源装置(适配器)负载端骚扰电压的不合格率较高,这一点应引起生产企业检测和研发人员的注意,避免正式送检产品测试出现不合格。

辐射电磁骚扰分为9kHz～30MHz和30～300MHz两个频段。对于9kHz～30MHz频段,采用三环天线测试法;对于30～300MHz频段,使用电波暗室法或耦合去耦网络(Coupling Decoupling Network,CDN)法进行测试。

照明灯具产品需要进行辐射电磁骚扰的条件是——灯具中的灯电流频率超过100Hz,但并没有规定如何确定灯电流频率。有些检测人员通过测定光源两端的电流/电压频率来确定,这样大部分LED灯具被认为是灯电流频率不超过100Hz,而无须进行辐射电磁骚扰测试。新公布的CISPR15的CTL决议明确要求,通过判断产品采用的驱动技术来确定是否需进行辐射电磁骚扰项目测试,"若LED灯具产品的驱动技术采用了开关技术,则必须进行辐射电磁骚扰(9kHz～300MHz)的测试"。LED照明产品的辐射电磁骚扰低频(9kHz～30MHz)合格率较高,但高频(30～300MHz)项目的合格率较低,特别是LED直流电源装置。

对于照明产品,目前我国强制性认证测试暂无抗扰度要求,但是对于户外LED照明产品,如LED路灯、轨道灯等,进行CQC自愿认证时,除应进行电磁兼容发射项目测试外,还需依据GB/T18595 2001增加浪涌抗扰度项目的测试,测试强度为线-线电压为1kV,线-地电压为2kV。此外,"广东省LED路灯产品评价标杆体系"评测项目中也包含了电磁兼容发射项目和浪涌抗扰度项目,发射项目的测试与内容与前面介绍的一致,只是浪涌测试强度比GB/T 18595—2001的要求要高,要求线-线电压为2kV,线-地电压为4kV。

9.3 雷电及防护

雷电在瞬间会给设备造成严重的损坏,也会危及人们的生命安全,它的危害有目共睹。防雷系统工程必须因地制宜综合考虑,将内、外部防雷措施,如接闪、分流、均压、屏蔽、接地、过压保护等多种重要因素,作为一个整体来考虑。

9.3.1 雷电的形成

雷电放电是由于带电荷的雷雨云引起的，雷雨云中带有大量的电荷，由于静电感应，在雷雨云下方的地面，或地面的物体上，将带有与雷雨云极性相反的电荷。根据大量的实例统计，80%～90%的雷雨云带有负电荷。当电荷累积到一定的程度时，其表面附近的电场强度足够大，峰值达到 10^4 V/cm 以上，引起空气电离形成导电通道，就开始发生局部放电。从发生放电的空间位置分类，可以分为云内放电、云际放电和云地放电，如图 9-19 所示。云地放电简称为地闪，俗称落地雷，是防雷研究的主要对象。

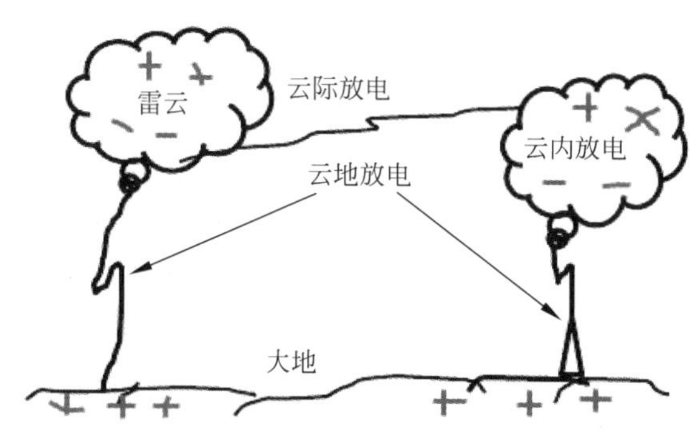

图 9-19 发生放电的地理位置

9.3.2 雷电中的电磁现象

雷电过程中的电磁现象包括静电场、磁场、感应场和电磁波的辐射。

积雨云中的静止电荷与地面感应电荷之间产生的静电电场，与距离的三次方成反比，随着距离的增大迅速减小；雨云中的电荷移动(包括闪电)会产生磁场，若磁场强度发生变化，就会出现电磁感应现象而出现感应场，感应场与距离的平方成反比，随着距离的增大减小得也越快；闪电发生时出现电磁波辐射，辐射场与距离的一次方成反比，随着距离的增大减小得比较缓慢。

9.3.3 雷击的形成

雷击的形成主要包括直击雷、感应雷和球形雷。

1）直击雷

直击雷是带电云层与建筑物、其他物体、大地或防雷装置之间发生的迅猛放电现象。主要危害建筑物、建筑物内的电子设备和人。

直击雷的电压峰值通常可达几万伏甚至几百万伏，电流峰值可达几十千安乃至几百千安，破坏性很强，主要原因是雷云所蕴藏的能量在极短的时间(其持续时间通常只有几微秒到几百微秒)就释放出来，瞬间功率是巨大的。

2）感应雷

感应雷是指在直击雷放电过程中，强大的脉冲电流对周围的导线或金属物体由于静电感应或电磁感应而产生高电压以及发生闪击的现象，主要危害建筑物内电子设备。

① 静电感应：当空间有带电的积雨云出现时，积雨云下的地面和建筑物等，由于静电

感应的作用都带上大量相反的电荷。当闪击与地面的异种电荷迅速中和后,在某些局部(例如架空导线上)的感应电荷,由于局部与大地间的电阻比较大,而不能在同样短的时间内相应消失,就会形成局部地区感应高电压。这种由静电感应产生的过电压对接地不良的电气系统有破坏作用,建筑物内部的金属构架与接地不良的金属器件之间容易发生火花放电,对存放易燃物品的建筑物,如汽油、瓦斯、火药库以及有大量可燃性微粒飞扬的场所,如面粉厂、亚麻厂等,有引起爆炸的危险。

② 电磁感应:由于雷电流迅速变化(即产生瞬态脉冲),在其周围空间产生瞬变的强电磁场,使附近导体上感应出很高的电动势。如果在雷电流引下线附近放置一个开口金属环,环上的感应电动势足以使开口气隙间产生火花放电,这些火花放电可以引起易燃物品着火、易燃气体爆炸。

3) 球形雷

球形雷是空气分子电离及各种活泼化合物而形成的火球,一般是橙色或红色,或似红色火焰的发光球体(也有带黄色、绿色、蓝色或紫色的),直径一般十到几十厘米,甚至超过1m。存在时间为3~5s,个别的可达几分钟。有时平移有时滚动,速度约为2m/s,最后会自动或遇到障碍物时发生爆炸而消失。其移动时有的无声,有的发出嘶嘶声,一旦遇到物体或电气设备时会产生燃烧或爆炸,可能通过烟、开着的门窗和其他缝隙进入室内,“球形雷”较为罕见。

为防避球形雷,在雷雨天最好不要打开门窗,并在烟、通风管等空气流动处装上网眼面积不大于4cm^2,金属直径为2~2.5mm的金属保护网,然后作良好接地。

9.3.4 雷电对人身的危害

雷电会对人身造成伤害,主要由直接雷击、接触电击、闪击或侧闪以及跨步电压引起。

1) 直接雷击

如果受害人是直接被雷击中,受害人的身体就通过了全部的雷电流,这种形式称为“直接雷击”。

2) 接触电击

当闪电电流流经建筑物的避雷针引下线、各种金属管道、电线杆或大树入地时,由于雷电流峰值很大,所以这些被直击雷击中的导体上便产生高达几万伏,甚至十几万伏的电压。如果正好有人或畜接触它们,就会发生触电事故。

3) 闪击或侧闪

当人站在距被雷击中的物体很近时,一旦人、物之间的空气间隙被击穿,就会对人体放电,这种放电叫闪击。

例如,人躲在一棵大树下避雨,当这棵树被雷击中时,从地面到人头顶这段高度的树干,它的电阻有几千欧,雷电流在这段树干上产生的电压降瞬间可达几万伏甚至几十万伏以上,这时避雨人的身体与地等电位,人头顶与等高度的树干之间的电位差超过空气的击穿强度时,雷电流通过这段空间间隙向人体放电,人被雷击。

4) 跨步电压

当雷电击中地面物体时,雷电流泻入大地并在土壤中扩散开,由于土壤电阻率σ有一定分布,雷电流在地面上两点之间就出现电位差,越靠近雷击点,电流密度越大,电位差也就越大。如果有人站立或行走在落雷点附近，两脚间的电位差就足使雷电流通过两腿和躯干的下部，人就会被雷电击伤。这种电位差就叫“跨步电压”，如图 9-20 所示。

图 9-20　跨步电压

跨步电压可由下式近似算出

$$U \approx \frac{bI}{2\pi\sigma x(x+b)} \tag{9-1}$$

其中，I 为雷电流的大小，b 为人的跨步大小，x 为人站立的位置与半球形接地器中心之间的距离，σ 为土壤的电阻率。

为保护人畜安全起见，$U<U_0$，U_0 为危险电压，通常取 40V，因此危险区半径 x_0

$$x_0 = \sqrt{\frac{Ib}{2\pi\sigma U_0}} \tag{9-2}$$

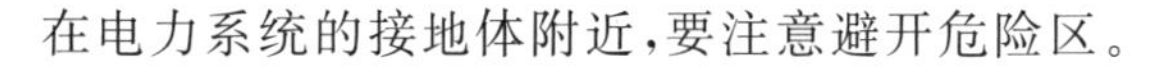

在电力系统的接地体附近，要注意避开危险区。

9.3.5　雷电的防护

1. 雷电防护的原理

雷电防护的基本思想是要让强大的雷击电流顺利入地，主要过程包括接闪、引下和入地，所以防雷装置由接闪器（也包括避雷带和避雷网）、引下线和地网三部分组成。

1）接闪器

防雷的第一道防线是设法拦截或吸引雷电，这个装置就是避雷针，也称为接闪器。自从 1752 年本杰明·富兰克林发明用避雷针（Lighting Rod）引雷至今 200 多年来，避雷针和由它发展起来的避雷带和笼式避雷网，已成为国内外普遍采用的、规范化的主要防雷手段。

积雨云与大地是一对带电体，地面突出部分的尖端附近是空气最容易击穿的地方，显然在建筑物最高端安装的金属尖杆，是最容易发生火花放电的地方，这就是避雷针吸引闪电的道理。闪电电流要流入大地，需要导电通道，所以必须用较短导线（导体）把金属尖杆连接到接地装置上，不让闪电电流窜到建筑物上去。

2）避雷带和避雷网

避雷带是指在楼顶四周或楼脊、楼槽上装上作为接闪器的金属带，它要求与大地良好连接，特别适用于安装在建筑物易受雷击的部位。避雷网是指利用钢筋混凝土结构中的钢筋网进行雷电保护，所以又叫笼式避雷网。

3）引下线

笼式避雷网结构的引下线，是由建筑物四周墙面内为数众多的钢筋构成。为了防止接触电压危害人，引下线应该安装在人们不易碰到的隐蔽地点，在离地面 2m 以内的引下线，应有良好的保护覆盖物，如用瓷管或塑料把它套住。

4）地网

地网指的是埋在地下并直接与大地接触的人工接地体，由垂直接地体和水平接地体构成，构成一个封闭的地网。前面已提到，可以利用钢筋混凝土建筑物的地下基础接地体作为泄放雷电流的地网。在混凝土浇灌前，各钢筋之间必须构成电气连接，一般高层建筑物的基础接地网的接地电阻往往很小，通常在 0.2～0.8Ω。

2. 防雷器件

强电防雷和弱电防雷对避雷器所要求的性能有较大的差异,电力系统防雷与电信系统防雷可作为强电防雷与弱电防雷的代表,前者主要考虑高电压大电流,所以对避雷器的容量要求较高,要能耐大电流的续流;而后者则因设备灵敏、耐压耐流能力低,一般需先由前级防雷设备把雷电的过电压削弱。

1)火花隙与火花放电管

(1)火花隙。火花隙是把暴露在空气中的两块相互隔离的金属物作为避雷放电的装置,通常把其中一块金属接在需要防雷的导线上,例如电源的相线,另一块金属则与地线连接。

(2)火花放电管。火花放电管是一对相互隔离的冷阴电极,封装在玻璃或陶瓷管内,管内再充以一定压力的惰性气体(如氖气、氩气),就构成了一只放电管。

2)压敏电阻

压敏电阻主要由氧化锌压敏电阻片构成,每个压敏电阻有一定的开关电压(压敏电压),当加在压敏电阻两端的电压低于该数值时,压敏电阻呈现高阻值状态;当加在压敏电阻两端的电压高于压敏电压值时,压敏电阻即导通,呈现低阻值,甚至接近短路状态。压敏电阻这种导通状态是可以恢复的,当高于压敏电压的电压撤销以后,它又恢复高阻状态。

3)暂态抑制二极管等半导体避雷器

压敏电阻避雷器虽然有很多优点,但是在高频、甚高频、超高频电路中,往往因极间电容太大而受到限制。此外,压敏电阻避雷器的残压往往是压敏电压的3倍左右,对半导体器件电路太高了。所以电气、电子设备往往都采用多级防雷保护,以确保设备安全和运行准确。由于半导体型避雷器件具有箝位电压低和动作响应快等显著优点,特别适合于用做多级保护电路中的最末几级保护元件,称为细保护,如稳压二极管、开关二极管以及暂态抑制二极管等。

科技简介9 闪　电

虽然闪电发生在瞬间,但是却不可能被人们忽视。闪电的亮度差不多有100万个灯泡那么亮,它的能量可以使任何东西烧焦或蒸发,闪电是能量最大的电现象。

在人们知道闪电是一种电现象之前,人们看到闪电时总是带着敬畏之情,并被它的魅力所吸引。最早的有关闪电的理论和电没有什么关系,这是因为闪电看起来和电鱼没有什么相似之处,它和古希腊人摩擦产生奇特吸引力和排斥力的琥珀和毛纺面料也没有什么共同之处。直到美国著名的政治家、实业家、科学家本杰明·富兰克林发现之后,人们才知道闪电和电有关。

1752年,富兰克林在一个雷雨天气里在户外用风筝和钥匙做了一个实验。通过实验,富兰克林得出结论:电是由流动的电荷引起的,而闪电则是由大气层中的电荷引起的。在富兰克林的实验中,这些电荷沿着湿的风筝线传下来,富兰克林用系在风筝线上的钥匙上发出的火星证实了这些电荷的存在。

现在,物理学家们已经知道了大气中的摩擦产生了电荷。当一些小的颗粒,比如水滴或冰相互碰撞或相互摩擦时就可以发生这样的现象。在其他因素中,风吹散这些电荷,于是在地面和空气上方就产生了巨大的电场力。有时候电力很大，可以被人们感觉到，人们就会感到头发竖了起来。这是一个电现象：头发上聚集了相同电性的电荷，它们相互排斥，使得头发之间相互排斥，头发就竖了起来。

大气中的电荷和电场有着很强的相互作用。异种电荷相互吸引，如果有可能它们就会聚集到一起，但是有力量会阻止它们的聚集，所以，它们是不可能聚集到一起的，直到这种阻力增强到一定程度，就会穿过天空，放射出一道亮线，这就是闪电。

闪电通常是由一系列的电击形成的，通常由 4 次电击组成。电荷的运动，即电流，使得异种电荷聚集到一起。闪电是两种物质或两部分之间的电荷流动，这两种物质可以是两片云团或一片云团和地面。在极短的时间里，由电流产生的能量就可以使闪电的温度骤然间上升到几千华氏度，使得空气中的分子释放出光。闪电温度非常高，如果它射到地面上，可以熔化沙土，形成一种透明的物质，叫作闪电熔岩。

在任意的时间里，全世界都有许多场的雷雨。每秒就可以产生 100 道闪电。闪电可以引起大火，击碎木头，破坏电击附近的电气设备。闪电还可以电击使人致死。

虽然现在人们知道了闪电是一种电现象，但是，在几百年前，人们相信钟声可以避免闪电。这种错误的观念使得很多敲钟人不得不在雷雨天爬到很高的建筑物上去拉绳敲钟，因此，很多敲钟人都因为被电击而受重伤。直到物理学家指出，在雷雨中最危险的行为是攀爬到高处，此后这种奇怪而可悲的行为才停止下来。由库仑定律可以得出，当两个电荷之间的距离缩小时，它们之间的电场力会增大。大气中电荷间的电场力十分巨大，大到可以从地面上高的物体上吸引火花。

人们可以利用闪电的这种更易于电击最高处物体的性质，使物体避免受到电击。闪电在一定程度是不可预计的，但是它电击的目标只和高度有关。在某种意义上，这是事实，因为并非在雷雨袭击范围内的最高的物体就会被电击，而是在闪电发生附近相对最高的物体会受到电击——也就是说，在群体中任何一个相对高度突出的物体。一棵树或一栋房子，要是比周围其他的物体高，那它就会被电击到，或者一位站在平坦的高尔夫球场上的运动员，他比周围的物体高，他就有可能受到电击。摩天大楼是闪电电击的最好目标。

金属为电荷流动提供了很好的通道，也就成为电击最好的目标。这也是为什么人们在猛烈的雷雨中最好不要待在管道、水甚至电话旁边的原因。如果流动的电荷不能找到一条方便快捷的金属通道，或是因为一些原因流动受到了阻挡，那么它们就会寻找其他的通道，这些通道也包括人体。

为电荷寻找一条安全快捷的通道流动就是避雷针的原理。富兰克林最早发明了避雷针，它可以为电荷的流动提供一条最简捷的通路，如果避雷针安放正确，它会比周围的其他物体都高。避雷针可以将闪电的电击传到地面，如果电击袭来，它就会顺着避雷针传到地面，不会造成伤害，地球足够大可以提供电荷分布。

习　　题

9-1　电磁兼容的标准体系包括哪三个？

9-2　电磁兼容测试按测试目的分为哪些？

9-3　典型的电磁兼容测试项目包括哪几个？

9-4　给出几个电磁兼容的试验场地。

9-5　电波暗室有哪几种？它们有何不同？

9-6　电磁兼容实验设备用于产生干扰的干扰模拟器有哪几种？测量干扰的干扰测量设备有哪些？

9-7　举出几种电磁兼容测试的辅助设备及它们的作用。

9-8　静电放电试验包括哪两种？与试验的等级对应的实验电压是多少？

附录A　电磁兼容国家标准

表 A-1　已发布的电磁兼容国家标准一览表

序号		国家标准号	标准名称	对应的国际标准号	续建项目
基础标准	1	GB/T 3907—1983	工业无线电干扰基本测量方法	—	—
	2	GB/T 4365—1995 GB/T 4365—2003	电磁兼容术语	Eqv. IEC 60050：1990	—
	3	GB/T 4589—1984	电气设备的抗干扰基本测量方法	—	—
	4	GB/T 6113.1—1995 GB/T 6113.101—2008 GB/T 6113.102—2008 GB/T 6113.103—2008 GB/T 6113.104—2008 GB/T 6113.105—2008	无线电骚扰和抗扰度测量设备规范	Eqv. CISPR 16—1：1993	—
	5	GB/T 6113.2—1998	无线电骚扰和抗扰度测量方法	Idt. CISPR 16—2：1995	—
	6	GB 9175—1988	环境电磁波卫生标准	—	—
	7	GB 10436—1988	作业场所微波辐射卫生标准	—	—
	8	GB/T 17624.1—1998	电磁兼容　综述　电磁兼容基本术语和定义的应用与解释	Idt. IEC 61000—1—1	—
	9	GB/T 17626.1—1998	电磁兼容　试验和测量技术抗扰度试验　总论	Idt. IEC 61000—4—1	—
	10	GB/T 17626. 2—1998	电磁兼容　试验和测量技术静电放电抗扰度试验	Idt. IEC 61000—4—2	静电放电
	11	GB/T 17626. 3—1998	电磁兼容　试验和测量技术射频电磁场辐射抗扰度试验	Idt. IEC 61000—4—3	射频电磁场辐射
	12	GB/T 17626. 4—1998	电磁兼容　试验和测量技术电快速瞬变脉冲群抗扰度试验	Idt. IEC 61000—4—4	电快速瞬变脉冲群骚扰
	13	GB/T 17626. 5—1998	电磁兼容　试验和测量技术浪涌(冲击)　抗扰度试验	Idt. IEC 61000—4—5	浪涌(冲击)
	14	GB/T 17626. 6—1998	电磁兼容　试验和测量技术射频场感应的传导骚扰抗扰度	Idt. IEC 61000—4—6	射频场感应的传导骚扰

续表

序号		国家标准号	标准名称	对应的国际标准号	续建项目
基础标准	15	GB/T 17626.7—1998	电磁兼容　试验和测量技术 供电系统及所连设备谐波、谐间波的测量和测量仪器导则	Idt. IEC 61000—4—7	—
	16	GB/T 17626.8—1998	电磁兼容　试验和测量技术 工频磁场抗扰度试验	Idt. IEC 61000—4—8	工频磁场骚扰
	17	GB/T 17626.9—1998	电磁兼容　试验和测量技术 脉冲磁场抗扰度试验	Idt. IEC 61000—4—9	脉冲磁场骚扰
	18	GB/T 17626.10—1998	电磁兼容　试验和测量技术 阻尼振荡磁场抗扰度试验	Idt. IEC 61000—4—10	阻尼振荡磁场骚扰
	19	GB/T 17626.11—1999	电磁兼容　试验和测量技术 电压暂降、短时中断和电压变化抗扰度试验	Idt. IEC 61000—4—11	电压暂降、短时中断和电压变化
	20	GB/T 17626.12—1998	电磁兼容　试验和测量技术 振荡波抗扰度试验	Idt. IEC 61000—4—12	振荡波骚扰
通用标准	21	GB 8702—1988	电磁辐射防护规定	—	—
	22	GB/T 14431—1993	无线电业务要求的信号/干扰保护比和最小可用场强	—	—
	23	GB/T 15658—1995	城市无线电噪声测量方法	—	—
	24	GB/T 17799.1—1999	电磁兼容　通用标准　居住、商业和轻工业环境中的抗扰度试验	Idt. IEC 61000—6—1	
	25	GB/T 17799.2—2003	电磁兼容 工业环境中的抗扰度试验	—	—
	26	GB/T 17799.3—2001	电磁兼容　通用标准 居住、商业和轻工业环境中的发射标准	IEC 61000-6-3(1996)	—
	27	GB/T 17799.4—2001	电磁兼容 工业环境中的发射标准	IEC 61000-6-4(1996)	—
产品类标准	28	GB/T 755—2000	旋转电机基本技术要求	Idt. IEC 60034—1：1997	① 传导骚扰 ② 辐射骚扰
	29	GB/T 2819—1995	移动电站通用技术条件		① 端子干扰 ② 辐射干扰场强
	30	GB 4343—1995	家用和类似用途电动、电热器具，电动工具以及类似电器无线电干扰特性测量方法和允许值	Eqv. CISPR 14：1993	① 骚扰电压 0.15～30MHz a. 连续骚扰电压 b. 断续骚扰电压 ② 骚扰功率 30～300MHz

续表

<table>
<tr><th colspan="2">序号</th><th>国家标准号</th><th>标准名称</th><th>对应的国际标准号</th><th>续建项目</th></tr>
<tr><td rowspan="15">产品类标准</td><td>31</td><td>GB 4343.1—2003</td><td>电磁兼容 家用电器、电动工具和类似器具的要求 第1部分：发射</td><td>CISPR14-1</td><td></td></tr>
<tr><td>32</td><td>GB 4343.2—1999</td><td>电磁兼容 家用电器、电动工具和类似器具的要求 第2部分：抗扰度产品类标准</td><td>Idt. CISPR 14—2：1997</td><td>—</td></tr>
<tr><td>33</td><td>GB 4824—1996
GB 4824—2004</td><td>工业、科学和医疗(ISM)射频设备电磁骚扰特性的测量方法</td><td>Idt. CISPR 11：1990</td><td>① 骚扰电压 0.15～30MHz
② 辐射骚扰 30～1000MHz</td></tr>
<tr><td>34</td><td>GB 6829—1995</td><td>剩余电流动作保护器的一般要求</td><td>Eqv. IEC 60755：1992</td><td>抗浪涌冲击</td></tr>
<tr><td>35</td><td>GB 6833.1—1986</td><td>电子测量仪器电磁兼容性试验规范 总则</td><td>Eqv. HP 765.001—77</td><td rowspan="6">① 磁场敏感度 30Hz～30kHz
② 静电放电敏感度
③ 辐射敏感度 14kHz～1000MHz
④ 传导敏感度 30Hz～400kHz
⑤ 电源瞬态敏感度，尖峰信号，电压瞬态，频率瞬态
⑥ 非工作状态磁场干扰</td></tr>
<tr><td>36</td><td>GB 6833.2.—1987</td><td>电子测量仪器电磁兼容性试验规范 磁场敏感度试验</td><td>Eqv. HP 765.002—77</td></tr>
<tr><td>37</td><td>GB 6833.3—1987</td><td>电子测量仪器电磁兼容性试验规范 静电放电敏感度试验</td><td>Eqv. HP 765.003—77</td></tr>
<tr><td>38</td><td>GB 6833.4—1987</td><td>电子测量仪器电磁兼容性试验规范 电源瞬态敏感度试验</td><td>Eqv. HP 765.004—77</td></tr>
<tr><td>39</td><td>GB 6833.5—1987</td><td>电子测量仪器电磁兼容性试验规范 辐射敏感度试验</td><td>Eqv. HP 765.005—77</td></tr>
<tr><td>40</td><td>GB 6833.6—1987</td><td>电子测量仪器电磁兼容性试验规范 传导敏感度试验</td><td>Eqv. HP 765.006—77</td></tr>
<tr><td>41</td><td>GB 6833.7—1987</td><td>电子测量仪器电磁兼容性试验规范 非工作状态磁场干扰试验</td><td>Eqv. HP 765.007—77</td><td rowspan="4">① 工作状态磁场干扰
② 传导干扰 10kHz～30MHz
③ 辐射干扰 10kHz～1000MHz</td></tr>
<tr><td>42</td><td>GB 6833.8—1987</td><td>电子测量仪器电磁兼容性试验规范 工作状态磁场干扰试验</td><td>Eqv. HP 765.008—77</td></tr>
<tr><td>43</td><td>GB 6833.9—1987</td><td>电子测量仪器电磁兼容性试验规范 传导干扰试验</td><td>Eqv. HP 765.009—77</td></tr>
<tr><td>44</td><td>GB 6833.10—1987</td><td>电子测量仪器电磁兼容性试验规范 辐射干扰试验</td><td>Eqv. HP 765.0010—77</td></tr>
<tr><td>45</td><td>GB/T 7343—1987</td><td>10kHz～30MHz无源无线电干扰滤波器和抑制元件特性的测量方法</td><td>CISPR 17：1981</td><td>插入损耗</td></tr>
</table>

续表

序号		国家标准号	标准名称	对应的国际标准号	续建项目
产品类标准	46	GB/T 7349—1987	高压架空线、变电站无线电干扰测量方法	—	辐射发射
	47	GB 9254—1998	信息技术设备的无线电骚扰限值和测量方法	Idt. CISPR 22：1997	传导发射 辐射发射
	48	GB/T 9383—1999	声音和电视广播接收机及有关设备抗扰度限值和测量方法	Idt. CISPR 20：1998	无线端电流注入抗扰度，电源端电流注入抗扰度，音频输入和输出端注入抗扰度，扬声器和耳机端注入抗扰度
	49	GB/T 11604—1989	高压电气设备无线电干扰测试方法	Eqv. CISPR 18—2：1986	—
	50	GB/T 12190—1990	高性能屏蔽室屏蔽效能的测量方法	Ref. IEEE 299—1969	屏蔽效能
	51	GB 12638—1990	微波和超短波通信设备辐射安全要求	—	—
	52	GB 13421—1992	无线电发射机杂散发射功率电平的限值和测量方法	—	—
	53	GB 13836—1992	30MHz～1GHz声音和电视信号的电缆分配系统设备和部件辐射干扰特性允许值和测量方法	Idt. IEC 60728—1：1986	设备和部件的辐射功率
	54	GB 13837—2003	声音和电视广播接收机及有关设备无线电干扰特性限值和测量方法	Idt. CISPR 13：1996	本振辐射、天线端干扰电压、注入电源干扰电压
	55	GB/T 13838—1992	声音和电视广播接收机及有关设备辐射抗扰度特性允许值和测量方法	CISPR20：1990	—
	56	GB/T 13839—1992	声音和电视广播接收机及有关设备内部抗扰度允许值和测量方法	CISPR20：1990	—
	57	GB/T 13926.1—1992	工业过程测量和控制装置的电磁兼容性 总论	IEC 801 1	—
	58	GB/T 13926.2—1992	静电放电要求	IEC 801 2	—
	59	GB/T 13926.3—1992	辐射电磁场要求	IEC 801 3	—
	60	GB/T 13926.4—1992	电快速瞬变脉冲群要求	IEC 801 4	—
	61	GB 14023—1992	车辆、机动船和由火花点火发动机驱动的装置的无线电干扰特性的测量方法和允许值	Eqv. CISPR 12：1990	辐射骚扰 30～1000MHz

续表

序号		国家标准号	标 准 名 称	对应的国际标准号	续 建 项 目
产品类标准	62	GB/T 14048. 1—1993	低压开关设备和控制设备总则	Eqv. IEC 60947—1：1998	① 抗低频传导 ② 抗高频传导 ③ 抗高频辐射 ④ 抗浪涌过电压，传导
	63	GB/T 14598. 10—1996	电力继电器　第 22 部分：量度继电器和保护装置的电气干扰试验　第四篇：快速瞬变干扰试验	Idt. IEC 60255—22—4：1992	—
	64	GB/T 14598. 13—1998	量度继电器和保护装置的电气干扰试验　第 1 部分 1MHz 脉冲群干扰试验	Eqv. IEC 60255—22—1：1988	—
	65	GB/T 14598. 14—1998	量度继电器和保护装置的电气干扰试验　第 2 部分　静电放电试验	Idt. IEC 60255—22—2：1996	—
	66	GB 15540—1995	陆地移动通信设备电磁兼容技术要求和测量方法	—	—
	67	GB 15707—1995	高压交流架空送电线无线电干扰值	Ref . CISPR 18：1986	辐射发射
	68	GB/T 15708—1995	交流电气化铁道电力机车运行产生的无线电辐射干扰的测量方法	Neq. CISPR 18. 16	辐射发射
	69	GB/T 15709—1995	交流电气化铁道接触网无线电辐射干扰测量方法	—	辐射发射
	70	GB 15734—1995	电子调光设备无线电骚扰特性限值和测量方法	—	传导骚扰电压
	71	GB 15949—1995	声音和电视信号的电缆分配系统设备与部件抗扰度特性限值和测量方法	IEC 60728—1：1986	辐射抗扰度屏蔽效果
	72	GB/T 16607—1996	微波炉在 1GHz 以上的辐射干扰测量方法	Eqv. CISPR 19：1983	辐射功率干扰
	73	GB 16787—1997	30MHz～1GHz 声音和电视信号的电缆分配系统辐射测量方法和限值	Idt. IEC 60728—1：1991	辐射场强
	74	GB 19916. 1—1997	家用和类似用途的不带过电流保护的剩余电流动作断路器　第一部分　一般规则	Idt. IEC 61008—1：1990	电快速瞬变脉冲群；静电放电

续表

序号		国家标准号	标 准 名 称	对应的国际标准号	续 建 项 目
产品类标准	75	GB 16917.1—1997	家用和类似用途的带过电流保护的剩余电流动作断路器 第一部分 一般规则	Idt. IEC 61009—1：1981	电快速瞬变脉冲群；静电放电
	76	GB 16788—1997	30MHz～1GHz 声音和电视信号的电缆分配系统抗扰度测量方法和限值	Eqv. IEC 60728—1：1986	系统前端骚扰信号；骚扰抗扰度
	77	GB/T 17618—1998	信息技术设备抗扰度限值和测量方法	Idt. CISPR 24：1997	① 静电放电 ② 射频电磁场辐射 ③ 电快速瞬变脉冲群 ④ 浪涌（冲击） ⑤ 射频场感应的传导 ⑥ 工频磁场 ⑦ 电压暂降、短时中断、电压变化
	78	GB/T 17619—1998	机动车电子电器组件的电磁辐射抗扰度限值和测量方法	Ref .95/54/EC (1995)	电磁辐射抗扰度
	79	GB/T 17625.1—1998	低压电器及电子设备发出的谐波电流限值（设备每相输入电流≤16A）	Idt. IEC 61000—3—2：1995	谐波电流限值
	80	GB/T 17625.2—1999	对额定电流不大于16A的设备在低压供电系统产生的电压波动和闪烁的限制	Idt. IEC 61000—3—3：1994	电压波动和闪烁
	81	GB 17743—2007	电气照明和类似设备的无线电骚扰特性限值和测量方法	Idt. CISPR 15：1996	① 插入衰减测量 ② 骚扰电压测量 ③ 辐射电磁场测量
系统间电磁兼容标准	82	GB 6364—1986	航空无线电导航台站电磁环境要求	—	—
	83	GB 6830—1986	电信线路遭受强电线路危险影响的允许值	—	—
	84	GB/T 7432—1987	同轴电缆载波通信系统抗无线电广播和通信干扰的指标	—	—
	85	GB/T 7433—1987	对称电缆载波通信系统抗无线电广播和通信干扰的指标	—	—
	86	GB/T 7434—1987	架空明线载波系统抗无线电广播和通信干扰的指标	—	—
	87	GB 7495—1987	架空电力线与调幅广播收音台的防护间距	—	—

续表

序号		国家标准号	标准名称	对应的国际标准号	续建项目
系统间电磁兼容标准	88	GB 13613—1992	对海中远程无线电导航台站电磁环境要求	—	—
	89	GB 13614—1992	短波无线电测向台(站)电磁环境要求	—	—
	90	GB 13615—1992	地球站电磁环境保护要求	—	—
	91	GB 13616—1992	微波接力站电磁环境保护要求	—	—
	92	GB 13617—1992	短波无线电收信台(站)电磁环境要求	—	—
	93	GB 13618—1992	对空情报雷达站电磁环境防护要求	—	—
	94	GB/T 13619—1992	微波接力通信系统干扰计算方法	—	—
	95	GB/T 13620—1992	卫星通信地球站与地面微波站之间协调的确定和干扰计算方法	—	—
	96	GB/Z 18039.1—2000	电磁兼容环境电磁环境的分类	IEC 61000-2-5(1996)(技术报告)	—
	97	GB/Z 18039.2—2000	电磁兼容 环境 工业设备电源低频传导骚扰发射水平的评估	IEC 61000-2-6(1996)(技术报告)	—
	98	GB/T 18039.3—2003	电磁兼容 环境 公共低压供电系统低频传导骚扰及信号传输的兼容水平	—	—
	99	GB/T 18039.4—2003	电磁兼容 环境 工厂低频传导骚扰兼容水平	—	—
	100	GB/T 18268—2000	测量控制和试验使用的电设备电磁兼容性要求	—	—
	101	GB/T 18387—2001	电动车辆的电磁场辐射强度的限值和测量方法带宽9kHz～30MHz	—	—
	102	GB/T 18499—2001	家用和类似用途的剩余电流动作保护器(RCD) - 电磁兼容性	—	—
	103	GB/Z 18509—2001	电磁兼容 电磁兼容标准起草导则	—	—
	104	GB 18555—2001	作业场所高频电磁场职业接触限值	—	—
	105	GB/T 18595—2001	一般照明用设备的电磁兼容抗扰度要求	—	—

续表

序号		国家标准号	标准名称	对应的国际标准号	续建项目
系统间电磁兼容标准	106	GB 18655—2002	用于保护车载接收机的无线电骚扰特性的限值和测量方法	—	—
	107	GB/T 18732—2002	工业、科学和医疗设备限值的确定方法	—	—
	108	GB 18802.1—2002	低压配电系统的电涌保护器(SPD) 第1部分：性能要求和试验方法	—	—
	109	GB 18802.21—2002	低压电涌保护器 第21部分：电信和信号网络的电涌保护器(SPD)性能要求和试验方法	—	—
	110	GB/T 19271.1—2003	雷电电磁脉冲的防护 第1部分：通则	—	—
	111	GB 19286—2003	电信网络设备的电磁兼容性要求及测量方法	—	—
	112	GB 19287—2003	电信设备的抗扰度通用要求	—	—
	113	GB/Z 19397—2004	工业机器人-电磁兼容性试验方法和性能评估准则-指南	—	—
	114	GB 19483—2004	无绳电话的电磁兼容性要求及测量方法	—	—
	115	GB 19484.1—2004	800MHz CDMA 数字蜂窝移动通信系统 电磁兼容要求和测量方法 第1部分：移动台及其辅助设备	—	—
	116	GB 19511—2004	工业、科学和医疗设备(ISM)国际电信联盟(ITU)指定频段内的辐射平指南	—	—
	117	YD 1032—2000	900/1800MHz TDMA 数字蜂窝移动通信系统电磁兼容性限值和测量方法	—	—
	118	GB/T 13926.1—1992	工业过程测量和控制装置的电磁兼容性总论	—	—
	119	GB/T 13926.2—1992	工业过程测量和控制装置的电磁兼容性静电放电要求	—	—
	120	GB/T 13926.3—1992	工业过程测量和控制装置的电磁兼容性辐射电磁场要求	—	—
	121	GB/T 13926.4—1992	工业过程测量和控制装置的电磁兼容性电快速瞬变脉冲群要求	—	—

表 A-2 国家军用电磁兼容标准

序号	国家标准号	标 准 名 称	对应国际标准
1	GJB72—85	电磁干扰和电磁兼容性名词术语	MIL-STD-463
2	GJB151A—97	军用设备和分系统电磁发射和敏感度要求	MIL-STD-461D
3	GJB152A—97	军用设备和分系统电磁发射和敏感度测量	MIL-STD-462D
4	GJB2079—94	无线电系统间干扰的测量方法	
5	GJB2436—95	天线术语	
6	GJB2420—95	超短波辐射生活区安全限值及测量方法	
7	GJB2080—94	接收点场强的一般测量方法	
8	GJB2117—94	横电磁波室性能测量方法	
9	GJB/J3417—98	国防计量器具等级图——微波场强	
10	GJB/J3415—98	微波场强计检定规程	
11	GJB/J3405—98	20～100MHz 屏蔽室场分布测试方法	
12	GJB1143—91	无线电频谱测量方法	MIL-STD-449D
13	GJB1210—91	接地、搭接和屏蔽设计实施	MIL-STD-1857
14	GJB/Z1389—92	系统电磁兼容行要求	MIL-STD-6051D
15	GJB/Z17—91	军用装备电磁兼容管理指南	MIL-HDBK-237A
16	GJB/Z25—91	电子设备和设施的接地、搭接和屏蔽设计指南	MIL-HDBK-419A
17	GJB/Z54—94	系统预防电磁能量效应的设计和试验指南	
18	GJB/2105—98	电子产品防静电放电控制手册	
19	GJB2081—94	87～108MHz 频段广播业务和 108～137MHz 频段航空业务之间的兼容	
20	GJB2926—97	电磁兼容性测试实验室认可要求	
21	GJB3007—97	防静电工作区技术要求	
22	GJB3590—99	航天系统电磁兼容性要求	
23	GJB358—87	军用飞机电搭接技术要求	
24	GJB786—89	预防电磁辐射对军械危害的一般要求	
25	GJB1696—93	航天系统地面设备电磁兼容性和接地要求	
26	GJB176—96	航天器布线设计和试验通用技术条件	

附录B　部分电磁兼容国际标准

表 B-1　部分 ANSI 电磁兼容技术标准目录

序号	标　准　号	标准名称
1	ANSI C63.2-95	电磁噪声和场强测量仪规范，频率范围 10kHz～40GHz
2	ANSI C63.4-92	低压电子电器设备无线电噪声发射测量方法，频率范围 9kHz～40GHz
3	ANSI C63.5-88	电磁兼容性，在电磁干扰控制中辐射发射的测量，天线的校准
4	ANSI C63.6-96	电磁兼容性开阔试验场测量误差计算导则
5	ANSI C63.7-88	进行辐射发射测量的开阔试验场构造指南
6	ANSI C63.12-87	电磁兼容性限值推荐标准
7	ANSI C63.14-92	电磁兼容性（EMC），电磁脉冲（EMP）和静电放电（ESD）的技术词典
8	ANSI T1.320-94	远程通信，用于远程通信中心站和同类可抵抗干电磁脉冲设备的线上电保护
9	ANSI/ASME MFC-16M-95	用电磁流量仪方法封闭管道中液流的测量
10	ANSI/ASTM D3251-95	膜绝缘电磁导线适用电绝缘热老化特性的测试方法
11	ANSI/EIA 242-61(R86)	电磁延迟线的定义
12	ANSI/IEEE 1140-94	5Hz～400kHz 视频显示终端电磁场测量的标准程序
13	ANSI/IEEE 291-91	测量 30Hz～30GHz 的正弦连续波电磁场强度的标准方法
14	ANSI/IEEE 199-91	电磁屏蔽室有效性测量
15	ANSI/IEEE 473-85(R97)	电磁场测量（10kHz～10GHz）的推荐实施规范
16	ANSI/IEEE C63.13-91	工业用电源线电磁干扰滤波器的应用和评定指南
17	ANSI/IEEE C63.17-97	未经许可的个人通信服务（UPCS）设备的电磁和操作能力的测量方法
18	ANSI/IEEE C95.1-91	人体受 3kHz～300GHz 射频电磁场辐射的安全等级（ANSI C95.1-82 的修订件）
19	ANSI/IEEE C95.3-91	有潜在危害的电磁场的测量。射频和微波（ANSI C95.3-73 和 ANSI C95.5-81 的修订和合并）
20	ANSI/NEMA　MW1000-93	电磁线
21	ANSI/SAE　ARP936A	电磁干扰测量用 10μF 电容器
22	ANSI/UL 1283-96	电磁干扰滤波器

表 B-2　部分 IEEE 电磁兼容技术标准目录

序号	标　准　号	标准名称
1	IEEE 1140—1994	5Hz～400kHz 视频显示终端的电磁区域的测量程序 Procedures for the measurement of electric and magnetic fields from Video Display Terminals(VDTs) from 5Hz to 400kHz
2	IEEE 1302—1998	18kHz 直流导电垫圈电磁特性用指南 Guide for the Electromagnetic Characterization of Conductive Gaskets in the Frequency Range of DC to 18kHz

续表

序号	标 准 号	标 准 名 称
3	IEEE 1308—1994	使用仪器的推荐规程：电磁场强度仪表和磁流密度的规 10Hz～3kHz Recommended Practice for Instrumentation: Specification for Magnetic Flux Density and Electric Field Strength Meters-10Hz to 3kHz
4	IEEE 1309—1996	频率为 9kHz～40GHz 的电磁传感器和探针，不包括天线 Calibration of Electromagnetic Field Sensors and Probes, Excluding Antennas, from 9kHz to 40GHz
5	IEEE 291—1991	测量 30Hz～30GHz 正弦连续波电磁场强度的标准方法 Standard Methods for Measuring Electromagnetic Field Strength of Sinusoidal Continuous Waves, 30Hz to 30GHz
6	IEEE 299—1997	电磁屏蔽室有效性测量 Standard Methods for Measuring the Effectiveness of Electromagnetic Shielding Enclosures
7	IEEE 473—1985	电磁场测量(10kHz～10GHz)的推荐规程 Recommended Practice for an Electromagnetic Site Survey(10kHz to 10GHz)R(1997)
8	IEEE C37.90.2—1995	中继系统对无线电收信机辐射电磁干扰的抗力 Withstand Capability of Relay Systems to Radiated Electromagnetic Interference from Transceivers
9	IEEE C63.12—1999	电磁兼容性的推荐规程 Recommended Practice for Electromagnetic Compatibility Limits(ANSI/IEEE)
10	IEEE C63.13—1991	商用电磁干扰电力线滤波器的应用和评价指南 Guide on the Application and Evaluation of EMI Power-Line Files for Comercial Use
11	IEEE C63.14—1998	电磁兼容性、电磁脉冲和静态放电的美国国家标准技术字典 American National Standard Dictionary for Technologies of Electromagnetic Compatibility(EMC), Electromagnetic Pulse(EMP), and Electrostatic Discharge(ESD)
12	IEEE C63.17—1998	未经注册个人通信服务装置电磁和操作兼容性测量方法 Methods of Measurement of Electromagnetic and Operational Compatibility of Unlicensed Personal Communications Services(UPCS) devices
13	IEEE C63.18—1997	医疗装置对特定无线频率发射机辐射电磁场免疫性估计的现场特别测试方法 Recommended Pratie for an on-Site, AdHoc Test Method for Estimating Radiated Electromagnetic Immunity of Medical Devices to Specific Radio Frequency Transmitters
14	IEEE C63.2—1996	10Hz～40GHz 电磁噪声和电磁场强度检测仪表规范 Electromagnetic Noise and Field Strength Instrumentation, 10Hz to 40GHz
15	IEEE C63.5—1998	电磁兼容性的美国国家标准-电磁干扰中的辐射测量-天线刻度(9kHz～40GHz) American National Standard for Electromagnetic Compatibility Radiated Emission Measurements in Electromagnetic Interference(EMI) Control-Calibration of Antennas(9kHz to 40GHz)

续表

序号	标　准　号	标准名称
16	IEEE C95.1—1999	人类暴露在电磁场3kHz～300GHz频率波段的安全等级 Standard for Safety Levels with Respect to Human Exposure to Radio Frequency Electromagnetic Fields, 3kHz to 300GHz(ANSI/IEEE)
17	IEEE C95.3—1991	测量有潜在危险的电磁场-射频和微波 Recommended Practice for the Measurement of Potentially Hazardous Electromagnetic Fields RF and Micowave Revision of ANSI C95.3—1973 and ANSI C95.5-1981(ANSI/IEEE)R(1997)
18	IEEE P356—2000	(草案)地面媒体的电磁特性测量 Draft Guide for Measurements of Electromagnetic Properties of Earth Media

表B-3　IEC 61000系列电磁兼容Electromagnetic Compatibility(EMC)标准目录(按PART顺序)

序号		标　准　号	标准名称
第1部分/Part 1：综述/General	1	IEC 61000-1-1	电磁兼容　第1部分：综述第1分部分：电磁兼容基本术语和定义的应用和解释
第2部分/Part 2：环境/Environment	2	IEC 61000-2-1	电磁兼容　第2部分：环境第1分部分：环境的描述-公用供电系统中的低频传导骚扰和信号传输的电磁环境
	3	IEC 61000-2-2	电磁兼容　第2部分：环境第2分部分：公用电压供电系统中的低频传导骚扰的兼容性电平
	4	IEC 61000-2-3	电磁兼容　第2部分：环境第3分部分：环境的描述-辐射和非网络频率的传导现象
	5	IEC 61000-2-4	电磁兼容　第2部分：环境第4分部分：工业企业中的低频传导骚扰的兼容性电平
	6	IEC TR 61000-2-5	电磁兼容　第2部分：环境第5分部分：电磁环境的分类法-基础EMC出版物
	7	IEC TR 61000-2-6	电磁兼容　第2部分：环境第6分部分：工业企业电源的低频传导骚扰的发射电平评估
	8	IEC 61000-2-7	电磁兼容　第2部分：环境第7分部分：不同环境里的低频磁场
	9	IEC 61000 2-9	电磁兼容　第2部分：环境第9分部分：高空核电磁脉冲(HEMP)环境的描述-辐射骚扰-基础出版物
	10	IEC 61000-2-10	电磁兼容　第2部分：环境第10分部分：高空核电磁脉冲(HEMP)环境的描述-传导骚扰
	11	IEC 61000-2-11	电磁兼容　第2部分：环境第11分部分：环境-高空核电磁脉冲(HEMP)环境的分类法
第3部分/Part 3：限值/Limits	12	IEC 61000-3-2	电磁兼容　第3部分：限值第2分部分：输入电流每相≤16A的设备的谐波电流发射限值
	13	IEC 61000-3-3	电磁兼容　第3部分：限值第3分部分：额定电流≤16A的设备在低压供电系统的电压波动的闪烁限值
	14	IEC TR 61000-3-4	电磁兼容　第3部分：限值第4分部分：额定电流＞16A的设备在低压供电系统的谐波电流发射限值

续表

序号		标　准　号	标 准 名 称
第 3 部分/Part 3：限值/Limits	15	IEC 61000-3-5	电磁兼容　第 3 部分：限值第 5 分部分：额定电流＞16A 的设备在低压供电系统的电压波动和闪烁限值
	16	IEC TR 61000-3-6	电磁兼容　第 3 部分：限值第 6 分部分：中压和高压供电系统中畸变负荷的发射值的评估，基础 EMC 出版物
	17	IEC 61000-3-7	电磁兼容　第 3 部分：限值第 7 分部分：中压和高压供电系统中波动负荷的发射限值的评估，基础 EMC 出版物
	18	IEC 61000-3-8	电磁兼容　第 3 部分：限值第 8 分部分：低压电气设施的信号传输-发射电平、频宽和电磁骚扰电平
	19	IEC 61000-3-11	电磁兼容　第 3 部分：限值第 11 分部分：额定电流≤75A 并按照一定条件连接的设备在公用低压供电系统中的电压变化、电压波动和闪烁限值
第 4 部分/Part 4：试验和测量技术/Testing and Measurement Techniques	20	IEC 61000-4-1	电磁兼容　第 4 部分：试验和测量技术第 1 分部分：IEC 61000-4 的系列标准总论
	21	IEC 61000-4-2	电磁兼容　第 4 部分：试验和测量技术第 2 分部分：静电放电抗扰度试验
	22	IEC 61000-4-3	电磁兼容　第 4 部分：试验和测量技术第 3 分部分：射频电磁场辐射抗扰度试验
	23	IEC 61000-4-4	电磁兼容　第 4 部分：试验和测量技术第 4 分部分：电快速瞬变脉冲群抗扰度试验
	24	IEC 61000-4-5	电磁兼容　第 4 部分：试验和测量技术第 5 分部分：冲击(浪涌)抗扰度试验
	25	IEC 61000-4-6	电磁兼容　第 4 部分：试验和测量技术第 6 分部分：射频场感应的传导骚扰抗扰度试验
	26	IEC 61000-4-7	电磁兼容　第 4 部分：试验和测量技术第 7 分部分：供电系统及所连设备谐波、谐波间的测量和测量仪器导则
	27	IEC 61000-4-8	电磁兼容　第 4 部分：试验和测量技术第 8 分部分：工频磁场抗扰度试验
	28	IEC 61000-4-9	电磁兼容　第 4 部分：试验和测量技术第 9 分部分：脉冲磁场抗扰度试验
	29	IEC 61000-4-10	电磁兼容　第 4 部分：试验和测量技术第 10 分部分：阻尼振荡磁场抗扰度试验
	30	IEC 61000-4-11	电磁兼容　第 4 部分：试验和测量技术第 11 分部分：电压暂降、短时中断和电压变化抗扰度试验
	31	IEC 61000-4-12	电磁兼容　第 4 部分：试验和测量技术第 12 分部分：振荡波抗扰度试验
	32	IEC 61000-4-13	电磁兼容　第 4 部分：试验和测量技术第 13 分部分：电压波动抗扰度试验
	33	IEC 61000-4-14	电磁兼容　第 4 部分：试验和测量技术第 14 分部分：闪烁测量仪-功能和设计技术要求

续表

序号		标准号	标准名称
第4部分/Part 4:试验和测量技术/Testing and Measurement Techniques	34	IEC 61000-4-15	电磁兼容　第4部分:试验和测量技术第15分部分:频率范围从0Hz到150kHz的传导、检模干扰抗扰度试验
	35	IEC 61000-4-16	电磁兼容　第4部分:试验和测量技术第16分部分:直流电源输入端口波动抗扰度试验
	36	IEC 61000-4-23	电磁兼容　第4部分:试验和测量技术第23分部分:高空核电磁脉冲(HEMP)和其他辐射骚扰保护装置的实验方法
	37	IEC 61000-4-24	电磁兼容　第4部分:试验和测量技术第24分部分:高空核电磁脉冲(HEMP)传导骚扰保护装置的实验方法-基础EMC出版物
	38	IEC 61000-4-27	电磁兼容　第4部分:试验和测量技术第27分部分:不平衡度、抗扰度实验
	39	IEC 61000-4-28	电磁兼容　第4部分:试验和测量技术第28分部分:电源频率变化、抗扰度试验
	40	IEC 61000-4-29	电磁兼容　第4部分:试验和测量技术第29分部分:直流电源输入端口电压暂降、短时中断和电压保护抗扰度试验
第5部分/Part 5:安装和调试导则/Installation and Mitigation Guidelines	41	IEC TR 61000-5-1	电磁兼容　第5部分:安装和调试导则第1分部分:总的考虑-基础EMC出版物
	42	IEC TR 61000-5-2	电磁兼容　第5部分:安装和调试导则第2分部分:接地和敷设电缆
	43	IEC TR 61000-5-3	电磁兼容　第5部分:安装和调试导则第3分部分:高空核电磁脉冲(HEMP)保护概念
	44	IEC TR 61000-5-4	电磁兼容　第5部分:安装和调试导则第4分部分:高空核电磁脉冲(HEMP)抗扰性-抗高空核电磁脉冲(HEMP)辐射骚扰的保护装置的技术要求-基础EMC出版物
	45	IEC 61000-5-5	电磁兼容　第5部分:安装和调试导则第5分部分:对高空核电磁脉冲(HEMP)传导骚扰的保护装置的技术要求-基础EMC出版物
	46	IEC 61000-5-7	电磁兼容　第5部分:安装和调试导则第7分部分:抗电磁骚扰的屏蔽物提供保护的等级
第6部分/Part 6:通用标准/Generic Standard	47	IEC 61000-6-1	电磁兼容　第6部分:通用标准第1分部分:居住、商业和轻工业环境中的抗扰度
	48	IEC 61000-6-2	电磁兼容　第6部分:通用标准第2分部分:工业环境中的抗扰度
	49	IEC 61000-6-4	电磁兼容　第6部分:通用标准第4分部分:工业环境中的发射标准

附录 C　部分常用元件的封装

封　装	名　称
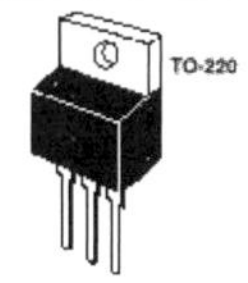	TO

	TO3
	DIP

	SOT223
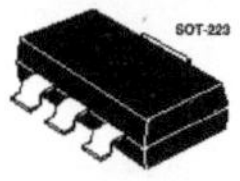	
	SOT23
	SOT23/323
	SOT25
	SOT343
	PLCC
	CLCC

	LCC

续表

<table>
<tr><th>封　装</th><th>名　称</th><th>封　装</th><th>名　称</th></tr>
<tr><td>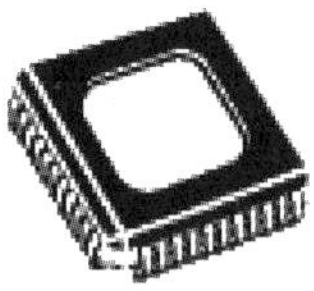</td><td>JLCC</td><td>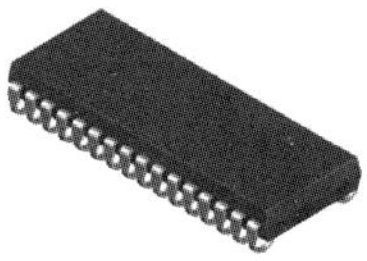</td><td>SOJ</td></tr>
<tr><td>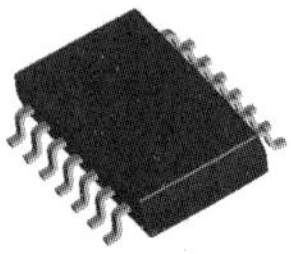</td><td rowspan="3">SOP</td><td>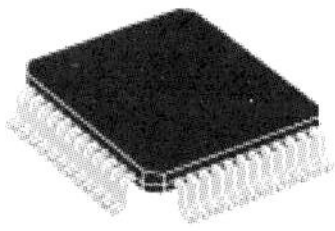</td><td rowspan="2">QFP</td></tr>
<tr><td>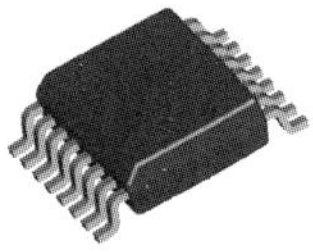</td><td>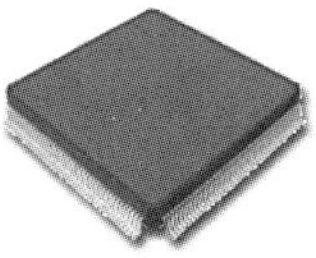</td></tr>
<tr><td>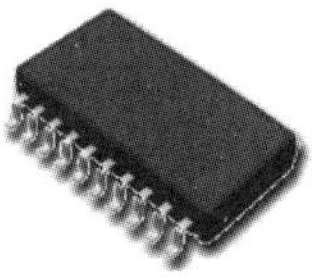</td><td>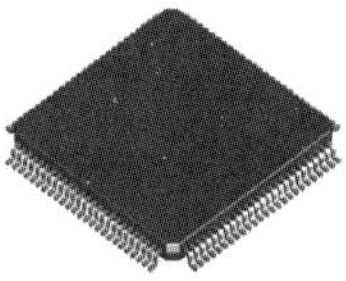</td><td>TQFP</td></tr>
<tr><td>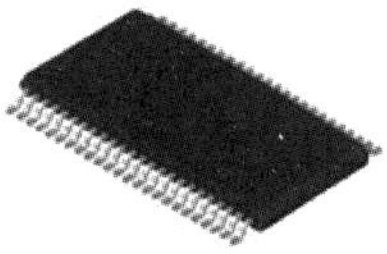</td><td rowspan="2">TSOP</td><td>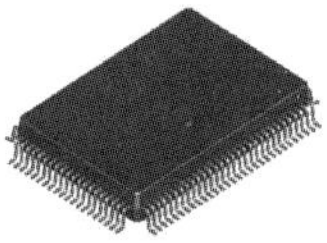</td><td>PQFP</td></tr>
<tr><td>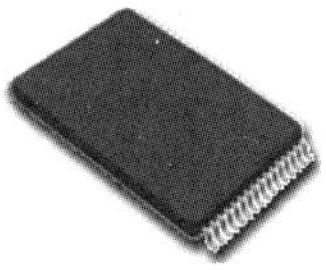</td><td>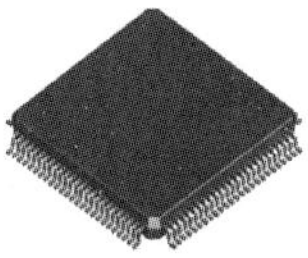</td><td rowspan="3">LQFP</td></tr>
<tr><td>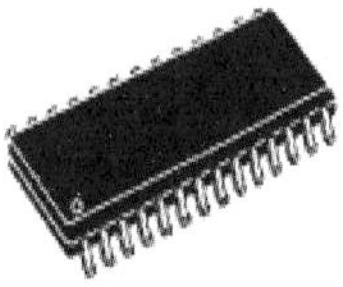</td><td>HSOP28</td><td>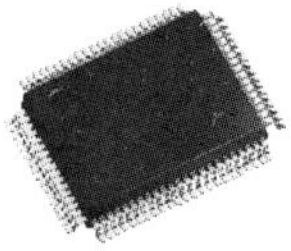</td></tr>
<tr><td>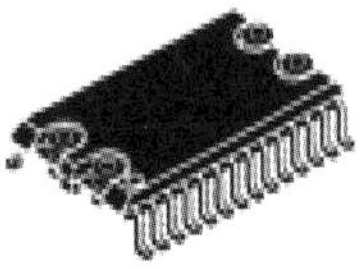</td><td>SOH</td><td>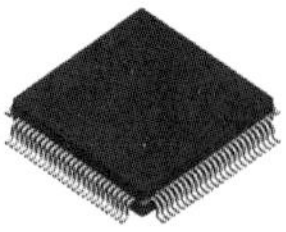</td></tr>
</table>

续表

<table>
<tr><th>封　装</th><th>名　称</th><th>封　装</th><th>名　称</th></tr>
<tr><td>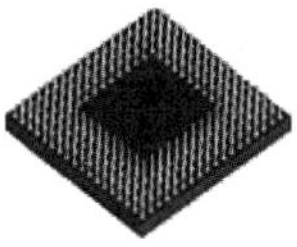</td><td rowspan="2">PGA</td><td>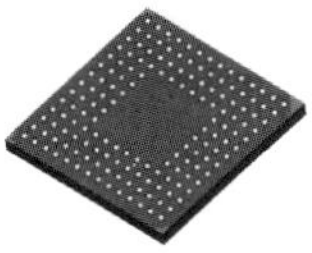</td><td rowspan="4">BGA</td></tr>
<tr><td>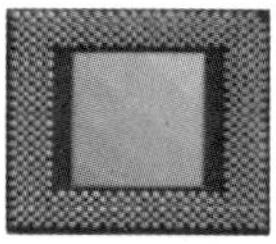</td><td>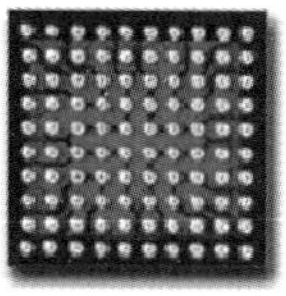</td></tr>
<tr><td>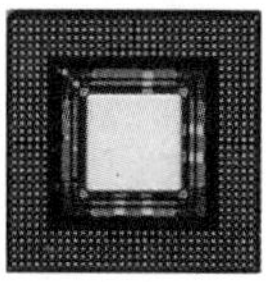</td><td rowspan="2">BGA</td><td>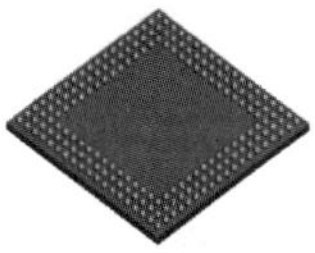</td></tr>
<tr><td>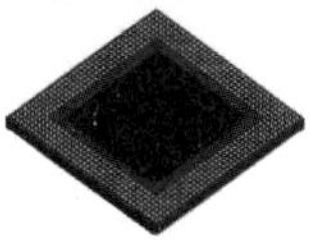</td><td>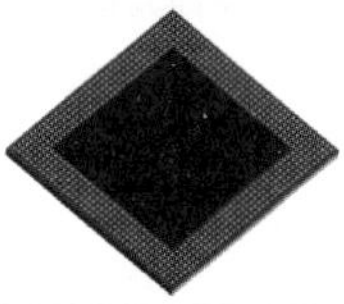</td></tr>
</table>

参考文献

[1] Mark I. Montrose. Printed Circuit Board Design Techniques for Signal Integrity and EMC Compliance. Piscataway, NJ: IEEE Press, 1998.

[2] Mark I. Montrose. 电磁兼容和印刷电路板. 刘元安,等译. 北京: 人民邮电出版社,2002.

[3] Mark I. Montrose. Printed Circuit Board Design Techniques for Signal Integrity and EMC Compliance. Piscataway NJ IEEE Press, 1996.

[4] Henry W. Ott. Noise Reduction Techniques In Electronic System. A WILEY-INTERSCIENCE Publication, 1987.

[5] Jasper J. Goedbloed. Electromagnetic Compatibility. Kluwer Bedrijfsinformatie Deventer, 2001.

[6] Chris Bowick. RF CIRCUIT DESIGN. Florida: Howard W. Sams & Co, Inc.

[7] 沙斐. 机电一体化系统中的电磁兼容技术. 北京: 中国电力出版社,1999.

[8] 高攸纲. 电磁兼容总论. 北京: 北京邮电大学出版社,2002.

[9] 杨继深. 电磁兼容技术产品研发与认证. 北京: 电子工业出版社,2004.

[10] 杨继深. 实践电磁兼容技术. 北京: 北京天亦电子技术公司,2001.

[11] 姜雪松,陈绮,等. 印制电路板设计. 北京: 机械工业出版社,2005.

[12] 姜雪松,王鹰. 电磁兼容与 PCB 设计. 北京: 机械工业出版社,2008.

[13] 江思敏. PCB 和电磁兼容设计. 北京: 机械工业出版社,2008.

[14] 吴建辉. 印制电路板的电磁兼容性设计. 北京: 国防工业出版社,2005.

[15] 郭银景,吕文红,唐富华,等. 电磁兼容原理及应用教程. 北京: 清华大学出版社,2004.

[16] 李静,邱扬. 北京电磁兼容设计及整改技术高级研修班讲义. 北京: 中国电子学会,2008.

[17] Mark I. Montrose. 电磁兼容和印刷电路板设计. 吕英华,于学萍,张金玲,译. 北京: 机械工业出版社,2008.

[18] 白同云,吕晓德. 电磁兼容设计. 北京: 北京邮电大学出版社,2001.

[19] 顾海州,马双武. PCB 电磁兼容技术——设计实践. 北京: 清华大学出版社,2004.

[20] Howard W. Johns. High-Speed Digital Design. Pretice Hall, 1993.

[21] Fawwaz T. Ulaby. Fundamentals of Applied Electromagnetics, 6/E. Pretice Hall, 2010.

[22] 何宏,秦会斌. 电磁兼容原理与技术. 西安: 西安电子科技大学,2008.

[23] 姜付鹏,等. 电磁兼容的电路板设计. 北京: 北京机械工业出版社,2011.

[24] 沈任元. 常用电子元器件简明手册. 北京: 机械工业出版社,2004.

[25] 谢处方,饶克谨. 电磁场与电磁波. 北京: 人民教育出版社,1979.

[26] Henry W. Ott. Noise Reduction Techniques In Electronic System. Second Edition. AT&T Bell Laboratories. 1987.

[27] 王守三. PCB 的电磁兼容设计技术、技巧和工艺. 北京: 机械工业出版社,2008.

[28] Mark I. Montrose. 电磁兼容的测试方法与技术. 游佰强,周建华,等译. 北京: 机械工业出版社,2007.

[29] Howard Johnson. 高速数字设计. 沈立,朱来文,等译. 北京: 电子工业出版社,2004.

[30] 闻跃,高岩,杜普选. 基础电路分析. 2 版. 北京: 清华大学出版社,北京交通大学出版社,2003.

[31] Eric Bogatin. 信号完整性分析. 李玉山,李丽平,等译. 北京: 电子工业出版社,2005.

[32] 黄豪佑,董辉,等. Cadence 高速 PCB 设计与仿真分析. 北京: 北京航空航天大学出版社,2006.

[33] Stephen H. Hall. 高速数字系统设计. 伍微,等译. 北京: 机械工业出版社,2005.

[34] 闻映红,等. 电磁场与电磁兼容. 北京: 科学出版社,2010.

[35] Fawwaz T. Ulaby. 应用电磁学基础. 邵小桃,等译. 北京: 清华大学出版社,2016.

[36] 邵小桃,等. 电磁场与电磁波. 北京: 清华大学出版社,北京交通大学出版社,2014.

[37] 凯尔.柯克兰德.电学与磁学.王瑶译.上海：上海科学技术文献出版社,2008.
[38] 吴冬燕,等.电磁兼容检测技术与应用.北京：清华大学出版社,2012.
[39] Henry W. Ott.电磁兼容工程.邹澎,等译.北京：清华大学出版社,2013.
[40] 邹澎,等.电磁兼容原理、技术和应用.北京：清华大学出版社,2017.
[41] 吕文红,等.电磁兼容原理及应用教程.北京：清华大学出版社,2008.
[42] 杨欣,王玉凤,等.电路设计与仿真.基于 Multisim 8 与 Protel 2004.北京：清华大学出版社,2006.